高等学校教材
软件工程

软件过程管理

朱少民 左智 编著

清华大学出版社
北京

内 容 简 介

为了确保软件质量和提高产品竞争力,软件组织需要规范软件开发过程、实施软件过程管理。软件过程管理可以为快速开发高质量软件、有效地维护软件运行等各类活动提供指导性框架、实施方法和最佳实践。

全书共分为 10 章,全面阐述软件过程管理的各个方面。首先说明了软件过程规范、成熟度及其相关的概念和理论,包括软件过程标准体系。然后,在此基础上,深入讨论软件过程的组织管理、需求管理、项目管理、质量管理、技术管理和集成管理等流程、方法和实践,并进一步探讨软件过程评估和改进的框架、模型和实施细节,最后,通过具体的应用实践对软件过程管理做全方位的阐释。

本书内容丰富、实用,并提供了大量的实例,内容涉及到软件过程管理工作的各个层次。本书可作为高等学校的计算机软件专业和相关专业的教材,也适合软件企业中各类管理和软件工程技术人员的学习。

本书封面贴有清华大学出版社防伪标签,无标签者不得销售。

版权所有,侵权必究。侵权举报电话:010-62782989　13701121933

图书在版编目(CIP)数据

软件过程管理/朱少民等编著. —北京:清华大学出版社,2007.4(2022.8重印)
(高等学校教材·软件工程)
ISBN 978-7-302-14640-7

Ⅰ. 软…　Ⅱ. 朱…　Ⅲ. 软件工程－高等学校－教材　Ⅳ. TP311.5

中国版本图书馆 CIP 数据核字(2007)第 018906 号

责任编辑:丁　岭　林都佳
责任校对:梁　毅
责任印制:朱雨萌

出版发行:清华大学出版社
　　　　　网　　　址:http://www.tup.com.cn,http://www.wqbook.com
　　　　　地　　　址:北京清华大学学研大厦 A 座　　　　邮　　编:100084
　　　　　社 总 机:010-83470000　　　　邮　　购:010-62786544
　　　　　投稿与读者服务:010-62776969,c-service@tup.tsinghua.edu.cn
　　　　　质量反馈:010-62772015,zhiliang@tup.tsinghua.edu.cn
印 装 者:北京鑫海金澳胶印有限公司
经　　销:全国新华书店
开　　本:185mm×260mm　印　张:20　　　字　　数:492 千字
版　　次:2007 年 4 月第 1 版　　　　印　　次:2022 年 8 月第 16 次印刷
印　　数:25301~25800
定　　价:49.00 元

产品编号:022253-02

改革开放以来,特别是党的十五大以来,我国教育事业取得了举世瞩目的辉煌成就,高等教育实现了历史性的跨越,已由精英教育阶段进入国际公认的大众化教育阶段。在质量不断提高的基础上,高等教育规模取得如此快速的发展,创造了世界教育发展史上的奇迹。当前,教育工作既面临着千载难逢的良好机遇,同时也面临着前所未有的严峻挑战。社会不断增长的高等教育需求同教育供给特别是优质教育供给不足的矛盾,是现阶段教育发展面临的基本矛盾。

教育部一直十分重视高等教育质量工作。2001 年 8 月,教育部下发了《关于加强高等学校本科教学工作,提高教学质量的若干意见》,提出了十二条加强本科教学工作提高教学质量的措施和意见。2003 年 6 月和 2004 年 2 月,教育部分别下发了《关于启动高等学校教学质量与教学改革工程精品课程建设工作的通知》和《教育部实施精品课程建设提高高校教学质量和人才培养质量》文件,指出"高等学校教学质量和教学改革工程"是教育部正在制定的《2003—2007 年教育振兴行动计划》的重要组成部分,精品课程建设是"质量工程"的重要内容之一。教育部计划用五年时间(2003—2007 年)建设 1500 门国家级精品课程,利用现代化的教育信息技术手段将精品课程的相关内容上网并免费开放,以实现优质教学资源共享,提高高等学校教学质量和人才培养质量。

为了深入贯彻落实教育部《关于加强高等学校本科教学工作,提高教学质量的若干意见》精神,紧密配合教育部已经启动的"高等学校教学质量与教学改革工程精品课程建设工作",在有关专家、教授的倡议和有关部门的大力支持下,我们组织并成立了"清华大学出版社教材编审委员会"(以下简称"编委会"),旨在配合教育部制定精品课程教材的出版规划,讨论并实施精品课程教材的编写与出版工作。"编委会"成员皆来自全国各类高等学校教学与科研第一线的骨干教师,其中许多教师为各校相关院、系主管教学的院长或系主任。

按照教育部的要求,"编委会"一致认为,精品课程的建设工作从开始就要坚持高标准、严要求,处于一个比较高的起点上;精品课程教材应该能够反映各高校教学改革与课程建设的需要,要有特色风格、有创新性(新体系、新内容、新手段、新思路,教材的内容体系有较高的科学创新、技术创新和理念创新的含量)、先进性(对原有的学科体系有实质性的改革和发展、顺应并符合新世纪教学发展的规律、代表并引领课程发展的趋势和方向)、示范性(教材所体现的课程体系具有较广泛的辐射性和示范性)和一定的前瞻性。教材由个人申报或各校推荐(通过所在高校的"编委会"成员推荐),经"编委会"认真评审,最后由清华大学出版社审定出版。

目前,针对计算机类和电子信息类相关专业成立了两个"编委会",即"清华大学出版社计算机教材编审委员会"和"清华大学出版社电子信息教材编审委员会"。首批推出的特色精品教材包括:

(1) 高等学校教材·计算机应用——高等学校各类专业,特别是非计算机专业的计算机应用类教材。

(2) 高等学校教材·计算机科学与技术——高等学校计算机相关专业的教材。

(3) 高等学校教材·电子信息——高等学校电子信息相关专业的教材。

(4) 高等学校教材·软件工程——高等学校软件工程相关专业的教材。

(5) 高等学校教材·信息管理与信息系统。

(6) 高等学校教材·财经管理与计算机应用。

清华大学出版社经过 20 多年的努力,在教材尤其是计算机和电子信息类专业教材出版方面树立了权威品牌,为我国的高等教育事业做出了重要贡献。清华版教材形成了技术准确、内容严谨的独特风格,这种风格将延续并反映在特色精品教材的建设中。

清华大学出版社教材编审委员会

E-mail:dingl@tup.tsinghua.edu.cn

近 10 年来,软件过程越来越成为人们关注的焦点,它正在打破过去人们已经习惯的面向任务的思维方式,逐渐加强面向过程的思考,软件开发和维护的运作以过程为中心的方式正在进行。正如软件工程领域领袖级人物、能力成熟度模型(CMM)奠基人瓦茨·汉弗莱(Watts Humphrey)所说,要解决软件危机,首要任务是把软件活动视作可控的、可度量的和可改进的过程。

其实,通过下面这个"七人分粥"寓意的小故事,就很清楚地说明了软件过程的重要性。

有 7 个人曾经住在一起,每天分一大桶粥。要命的是,粥每天都不够吃。

(1)一开始,指定一人负责分粥事宜,很快大家发现,这个人为自己分的粥最多最好,于是推选出一个道德高尚的人出来分粥。强权就会产生腐败,大家开始挖空心思去讨好他,搞得整个小团体乌烟瘴气,显然这个方法不行。

(2)指定一个人分粥和一个人监督,起初比较公平,但到后来分粥的人与监督的人从权力制约走向权力合作,于是只有这两个人能吃饱,这种方法也失败了。

(3)谁也信不过,干脆大家轮流主持分粥,每人一天。虽然看起来平等了,但是,每人在一周中只有 1 天吃得饱,其余 6 天都吃不饱,而且每天粥还有剩的,这种方法造成资源浪费。

(4)民主选举一个 3 人分粥委员会和一个 4 人监督委员会,实行集体领导,公平是做到了。但是,监督委员会经常提出各种议案,分粥委员会据理力争,等粥分完时,粥早就凉了,此方法效率太低。

(5)最后想出来一个方法——每个人轮流值日分粥,但分粥的那个人要最后一个领粥。令人惊奇的是,结果 7 只碗里的粥每次都是一样多,就像用科学仪器量过一样。因为,每个主持分粥的人都认识到,如果每只碗里的粥不相同,他无疑将拿到那份最少的。

同样是 7 个人,不同的流程和方法,就会造成迥然不同的结果,包括效率、成本上的差异。从这个故事可以看出,有什么流程,就有什么结果,流程决定了结果。

业务流程重组(BPR)是另外一个例子,许多企业通过业务重组拯救了自己或从经营业绩的低谷走出来。业务流程重组,就是改变过去纯目标管理的思想,强调管理过程的重要性,实现从职能管理到面向业务流程管理的转变。业务流程重组注重整体流程的优化,确定了"组织为流程而定,而不是流程为组织而定"的指导思想,充分发挥每个人在整个业务流程中的作用。

软件过程管理体现在过程模型、规范、问题处理方法和具体实践等一系列内容之上,但首先体现在组织的文化中,即建立过程管理的先进理念。

(1)以客户为导向、以过程为中心。

(2)好的过程就能产生好的产品。

(3)尊重流程,自上而下,依赖流程。

(4)只关注质量过程而不是质量结果。

过程管理的先进文化一旦在组织中建立起来,其他问题就迎刃而解。软件过程管理存在的最大障碍可能不在究竟用什么过程模型或过程管理系统,而是在于软件企业自身传统的管理理念和思维方式,树立和保持企业全体人员的正确的、先进的理念,比推广一个管理工具要难得多。所以,软件过程管理的关键是建立正确的过程管理文化。

在当今互联网蓬勃发展的时代,软件企业面临着巨大的挑战。顾客需求瞬息万变、全球性竞争环境和技术创新不断加速等,导致产品生命周期不断缩短、商业模式不稳定,软件过程管理必须适应这种变化。CMM(能力成熟度模型)没有几年前那么火热而开始受到了一些冷落,敏捷过程管理越来越受到推崇。同时,IBM-Rational 的统一过程(RUP)管理和微软公司的解决方案框架(MSF)在保持其核心内容的前提下,也在不断进行调整,加入新的内容,以适应软件商业模式和开发模式的变化。所以,从这个意义上说,没有一成不变的软件过程管理模式,也没有放之四海而皆准的、通用的软件过程管理模式。软件过程管理模式应该是在不断发展的,就每个具体的软件组织和企业,应该选择适合自己的过程管理模式,并且也可能不只是选择一种模式,而是选择多种模式,以一种模式为主,对其他模式兼收并蓄,形成更有效的软件过程自定义模式。

本书正是从上述基本思想出发,来讨论软件过程管理,以期对读者及其所在的软件组织有更大的启发和帮助。

全书共 10 章,全面介绍了软件过程管理的各个方面,包括软件过程规范、软件过程的组织管理、项目管理、质量管理和需求管理等,最后介绍了软件过程评估和改进、软件过程管理实例。

第 1 章介绍了软件过程规范的内容、影响和作用,全面阐述了软件生命周期的过程需求和过程标准体系。最后介绍了基于 UML、IDEF3、Agent 以及 SOA 等各种方法的软件过程建模。

第 2 章相继介绍了软件过程不成熟的特点、软件过程成熟的标准、能力成熟度模型(CMM/ CMMI)的基本内容、系统工程能力模型和集成化产品开发模型。并就过程成熟度级别及其特征、可视性和过程能力等展开讨论,包括 CMM/CMMI 过程域。最后介绍了软件过程文化、环境和过程框架等。

第 3 章软件过程组织管理的描述,包括组织过程焦点、过程定义、过程剪裁等。着重讨论了 PSP 和 TSP 过程框架,包括工作流程、计划、设计和实现等具体内容。

第 4 章软件过程的需求管理,主要介绍了软件需求工程、需求开发和管理的模型、需求管理工作流程、需求获取的过程和方法、需求定义过程和需求的确认、跟踪和变更控制。

第 5 章描述了软件过程的技术架构及其层次、内容等,重点讨论了软件过程的资源管理、技术路线、问题解决的系统方法,包括原因分析和缺陷分析、决策分析与决定、技术解决计划的建立和实施、知识传递和各类过程管理的技术工具等。

第 6 章介绍了项目启动和项目实施过程需要解决的各种问题。主要内容包括了项目的配置管理、风险分析、资源和成本估算、项目跟踪等。

第7章说明了质量控制的重要性，也介绍了控制软件质量的方法和手段。通过本章的学习可以基本掌握软件评审的方法和技术，以及软件缺陷的分析和有效移除。

第8章软件过程的集成管理，主要介绍了项目的集成管理流程。重点内容包括产品集成的过程管理、集成产品开发模式、产品及周期优化方法、IPD过程框架模式以及市场过程管理、流程重整、产品重整和新产品开发等。

第9章首先阐述了软件过程评估和改进的基本思想和方法，然后相继介绍了各种常用的评估和改进模型，如 ISO/IEC 15504、Bootstrap、Trillium 和 CMM/CMMI 的评估体系以及质量改进范例、IDEAL 模型、Raytheon 方法以及 6 Sigma 方法等过程改进模型和方法。

第10章通过具体实例进一步阐述了软件过程的管理，介绍了 IBM-Rational 业务驱动开发的 RUP、微软公司 MSF、敏捷过程管理、面向构件的软件过程和软件过程的自定义体系。

每一章的最后都有本章的小结和思考题，以帮助读者更好理解每一章的内容。

本书特别重视理论与实践相结合，使读者既能领会基本原理，又能掌握原理的实际应用。因此，它既适合软件公司中的软件工程师和管理人员阅读，也适合软件质量管理的专业人员和实践人员。同时，本书很适合作为计算机软件、软件工程学科大中专学校的教材。

全书由朱少民主编、审稿和定稿。第1、2、5、8、9、10 章由朱少民编写，第3、4、6、7 章由左智编写。感谢作者的家人、作者所在的网迅（WebEx）公司的大力支持，特别感谢清华大学出版社丁岭主任所提供的合作机会，来填补目前图书市场在"软件过程管理"教材方面的空白。

由于水平和时间的限制，本书不可避免会出现一些错误、遗漏以及中英文术语不一致的地方，请读者见谅并恳请提出宝贵意见。

作　者

2006 年 10 月

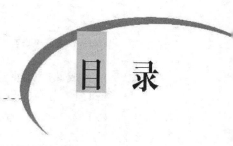

第1章

软件过程规范

　　如果一个团队中有了统一的过程,那么,大家的行为就会符合规范,从而提高团队的整体能力。如果一个团队缺乏执行规范化过程的活动,就会导致整个组织的混乱,如出现下列情况。

　　(1)组织结构与过程活动之间不统一,这将导致成员不知是以过程为中心还是以任务为中心从而造成混乱。

　　(2)成员缺少为执行有关活动所需的熟练程度和技能,从而导致过程效率低下。

　　(3)从管理的角度缺少对过程的信任。

　　(4)缺少对新成员的过程培训,从而导致新成员仍然采用过去自己所熟悉的知识与技能从事有关活动,容易与现有过程发生冲突。

　　为了消除软件过程所常见的问题,建立软件过程规范是必要的。软件过程规范可以确保过程活动的一致性、有效性和持续性等。

1.1　软件过程

　　在了解软件过程之前,首先要了解"过程"这个概念,然后再分析软件过程的特点。

1.1.1　过程

　　过程(process),在现代汉语词典中被解释为"事物发展所经过的程序"。实际上,不同的词典或标准,对"过程"概念就有不同的解释。

　　(1)《牛津简明词典》中,"过程"被定义为活动与操作的集合。例如,一系列的生产阶段或操作。

　　(2)《书氏大词典》定义"过程"是用于产生某结果的一整套操作、一系列的活动、变化以及作为最终结果的功能。

　　(3) IEEE-Std-610 定义"过程"是为完成一个特定的目标而进行的一系列操作步骤,如软件开发过程。

　　(4)美国卡耐基梅隆大学软件过程研究所(Software Engineering Institute,SEI)的能力成熟度模型(Capacity Maturity Model,CMM)定义过程是用于软件开发及维护的一系列活动、方法及实践。

更为科学的定义,过程是指"一组将输入转化为输出的相互关联或相互作用的活动"。

从过程定义中,我们可以知道活动由输入、实施活动和输出三个环节组成,而且这些活动是围绕输出的结果(目标)而展开的,并伴随着时间先后次序的、不同的事件发生,这些活动之间存在着关系或相互影响,并且受到特定组织的控制、影响和管理,即各种相关的活动是在组织领导下开展的,如图 1-1 所示。

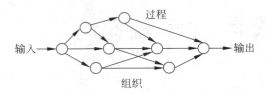

图 1-1   过程描述的示意图

过程一般可分为产品实现过程、管理过程和支持过程,如图 1-2 所示。

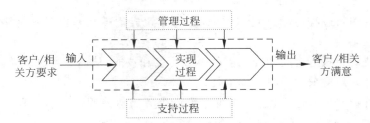

图 1-2   实现过程、管理过程和支持过程之间的关系

1.1.2   软件过程的分类和组成

软件过程(software process),是人们用来开发和维护软件及相关产品(如软件项目计划、设计文档、代码、测试用例及用户手册)的活动、方法、实践和改进的集合。根据 ISO/IEC12207 软件生命周期过程标准,软件过程被分为基本过程(可称为"实现过程")、支持过程和组织过程,这里的组织过程包含了管理过程,如图 1-3 所示。

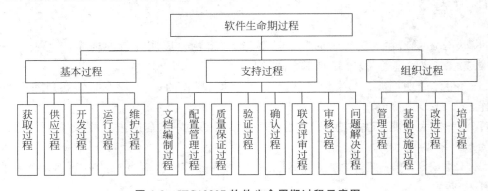

图 1-3   IEC12207 软件生命周期过程示意图

(1)软件基本过程。软件获取过程、供应过程、开发过程、运行过程和维护过程,包括需求分析、软件设计和编码等过程。

（2）软件支持过程。对软件主要过程提供支持的过程，包括文档编制过程、配置管理过程、质量保证过程、验证过程和确认过程（测试过程）以及评审过程等。

（3）软件组织过程。对软件主要过程和支持过程的组织保证过程，包括管理过程、基础设施过程、改进过程和培训过程。

而在 ISO/IEC15504 软件过程评估标准中，软件过程被分为 5 个过程，工程过程、支持过程、管理过程、组织过程和客户－供应商的过程，其基础是组织过程，核心是工程过程，关键是管理过程，如图 1-4 所示。这 5 个过程可简单描述如下。

（1）工程过程（Engineering Process，ENG）。软件系统、产品的定义、设计、实现以及维护的过程。

（2）支持过程（Support Process，SUP）。在整个软件生命周期中可能随时被任何其他过程所采用的、起辅助作用的过程。

（3）管理过程（Management Process，MAN）。在整个生命周期中为工程过程、支持过程和客户－供应商过程的实践活动提供指导、跟踪和监控的过程。

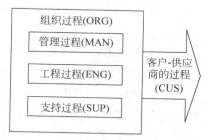

图 1-4　软件过程的基本组成示意图

（4）组织过程（Organization Process，ORG）。那些用于建立组织商业目标和定义整个组织内部培训、开发活动和资源使用等规则的过程，并有助于组织在实施项目时更好、更快地实现预定的开发任务和商业目标。

（5）客户-供应商过程（Customer-supplier Process，CUS）。那些直接影响到客户、对开发的支持、向客户交付软件以及软件正确操作与使用的过程。

针对上述的各个基本过程，定义其具体的内容——即子过程，如图 1-5 所示。这些子过程的详细内容，会在后面的有关章节阐述。但从图 1-5 可以看出，ISO/IEC15504 对软件过程的划分，比 ISO/IEC12207 要细，除了支持过程一致以外，存在着较多的不同点。

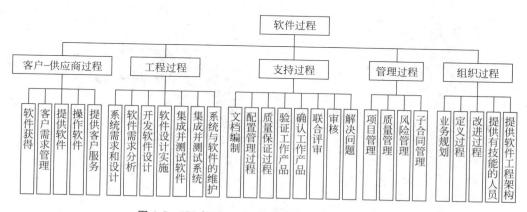

图 1-5　ISO/IEC15504 软件过程评估标准的组成

（1）IEC12207 的基本过程在 ISO/IEC15504 中被分为两个过程，客户－供应商过程和工程过程。

（2）ISO/IEC15504 的工程过程根据软件开发活动的特点分离出更多的子过程，而且区别对待系统和软件。

（3）IEC12207 的组织过程在 ISO/IEC15504 中被分为两个过程，管理过程和组织过程。

（4）在 ISO/IEC15504 的管理过程中定义了项目管理、质量管理、风险管理和子合同管理等，而且在其组织过程中也给出更具体的一些子过程，只有一个改进过程是 ISO/IEC12207 也拥有的。

1.1.3 软件过程定义的层次性

在制定软件组织的标准过程时，首先应当参照有关软件过程的通用模型及国际、国内标准的内容。所谓公共过程模型及标准是指 CMM/CMMI、ISO 9000、ISO/IEC l5504、ISO/IEC 12207 以及 MIL-STD-498 等之类的过程规范或标准。然后，根据软件组织自身所处的行业、组织规模和组织类型（中间产品供应商、产品供应商和软件服务提供商等），选择合适的软件过程标准并进行剪裁，以建立适合自己组织的软件过程规范。通常，这些公共模型与标准会附有相应的裁剪指南。软件组织有时可能会被要求强制遵守一些特定的标准，这时就必须要以相应的强制标准为基础并在其上制定组织的标准过程。同样，项目经理也要以组织的标准过程为基础并参照相关裁剪原则和标准来制定项目的过程。整个软件过程的层次关系如图 1-6 所示。软件过程的定义具有 3 个层次上的内涵。

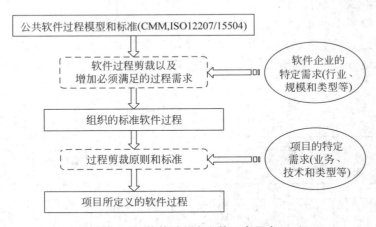

图 1-6 软件过程定义的三个层次

（1）公共（通用）软件过程。

（2）组织标准软件过程。

（3）项目自定义的软件过程。

在后面讨论软件过程时，不同的场合涉及不同的层次。CMM/CMMI 软件过程能力成熟度是指公共（通用）的软件过程，而在项目管理中主要在项目层次上讨论软件过程，多数情况下（没有特别说明下）是在组织层次上讨论软件过程。

1.2　过程规范

软件过程管理的目的就是最大限度地提高软件产品的质量与软件开发过程的生产率。产品的质量和过程的生产率依赖于三个因素,过程、人和技术,因此要实现软件过程管理的目的,除了加强技术创新和引进、培育优秀的人才之外,规范和改进软件过程是十分重要的管理手段。所以,软件过程管理中的一个很重要的工作就是制定组织和项目的软件过程规范。

1.2.1　什么是过程规范

"规范"一词被解释为"明文规定或约定俗成的标准",或理解为"用来控制或治理一个团队的一系列准则与章程,以及团队成员必须遵守的相关的规章制度"。因此,如果一个过程可以指定一系列的规程用以约束和规范成员的行为,则此过程称之为一个"规范"的过程。对于绝大多数软件组织,致力于建立一个有规范的过程,对团队成员进行过程规范化的培训,对所有过程的规范化内容进行文档化,并最终在软件开发和维护过程中实施规范化管理。

1. 软件过程规范的概念

过程规范就是对输入/输出和活动所构成的过程进行明文规定或约定俗成的标准。软件过程规范是软件开发组织行动的准则与指南,可以依据上述各类过程的特点而建立相应的规范,如软件基本过程规范、软件支持过程规范和软件组织过程规范。在软件过程管理中,人们会更多地关注软件管理过程规范、开发过程规范、维护过程规范、配置管理过程规范和质量保证过程规范等。而软件开发过程规范,进一步可分为需求分析和开发的过程规范、设计过程规范、测试过程规范和发布过程规范等。

我国已经建立了一系列软件过程规范,如下所示。

(1) 计算机软件需求说明编制指南 GB9585-88(ANSI/IEEE829)。

(2) 计算机软件测试文件编制指南 GB9386-88(ANSI/IEEE830)。

(3) 软件配置管理计划规范 GB/T12505-90(IEEE828)。

(4) 软件开发规范 GB8566-88。

(5) 计算机软件质量保证计划规范 GB12504-90(ANSI/IEEE829)。

2. 软件过程规范的建立

一般依据软件过程标准(国际标准和国内标准),参考其他软件组织已有的软件过程规范来建立软件过程规范。软件过程规范是建立在软件组织之上,充分地结合软件组织的实际情况(如规模、行业和开发模式等),尽力地吸收先进的软件过程模型、过程框架或过程模式所包含的软件过程思想、方法及实践,引入适用的技术和工具,为软件开发和维护建立一部详细、可操作的过程指南。

组织过程规范的建立,除了国家制定的软件过程规范之外,可以借鉴的过程模型、框架或模式主要有如下几种。

（1）软件能力成熟度模型（CMM）。适用于评估和改进软件组织的过程能力，提供了关键过程域、过程活动等指导。

（2）个体软件过程（PSP）。帮助软件开发团队中的个体——软件工程师改善其个人能力和素质的组织过程，内容丰富，具有良好的实践性。

（3）团队软件过程（TSP）。建立在个体软件过程之上，致力于开发高质量的产品，建立、管理和授权项目小组，改善开发团队过程、提高开发团队能力的指导性框架。

（4）能力成熟度模型集成（CMMI）。是在 CMM 的基础上，试图把现有的各种能力成熟度模型（包括 ISO 15504），集成到一个框架中去，包含了健全的软件开发原则。

（5）IBM-Raional 的统一过程（RUP）。定义了一系列的过程元素，如角色、活动和产物，通过适当的组合，能够帮助软件开发组织有效地管理软件过程。

（6）极限编程（eXtreme Programming，XP）方法。为适应快速地需求变化而积累的最佳实践，但需要适度借鉴。

（7）微软解决方案框架（MSF）。基于一套制定好的原理、模型、准则、概念和指南而形成的一种成熟的、系统的技术项目规划、构建和部署的指导体系。

可以为软件过程的各个方面建立规范，但也不可能一气呵成，需要分阶段逐步建立起来。过程规范的建立，先从软件开发的基本过程开始着手，然后向一些关键过程（如项目管理过程、需求变更管理过程和配置管理过程等）推进，最后使过程规范能覆盖所有过程。

1.2.2 过程规范的内容和示例

软件过程规范的内容是非常丰富的，不仅描述了对各个软件子过程的准入、准出的条件和要求，而且还常常包含系统设计的原则、特定程序语言（C++、Java 等）的编码规范、开发模式的选择标准、软件过程支持和管理中要求遵守的规章制度，以及软件过程工具选择和使用的要求和评价标准。

软件规范一般会规定设计原则的简单性、可靠性和复用性，要求不存在单点失效的关键组件，反对复杂性设计，强调越简单越好。在项目管理规范中，对过程计划管理、过程风险管理、里程碑管理都会有明确的、具体的要求和标准，如过程约束、控制手段和过程结果的评估方法等。

软件规范中，一般还规定一些通用的事项，如下所示。

（1）任务规范。对任务的定义、安排、资源分配、跟踪、完成和总结都要有清楚的说明和指导。

（2）日常规章制度。如制定每周项目例会、每日缺陷审查会、设计评审会、需求分析会和项目组长日报、周报等相关方面的制度。

（3）软件工具。如任务跟踪工具（MS Project、ProManager 和 Xplanner 等）、版本控制工具（CVS、ClearCase 和 Subversion 等）、持续集成工具（Ant＋Junit、Maven＋CC）以及 Bug 跟踪工具（BugZilla 和 Jira 等）。

对于各个子过程规范，其内容应包含"责任人、参与人员、入口准则、出口准则、输入、输出和活动"等基本内容。例如，项目实施过程规范可定义如下。

（1）参与人员。项目经理、开发组长、测试组长和项目组其他成员。

（2）入口准则。项目计划已批准，项目资源和进度已确定，任务安排完毕，项目计划基线已建立，并通过配置管理组的确认。

（3）出口准则。项目通过用户验收，《验收报告》经用户代表、项目经理、开发组长和测试组长等签字确认。

（4）输入。《市场需求文档》《软件需求规格说明书》和《软件项目计划书》等。

（5）输出。通过验收测试的、可交付的程序、源代码及相关文档。

（6）在项目实施期间的主要活动包括如下。

- 项目经理、开发组长和测试组长需要提交每日、每周报告，包括存在的问题、缺陷状态、任务进度和资源等。

- 项目经理、开发组长和测试组长要定期审查项目计划的执行情况，若发现进度延误，应及时采取措施以加快进度或及时调整项目计划。

- 项目经理、开发组长和测试组长审查各类问题并及时解决这些问题，清理软件缺陷，决定哪些缺陷要优先修正，哪些缺陷可以留到下一个版本。

（7）相关模板。《软件项目计划》《项目日报》《缺陷报告单》《缺陷状态跟踪表》以及《项目进度周报》等模板。

1.2.3 过程规范的影响和作用

一个规范的过程可以很好地帮助团队的成员在一起进行有效的、创造性的工作。但是，过程的规范或多或少存在着某些规则，它们会限制团队中少数人的创造性发挥的空间。

1. 消极影响的存在和消除

过程规范是人们需要遵守的约定和规则，包括已定义的操作方法、流程和文档模板，会不会对过程的创新、技术创新有约束，产生消极的影响呢？回答是不肯定的，这取决于过程规范是如何制定的。

如果过程规范是从国家相关规范或其他组织生搬硬套过来的，这种消极的影响肯定存在而且比较严重，会限制创造力的发挥，降低过程的生产率。所以，在制定过程规范时，要结合软件组织的实际情况，要让过程的执行者（真正执行过程的开发人员、测试人员和项目管理人员等）参与到过程规范的设计中，使过程规范满足各方面的需求，发挥良好的作用。同样，在过程的执行过程中，应该不断收集各方面的反馈意见，用以判断过程规范的实施是否真正有助于人们的工作、是否明显地降低了工作效率，从而决定是否对过程规范进行修改、或者采取相应的措施预防规范所带来的负面影响，如限制过程规范的实施范围。

在一个创造性的环境中如何把握并保证规范强制性的实施？例如，可以成立过程改进小组或召开头脑风暴（brainstorming）会议，让参与人员打破条条框框，对过程规范带来的利弊进行充分的、自由的探讨，各抒己见，从而获取有关过程规范修改、剪裁等的各种建议，寻求最有效的过程规范及其实施办法。

弗雷德·布鲁克斯（Fred Brooks）在其著名的《神秘的人月》一书的 20 周年纪念版里写道："创造力来自个人，而不是组织结构或者过程"。他提醒人们，在设计软件过程时必须深思熟虑,使过程成为一个鼓励软件人员发挥创造力的过程,而不是使之成为一个抑制并约束创造力发挥的过程。这也是一个软件管理者常常要面对的问题,即如何设计组织结构与过程,从而能使其提高而不是抑制人们的创造力和主动性的发挥。

2. 规范存在的必要性

在一个小规模的开发团队中,如果开发成员个个都经验丰富、技术过硬并且工作积极性很高,即使没有明确的、文档化的规范以及强制实施的过程,也有可能开发出高质量的软件产品。但是从长远的角度来看,这种状态是不稳定的、不可靠的。这是因为,软件的工作质量受团队成员情绪影响比较大,而工作质量必然影响到产品的质量。一个缺乏规范的环境意味着无法预测有关产品的质量,也很难判断产品质量的水平。没有规范的过程,不仅无法对质量进行计划与管理,一旦出现质量问题,也很难作出解释并找到问题发生的根本原因,也就无法保证以后同类问题不会再次发生。

过程规范的制定应致力于创建一个鼓励并能引导人们提高创造力的过程、一个提高开发效率的过程,并以更具创造性的方式来提高整个过程的实施效率和质量。越来越多的证据显示,软件开发是一个团队协作的过程。对于一个团队的活动,如果没有约定,就会使团队的工作处于混乱的状态,而制定一个规范的过程是达到预期目标的最好方式。

3. 过程规范的作用

过程规范,无论对于大型项目的开发还是小型项目的开发,都是为了保证软件开发满足质量、进度和成本等的关键要求,其表现出来的作用主要有以下几个方面。

(1)过程规范可以帮助团队实现共同的目标。每个过程都包含了一系列的活动,各个活动都有着自己具体的目标,要让这众多的目标朝着共同的目标前进,就需要规范这个过程。组织或团队要采用的过程必须能够规范其成员的行为与活动,使全体成员在过程规则、方法和最佳实践上认识一致,从而使团队朝着共同的方向而努力,从而保证目标的实现。只有过程规范的团队,才能具有协调的、互补的行为和工作方式,团队全体成员致力于同一个目标,更有效地、快速地实现目标。

(2)人们都一致认可这样一个事实,软件的产品质量依赖于开发并维护此软件的过程质量。换句话说,一个规范的软件过程必将能带来稳定的、高水平的过程质量,进而确保产品的高质量。在一个规范的过程中,开发团队成员会去分析产品质量,挖掘低质量产品产生或产品缺陷产生的原因,识别出过程中的根本问题并制定相应的计划、措施来加以纠正。一个持续改进的过程环境中会存在着一个良好的反馈系统。对反馈的分析有助于开发团队以及管理者追踪低质量产品产生的原因,从而能够确定应从哪些方面着手改进过程并提高产品质量。另外一方面,团队中每个成员的能力和习惯等都不一样,但为了达到统一的高水平质量,也需要过程规范来弥补团队中某些成员能力不足的一面,消除不良习惯和能力不足对质量带来的影响。

(3)过程规范可以帮助确定目标产品的质量标准与特性,与用户达成共识,并且让项目成员接受相应的培训,使每个成员都清楚知道产品的质量标准与特性,从而容易建立一致、稳定和可靠的质量水平。

(4)过程规范使软件组织的生产效率更高,过程规范执行的结果使团队具有统一、协调、规范的行动与工作方式,工作效率大大提高。团队应能实时监控过程的实施情况,以便掌握项目的实际完成情况。通过监控过程的实施状况来管理团队的方法比其他传统的管理方式更为有效。

当然,也应该看到规范的过程是达到软件开发目标、提高质量的必要条件,不是充分条件。实施了过程规范,如果没有制定正确的产品策略或市场战略,其开发的产品可能得不到客户的认可。过程规范可以保证组织正确地做事,但不能保证做正确的事。要做正确的事,需要正确的愿景、目标、策略和领导。而且制定了正确的过程规范,其结果还依赖于过程规范的执行,既要严格执行适用的规范,又能对规范进行必要的剪裁和持续的改进,在灵活性和创造性之间获得良好的平衡,使软件组织从"软件过程规范"中获取最大的收益。

1.3 软件生命周期的过程需求

软件生命周期是软件获取、供应、开发、运行和维护的过程,涉及软件过程中各个参与方或利益方(stakeholder),包括软件产品的需方、供方、开发者、操作者和维护者。

软件生命周期的过程需求,首先来自于软件的开发,而对于软件开发过程已进行了很多研究,建立了相应的软件过程模型。其次,在软件开发过程中所涉及的资源、培训、环境、成本和质量等各种需求引发了软件的支持过程和管理过程。除此之外,软件最终是为客户服务的,要处理和客户的关系,就必然要求建立和维护好客户—供应商过程,而这一切都要建立在软件组织之上,即还存在软件组织的过程需求。正如 ISO/IEC15504 所定义软件过程为"工程过程、支持过程、管理过程、组织过程和客户—供应商过程"等 5 大类需求,并进一步分为 29 个子过程的需求,如图 1-5 所示。

1.3.1 软件工程过程

工程过程是软件系统、产品的定义、设计、实现以及维护的过程。虽然在 ISO 12207 标准中,没有定义一个"工程过程"类别,但可以从其"主要过程"中抽取出属于工程过程的 3 个子过程,即开发过程、运行过程和维护过程。

(1)开发过程(Research & Development,R&D)。定义并开发软件产品的活动过程,包括需求分析、软件设计和编程等。

(2)软件运行过程(software operation process)。在规定的环境中为其用户提供运行计算机系统服务的活动过程,包括软件部署(software deployment)。

(3)软件维护过程(software maintenance process)。提供维护软件产品服务的活动过程,也就是通过软件的修改、变更,使软件系统保持合适的运行状态,这一过程包括软件产品的移植和退役。

根据 ISO/IEC 15504,软件开发过程可以进一步被分为 6 个子过程。开发系统需求并设计、开发软件需求、开发软件设计、实现软件设计、集成并测试软件和集成并测试系统。系统和软件,在许多情况下是要统一考虑的、不能分割的,所以,在这里将"开发系统需求并设计、开发软件需求"合并为大家熟知的软件子过程"软件系统需求分析",将"集成并测试软件、集成并测试系统"合并为一个过程"集成并测试软件系统"。所以,开发过程被定义为"软件系统需求分析、软件系统设计、编程和集成并测试软件系统"4个子过程,这样就与业界习惯、软件过程模型等保持一致。

1. 开发过程

开发过程包括需求分析、设计、编码、集成、测试、与软件产品有关的安装和验收等活动。收集各方面的用户需求信息(过程的输入),定义用户需求中产品的功能和特性,然后通过设计将用户需求转换成软件表示,在逻辑、程序上去实现所定义的产品功能和特性,设计的结果将作为编码的框架和依据。最后通过编程将设计转换成计算机可读的形式。整个开发过程,可以进一步分为4个子过程。

(1) 软件系统需求分析(requirement analysis)。定义软件系统的功能性需求和非功能性需求,涉及系统的体系结构及其设计,确定如何把系统需求分配给系统中不同的元素,确定哪些需求应该实现、哪些需求可以推迟实现。该过程的成功实施期望带来如下结果。

- 开发出符合客户要求的系统需求,包括符合客户要求的界面。
- 提供有效的解决方案以便确定软件系统中的主要元素。
- 将定义的需求分配给系统中的每个元素,了解软件需求受系统的制约、对操作环境的影响。
- 制定合适的软件版本发布策略,以确定系统或软件需求实现的优先级。
- 确定软件需求,并根据客户需求变化进行必要的更新。

(2) 软件设计(software design)。设计出满足需求并且可以依据需求对其进行测试或验证的软件组成和接口,包括数据结构设计、应用接口设计、模块设计、算法设计和界面设计等。该过程的成功实施期望带来如下结果。

- 设计和描述主要软件组件的体系结构,这些组件可以满足已定义的软件系统需求。
- 定义各个软件组件内部和外部的接口,包括数据接口、参数接口和应用接口等。
- 通过详细设计来描述软件中可构建和可测试的软件单元或组件。
- 在软件需求与软件设计之间建立可跟踪、可控制的机制,保证它们之间的一致性。

(3) 编程(coding,programming)。通过一系列编程活动,开发出可运行的软件单元,并检验其是否与软件设计要求相一致。该过程的成功实施期望带来如下结果。

- 根据需求制定出所有软件单元或组件的验证标准。
- 实现设计中所定义的所有软件单元或组件。
- 根据设计,完成对软件单元或组件的验证。

(4) 集成与测试软件系统。集成软件单元,将软件中的组件与其运行的系统环境集成在一起,最终形成符合用户期望(系统需求)的完整系统。该过程的成功实施期望带来如下结果。

- 根据已设计的软件体系结构制定出软件单元的集成策略和集成计划。
- 根据每个单元已分配的需求确定严格的集成验收标准,包括功能性和非功能性的需求验证、操作和维护方面的需求验证。
- 根据所定义的验收标准,测试并验证软件的集成接口和软件系统,记录测试结果,完成系统集成及其验证。
- 对发生必要变更的系统,需要制定回归测试策略,以重新测试得到验证。

2. 运行过程

运行过程规定软件产品的运行和对用户的操作支持的各种活动。因为软件产品的运行要集成到实际的用户环境中去,所以,本过程的活动和任务涉及到用户环境或产品运行环境的测试、部署、操作和支持。运行过程相当于 ISO 15504 中客户-供应商过程的"操作过程"。随着软件产品销售模式越来越少,软件服务模式逐渐占据主导地位,运行过程将是软件服务的重要组成内容之一,软件服务提供商要使软件运行过程平稳,有许多工作要做。所以,"运行过程"的地位会越来越重要,会得到软件组织管理者的更多关注。

运行过程也可以列入"支持过程"类别,运行过程实际上是一个由工程过程、支持过程和客户-供应商过程交织在一起的综合过程,和下面所述的维护过程相像,是一个真正多方交互的过程。

3. 维护过程

在系统运行过程中,为及时满足用户的需求和系统性能、稳定性等要求,在保持系统操作完整性的前提下,对系统进行变更、移植与升级,包括硬件、软件、操作手册和网络等方面的维护。软件测试的覆盖率不可能做到百分之百,所以软件在交付给用户之后有可能存在某些问题,而且用户的需求总在发生变化,特别是在用户开始使用产品之后,对相应的计算机应用系统有了进一步的认识和了解,会不断提出改善适用性、增强功能等各种新的要求。所以,维护的原始需求多数来源于客户所发现的问题或者是增强系统功能的要求,系统的维护工作是必不可少的,而且是非常重要的。该过程的成功实施期望带来如下结果。

（1）确定组织、操作以及接口对现行系统的影响。

（2）对软件进行设计更新、代码修改或系统参数调整、硬件升级等,并进行测试验证。

（3）一旦系统或系统组件发生了变更,应及时更新有关的文档,如更新说明书、设计文档以及测试计划。

（4）移植系统与软件,以满足系统运行环境的要求。

（5）尽量减少软件与系统对用户使用的影响。

1.3.2　软件支持过程

软件支持过程是在整个软件生命周期中可能被任何其他过程所采用的、起辅助作用的过程,并可分为若干个层次,如人员培训、设备维护和品质保证等。支持过程以明确的目的作为构成过程的整体所不可缺少的部分,以支持软件的其他过程,有助于成功实施软件项目和提高软件产品的质量。支持过程所包含的活动有文档编制、配置管理、质量保证、验证、确认、联合评审、审核和问题解决等。

1. 文档编制过程

文档编制过程(documentation process)是记录软件生命周期过程产生的信息所需的活动。每一种指明的文档应根据对应的文档标准或模板进行编写,这些文档标准包括格式、内容叙述、页码编写、插图/表格安排、专利/保密安全标志、包装以及其他条目。文档编制过程中,应确认其输入数据的来源和适合性,并按照文档标准进行充分的审查,以符合格式、技术内容和表述方式等各方面要求。该过程的成功实施期望带来如下结果。

（1）明确并定义文档开发中所采用的标准、软件过程中所需要的各类文档。

（2）详细说明所有文档的内容、目的及相关的输出产品。

（3）根据定义的标准与已确定的计划来编写、审查、修改和发布所有文档。

（4）按已定义的标准和具体的规则维护文档。

2. 配置管理过程

软件配置管理（Software Configuration Management,SCM）过程是在整个软件生存周期中建立并维护所有工作产品的完整性而实施管理和技术规程的过程。SCM 过程包括标识、定义系统中的软件项并指定基线、控制软件项的修改和发行、记录和报告软件项的状态和修改申请、保证软件项的完整性、协调性和正确性以及控制软件项的储存、处理和交付。这一过程包括配置标识、配置控制、配置状态统计和配置评价、发行管理和交付等主要活动。该过程的成功实施期望带来如下结果。

（1）软件过程或项目中的配置项（如程序、文件和数据等有关内容）被标识、定义。

（2）根据已定义的配置项建立基线（baseline）,以便对更改与发布进行有效的控制,并控制配置项的存储、处理与分发,确保配置项的完全性与一致性。

（3）记录并报告配置项的状态以及已发生变更的需求。

3. 质量保证过程

质量保证（Quality Assurance,QA）过程是确保过程或项目中的工作产品以及活动都遵循相应的标准和规范的活动过程,使软件产品或服务能真正满足客户的需求。质量保证包含产品质量保证、过程质量保证和质量体系保证等内容,可以是内部的质量保证或外部的质量保证,并需要组织上的全力支持。质量保证可以使用其他支持过程（如验证、确认、联合评审、审核和问题解决等过程）的结果。该过程的成功实施期望带来如下结果。

（1）针对过程或项目确定质量保证活动、制定出相应的计划与进度表。

（2）确定质量保证活动的有关标准、方法、规程与工具。

（3）确定进行质量保证活动所需的资源、组织及其组织成员的职责。

（4）有足够的能力确保必要的质量保证活动独立于管理者以及过程实际执行者之外进行开展和实施。

（5）在与各类相关的计划进度保持一致的前提下,实施所制定的质量保证活动。

4. 验证过程

验证（verification）过程是依据实现的需求定义和产品规范,确定某项活动的软件产品是否满足所给定或所施加的要求和条件的过程。验证过程,一般根据软件项目需求,按不同深度确定验证软件产品所需的活动,包括分析、评审和测试,其执行具有不同程度的独立性。为了节约费用和有效进行,验证活动应尽早与采用它的过程（如软件获取、开发、运行或维护）相结合。该过程的成功实施期望带来如下结果。

（1）根据需要验证的工作产品所制定的规范（如产品规格说明书）实施必要的检验

活动。

（2）有效地发现各类阶段性产品所存在的缺陷，并跟踪和消除缺陷。

5. 产品确认

确认（validation）过程是一个确定需求和最终的、已建成的系统或软件产品是否满足特定的预期用途的过程，集中判断产品中所实现的功能、特性是否满足客户的实际需求。确认过程和验证过程，构成软件测试缺一不可的组成部分，也可以看做是质量保证活动的重要支持手段。确认也应该尽量在早期阶段进行，如阶段性产品的确认活动。确认与验证相似，也具有不同程度的独立性。该过程的成功实施期望带来如下结果。

（1）根据客户实际需求，确认所有工作产品相应的质量准则，并实施必需的确认活动。

（2）提供有关证据，以证明开发出的工作产品满足或适合指定的需求。

6. 联合评审

联合评审（review，inspection）过程是评价一项活动的状态和产品所需遵守的规范和要求，一般要求供、需双方共同参加。其评审活动在整个合同有效期内进行，包括管理评审和技术评审。管理评审，主要是根据合同的目标，与客户就开发的进度、内容、范围和质量标准进行评估、审查，通过充分交流，达成共识，以保证开发出客户满意的产品。该过程的成功实施期望带来如下结果。

（1）与客户、供应商以及其他利益相关方（或独立的第三方）对开发的活动和产品进行评估。

（2）为联合评审的实施制定相应的计划与进度，跟踪评审活动，直至结束。

7. 审核

审核（audit）过程为判定各种软件活动是否符合用户的需求、质量计划和合同所需的其他各种要求。审核过程发生在软件组织内部，也称为"内审"。审核一般采用独立的形式对产品以及所采用的过程加以判断、评估，并按项目计划中的规定，在预先确定的里程碑（代码完成日、代码冻结日和软件发布日等）之前进行，审核中出现的问题应加以记录，并按要求输入问题解决过程。该过程的成功实施期望带来如下结果。

（1）判断是否与指定的需求、计划以及合同相一致。

（2）由合适的、独立的一方来安排对产品或过程的审核工作。

（3）以确定其是否符合特定需求。

8. 解决问题

问题解决（problem solution）过程是分析和解决问题（包括不合格项、不一致性等）的过程。不论问题的性质或来源如何，这些问题都是在实施开发、运作、维护或其他过程期间暴露出来的，需要得到及时的纠正。问题解决过程，其目的就是及时提供相应对策、形成文档，以保证所有暴露的问题得到分析和解决，并能预见到这一问题领域的发展趋势。该过程的成功实施期望带来如下结果。

（1）提供及时的、有明确职责的以及文档化的方式，以确保所有发现的问题都经过相应地分析并得到解决。

（2）提供一种相应的机制，以识别所发现的问题并根据相应的趋势采取行动。

1.3.3 软件管理过程

软件管理过程，是在整个生命周期中为工程过程、支持过程和客户一供应商过程的实践活动提供指导、跟踪和监控的过程，从而保证过程按计划实施并能到达事先设定的目标。软件管理过程是生存周期过程中的基本管理活动，为过程和执行制定计划，帮助软件过程建立质量方针、配置资源，对过程的特性和表现进行度量、收集数据，负责适用过程的产品管理、项目管理、质量管理和风险管理等。一个有效的、可视的软件过程能够将人力资源、流程和实施方法结合成一个有机的整体，并能全面地展现软件过程的实际状态和性能，从而可以监督和控制软件过程的实现。对软件过程的监督、控制，实际孕育着一个管理的过程，如图 1-7 所示。

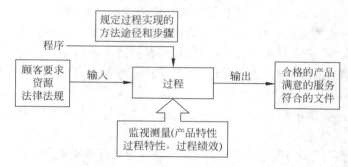

图 1-7　过程的程序和监视测量

1. 项目管理过程

项目管理过程（Project Management Process，PMP）是计划、跟踪和协调项目执行及生产所需资源的管理过程。项目管理过程的活动，包括软件基本过程的范围确定、策划、执行和控制、评审和评价等。该过程的成功实施期望带来如下结果。

（1）为过程和执行制定计划，定义项目的目标、工作范围和责任，以及相关活动和任务的说明。

（2）对任务规模、难度和工作量估计，完成任务所需的资源和成本估计，制定时间进度表。

（3）任务的分配、责任的指定，对在过程执行期间完成的软件产品、活动和任务的评价结果进行评估，以确保过程满足所设定的项目目标和里程碑准入、准出标准。

（4）实行控制、监视过程计划的执行，随时提供过程进展的内部或外部报告，要对在过程执行中发现的问题进行调查、分析和解决。

（5）确定和管理项目内不同元素之间、项目与项目之间、组织单元之间的各种接口或关系。

（6）当项目进度滞后、阶段性目标未能完成时，要及时采取相应的纠正措施，包括计划的变更。保证对计划更改的效果进行确定、控制和监视，以便达到目标和完成计划。

2. 质量管理过程

质量管理过程(Quality Management Process, QMP)是对项目产品和服务的质量加以管理,从而获得最大的客户满意度。此过程包括在项目以及组织层次上建立对产品和过程质量管理的关注。该过程的成功实施期望带来如下结果。

(1) 以客户的质量需求为基础,在整个软件项目生命周期内不同的检查点确立相应的质量目标。

(2) 定义质量度量标准并实时检查,以便在项目生命周期中的不同检查点评估有关内容是否达到了相应的质量目标。

(3) 从软件工程的需要出发,系统地指出良好的实践经验,并能集成到生命周期的过程模型中。

(4) 实施已经定义的质量活动并监控这些质量活动的执行情况。

(5) 当未能达到质量目标时,要及时采取相应的纠正措施。

3. 风险管理过程

风险管理过程(Risk Management Process, RMP),在整个项目的生命周期中对风险不断地识别、诊断和分析,回避风险、降低风险或消除风险,并在项目以及组织层次上建立有效的风险管理机制。该过程的成功实施期望带来如下结果。

(1) 确定项目所要实施风险管理的工作范围,确定、实施和评估合适的风险管理策略。

(2) 在软件开发和维护过程中,要能及时识别出相应的风险。

(3) 对风险进行分析,确定相应的优先级,根据风险管理策略、充分利用有效的资源进行风险处理。

(4) 建立并采用与风险度量相关的标准,对风险状态的改变及其管理活动的实施情况进行度量。

(5) 未达到预期结果时,应及时采取相应的纠正措施,尽量降低风险。

4. 子合同商管理过程

子合同商管理过程(Sub-contractor Management Process, SCMP),选择合格的子合同商并对其进行管理的过程。该过程的成功实施期望带来如下结果。

(1) 对要转包给子合同商的那部分工作进行定义和描述。

(2) 通过评估子合同商完成指定软件功能的能力,选择合格的子合同商去完成合同中所规定的转包内容。

(3) 建立并管理组织和子合同商相互之间的责任和义务,包括子合同商提出的承诺。

(4) 对于合同执行过程进行有效监控,在技术和项目管理等各个方面与子合同商定期进行交流。

(5) 依据相互认可的标准与规范,对子合同商所完成的工作、最终交付的产品与服务等进行评估,包括内容、质量和其他特定要求。

1.3.4　软件组织过程

组织过程是软件组织用来建立和实现由相关的生命周期过程和人员组成的基础结构并不断改进这种结构的过程。组织过程用于建立组织商业目标和定义整个组织内部培训、开发活动和资源使用等规则的过程,并有助于组织在实施项目时更好、更快地实现预定的开发目标。

软件生命周期中的组织过程可以分为业务规划过程、定义过程、改进过程、人力资源和培训过程、基础设施过程等 5 个子过程。

1. 业务规划过程

业务规划过程(Business Planning Process,BPP)是为组织与项目成员提供对愿景的描述以及企业文化的介绍,从而使项目成员能更有效地工作。虽然业务运作(规划、再造和实施等)比软件过程本身的范围要广得多,但软件过程也需要在特定的组织环境中进行,因此软件过程的实施必须服从于相应的商业目标。该过程的成功实施期望带来如下结果。

(1) 定义出商业方面的远景规划、使命与目标,并使全体成员对此都有所了解,尽量做到认识一致。

(2) 激励每位成员,确保每个人都有明确定义的工作,以及这些工作对最终商业目标的实现有相应的贡献。

2. 定义过程

定义(definition)过程是建立一个可重复使用的过程定义库(包括过程标准、程序和模型等),从而对软件工程、支持过程、管理过程以及客户－供应商过程等提供指导、约束和支持。该过程的成功实施期望带来如下结果。

(1) 已经存在一套具有良好定义并被有效维护的过程标准,可作为各个软件子过程的指示器。

(2) 确定标准过程中具体的任务、活动及相关的文档等,同时能适应未来的变化。

(3) 根据项目的要求,对标准过程加以裁剪,以便在每个项目中有效实施特定的过程。

(4) 收集具体项目在使用有关过程的相关信息与数据,并将其保存于数据库中,不断积累和维护。

3. 改进过程

改进过程(improvement of process)是为了满足业务变化的需要,提高过程的效率与有效性,而对软件过程进行持续的评估、度量、控制和改善的过程。该过程的成功实施期望带来如下结果。

(1) 建立适合于所有软件生命周期过程的组织过程及其过程控制机制。

(2) 有计划地、适时地组织过程评审,以保证软件过程评估结果说明中的持续性、适合性和有效性。

(3) 采用可控的方式对过程定义(包括标准、程序和模型等)进行必要更改,以获得预期的效果。

（4）收集、分析和维护技术的数据和评价的数据，包括质量成本数据，以进一步了解组织标准软件过程、采用的或剪裁后的项目过程的优点和缺点。通过对比分析，找出对策，改进组织标准软件过程。

4. 人力资源和培训过程

人力资源和培训过程（Human Resource & Training Process，HRTP），为项目或其他组织过程提供培训合格的人员所需的活动。所提供的合适人选具有相应过程所需要的技能，能够按时地、保质保量地完成所分配的任务，并能保持与团队的协同工作。该过程的成功实施期望带来如下结果。

（1）确定组织以及项目运作时所承担的角色和具备完成各自任务所必需的技能，并确定培训的类别、内容和对象。

（2）设计并实施相应的培训层次、程序和课程，制定实施进度安排、资源需求和培训需求的培训计划，并实施培训计划。

（3）建立有效的程序和评估标准，对员工的能力和表现进行准确的评估，充分调动员工的积极性和潜力。

（4）招聘具有一些特定的专业技能的相关人员，从而满足组织和项目中的任务或角色的需要。

（5）为成员与团队之间有效地沟通、互动创造条件、提供支持。

（6）收集整理有关技能知识和最佳实践，建成知识库，在组织内共享，提高组织能力和协同性。

（7）建立客观的准则并以此度量团队和个人的工作业绩，同时提供相应的反馈机制，不断改进度量准则以增强实施的效果。

5. 基础设施过程

基础设施（infrastructure）过程是建立生命周期过程基础结构、为其他过程建立和维护所需基础设施的过程。这一过程提供一个稳定可靠的、集成的软件工程环境，能为组织或项目提供一系列有效的软件开发模式、标准、技术、方法与工具，并和组织内已定义的或已存在的标准过程保持一致。该过程的成功实施期望带来如下结果。

（1）存在一个规范定义的、经实践检验的并被维护的软件工程环境。

（2）与已存在的标准过程一致并为其提供支持，帮助软件过程实现可重用性、实用性和安全性。

（3）软件工程环境可根据项目特定的需求进行裁剪，以适应具体的实际情况，能更有效地开展、实施有关的项目活动。

1.3.5　客户-供应商过程

客户-供应商过程（Customer-Supplier process，CUS）是内部直接影响到客户、外部直接影响开发、向客户交付软件以及软件正确操作与使用的过程。它包括软件获取、客户需求管理、软件供应、软件操作以及提供客户支持等 5 个子过程。

1. 获取（软件或服务）过程

获取（acquisition）过程是以客户为主导的、开发或提供满足客户要求的产品或服务。这一过程以确认客户的需求为起点,以客户对产品或服务的认同与接受为终点。

获取过程从确定需要获取的软件系统、产品或服务开始,然后制定和发布标书、选择供方和管理获取过程,直到验收软件系统、产品或服务。需方在项目相关管理的条目中具体说明获取的过程、建立本过程的基础设施。本过程包括下述活动。

（1）招标的准备。

（2）合同的准备和修改。

（3）对供方的监督。

（4）验收和完成。

该过程的成功实施会导致最终生成一个明确的合同或条约,清楚地描述出客户与供应方的期望、职责与义务。合同还会对供应一方所生产或提供的产品或服务有相应的详细定义和说明,从而全面满足客户的需求,并对客户的需求要进行有效的管理,这样才能对成本、资源及质量进行过程控制与管理。

2. 客户需求管理过程

客户需求管理过程（Customer Requirement Management Process,CRMP）,在整个软件生命周期中,针对不断变化的客户需求加以收集、处理和跟踪,并建立软件需求的基准线,以作为项目中软件开发活动过程和产品度量和变更管理的基础。该过程的成功实施会带来如下期望结果。

（1）与客户建立明确和稳定的友好关系。

（2）详细阐述并记录已达成协议的有关客户需求,并对客户需求的变更加以管理。

（3）建立客户需求管理,用来监控不断变更的客户需求。

（4）建立专门的机制以确保客户能方便地了解需求状态并控制需求的实施。

3. 供应过程

供应（supplying）过程是按客户事先规定的要求对软件进行包装、发布与安装的活动过程。供应过程需要编制投标书来答复需方的招标书,在投标成功后与需方签订项目合同,保证按时提供高质量的软件产品或服务。除此之外,还要确定为供应过程所需的规程和资源,包括编制项目计划和实施计划,直到软件产品或服务交付给需方。概括起来,供应过程包含下面 6 个任务。

（1）准备投标。

（2）签订合同。

（3）编制计划。

（4）实施和控制。

（5）评审和评价。

（6）交付和完成。

该过程的成功实施会带来如下期望结果。

- 确定包装、发布以及安装软件的有关要求。
- 软件有效地被安装与使用。
- 软件达到需求定义中所规定的质量水平。

4. 软件操作过程

软件操作(operation)过程,确保用户在正常环境下、生命周期内正确、有效地使用软件或软件服务。过程的成功实施会带来如下结果。

(1) 确定和管理由于引入并发操作软件而带来的操作上的风险。

(2) 按要求的步骤和在要求的操作环境中运行软件。

(3) 提供操作上的技术支持,以便解决操作过程中出现的问题。

(4) 确保软件(或主机系统)有足够的能力满足用户的需求。

5. 客户支持过程

客户支持过程(Customer Support Process,CSP),建立并维护不同级别的服务体系,帮助客户有效地使用软件。过程的成功实施会带来如下结果。

(1) 基于实施情况,确定客户所需要的支持服务。

(2) 通过提供适当的服务来满足客户的需求。

(3) 针对客户对产品本身及其相应的支持服务的满意程度进行持续的评估

1.4 软件生命周期标准

软件生命周期的标准,可以分国际标准和国内标准,也可以分为指南性标准和强制性标准。而从整体上,软件标准最具代表性的有两类,ISO 标准体系和 IEEE 标准体系。

1.4.1 ISO/IEC 标准体系

软件生命周期标准以"ISO/IEC12207:1995—软件生存周期过程"和"ISO/IEC15504软件过程评估标准"为代表的一系列覆盖软件生命周期活动过程的标准。

ISO/IEC12207 软件生命周期过程标准,是指导软件过程实施的一个标准。它从多个角度说明了软件生命周期各个过程中的活动,对规范软件开发过程,协调各类人员之间的关系,都具有指导作用。

ISO/IEC15504 软件过程评估标准,推荐软件工程实践方法,建立统一的软件过程评估的判断基础,并且期望在世界范围内确保软件过程评估结果具有一定的可比性。ISO/IEC15504 提供了 3 种模式,来满足软件组织在过程上的需求。

(1) 能力确定模式。帮助评估并确定一个潜在软件供应商的能力。

(2) 过程改进模式。帮助提高软件开发过程的水平。

(3) 自我评估模式。帮助判断是否有能力承接新项目的开发。

ISO/IEC15504 还针对软件不同类型的组织,帮助其实现不同的过程目标。

（1）购买方。评估软件供应商的能力，并能预测选择不同供应商所带来的风险大小。

（2）获取者。有能力去判断软件供应商当前以及潜在的软件过程能力。

（3）软件供应商。可以用一个过程评估计划代替多个计划。有能力判断并决定其软件过程当前以及潜在的能力，以此定义出软件过程改进的范围和优先级，并可以利用一个框架来确定软件过程改进的实施步骤。

（4）软件开发组织。标准可作为一种工具用于建立最初的过程改进并推进持续的过程改进活动。

在 ISO 标准体系中，除了 ISO/IEC12207 和 ISO/IEC15504，其他主要的软件过程标准如下。

（1）ISO/IEC14764。软件维护。

（2）ISO/IECTR15846。软件配置管理。

（3）ISO/IECTR16326。软件工程项目管理。

（4）ISO/IEC15939。软件度量过程。

（5）ISO/IEC14598。软件产品评价。

（6）ISO/IEC15910。软件用户文档过程。

（7）ISO/IEC15271。ISO/IEC12207 使用指南。

（8）ISO/IEC15288。系统生命周期过程。

对于 ISO 标准，还包括质量管理过程标准 ISO 9001 和软件开发过程指南 ISO/IEC9000-3。ISO 9001 是适用于所有的工程行业、通用的质量保证模式。而为了解释该标准在软件过程中的应用，专门开发了一个 ISO 指南的子集，即 ISO 9000-3。ISO9000-3 其实是 ISO 质量管理和质量保证标准在软件开发、供应和维护中的使用指南，并不作为质量体系注册/认证时的评估准则。

整个 ISO 过程标准的结构，如表 1-1 所示，形成 3 个层次，即如下所示。

（1）基本的过程原理性说明。

（2）要求遵守的标准和相应的要素。

（3）提供过程管理的指导性意见。

表 1-1　软件过程 ISO 标准的结构

	软件过程					系统过程
原理	12207/AMD1 的过程结果					15288
要素标准	12207/14764	TR15846	TR16326	15939	14598	15910	15288 标准部分
指南	TR15271	ISO9000-3	TR9294			18019	15288 指南

1.4.2　IEEE 标准体系

IEEE 系统软件工程标准是由软件工程技术委员会（Technical Committee on Software Engineering，TCSE）之下的软件工程标准工作小组（Software Engineering Standards Subcommittee，SESS）创立的。

所有的标准依据对象导向的观念进行分类，并假设软件工程的工作执行都是通过项目的方式完成,即每一个项目都会与"顾客"互动,必然会涉及各类活动,为此建立相关的流程,消耗或占有一定的"资源"以执行这些"流程",最后交付特定的"产品"。根据这种思想,IEEE 标准围绕在顾客、资源、流程及产品等对象上建立相应的标准,而每一种标准之下又再细分为需求标准(requirement standards)、建议惯例(recommended practices)及指南(guides)。

1. 顾客标准

(1) 软件获得(software acquisition)。

(2) 软件安全(software safety)。

(3) 软件需求(system requirements)。

(4) 软件生命周期流程(software life cycle processes)。

2. 流程标准

(1) 软件质量保证(software quality assurance)。

(2) 软件配置管理(software configuration management)。

(3) 软件单元测试(software unit testing)。

(4) 软件验证与确认(software verification and validation)。

(5) 软件维护(software maintenance)。

(6) 软件项目管理(software project management)。

(7) 软件生命周期流程(software life cycle processes)。

3. 产品标准

(1) 软件可靠性度量(measures to produce reliable software)。

(2) 软件质量度量(software quality metrics)。

(3) 软件用户文档(software user documentation)。

4. 资源与技术标准

(1) 软件测试文件(software test documentation)。

(2) 软件需求规格(software requirements specifications)。

(3) 软件设计描述(software design descriptions)。

(4) 再用链接库的运作概念(concept of operations for interoperating reuse libraries)。

(5) 辅助工具的评估与选择(evaluation and selection of case tools)。

5. 常用的 IEEE 软件过程标准

(1) IEEE1074:1997。生命周期过程的标准。

(2) IEEE1540-01。软件风险管理。

(3) IEEE1517-99。软件复用过程。

(4) IEEE1219-1998。软件维护过程。

(5) IEEE Std730-2001。软件质量保证计划。

（6）IEEE Std1012。验证与确认。

（7）IEEE Std1028。评审。

1.4.3　标准体系的全貌图

由美国软件生产力公司（Software Productivity Consortium NFP）总结了目前已有的标准，根据其演变、发展的历史过程，绘制了一张标准体系的全貌图，如图 1-8 所示。

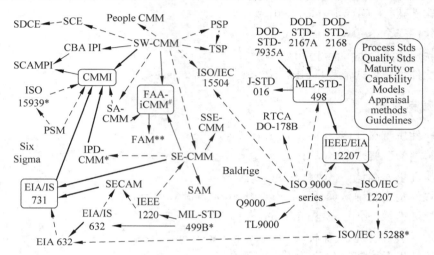

图 1-8　标准体系的全貌图

从整个体系中，可以分为 5 类。

（1）过程类标准（process stds）。如美国国防部标准（DOD-STD-2167A，7935A 等）演变为军方标准 MIL-STD-498，然后再发展为行业标准 IEEE/EIA12207。同时，由 ISO 9000 产生的一个分支——国际标准 ISO/IEC12207，并将和 EIA 632 等形成新的国际标准ISO/IEC 15288。

（2）质量类标准（quality stds）。主要以 ISO 9000 系列为核心，包括 Q9000 和 TL9000 等各种质量的标准。

（3）能力成熟度模型（CMM）系列模型。以软件 CMM（SW-CMM）、CMM 集成（CMMI）和系统工程 CMM（SE-CMM）为代表，以及人员 CMM（people CMM）、适用于集成产品开发的 CMM（IPD-CMM）、适用于软件获取的 CMM（SA-CMM）等。

（4）评估方法类（appraisal methods）。包括基于 CMM 的内部过程改进评估方法（CMM-Based Appraisal for Internal Process Improvement，CBA IPI）、基于 CMM 的软件能力评估（CBA-SCE）、针对过程改进的标准 CMMI 评估方法（Standard CMMI Appraisal Method for Process Improvement，SCAMPI）、SAM 和软件过程能力评估的国际标准 ISO/IEC 15504等。

（5）指导性文件类（guidelins），如六希格玛（six sigma）、个人软件过程（PSP）、团队软件过程（TSP）、PSM 和 RTCA DO-178b。

也有一些标准不能归为某一类,而是介于某两类之间,如 EIA/IS 731 是介于 CMM 类和评估方法类之间,Baldrige(美国国家质量奖)介于质量标准类和评估方法类之间。

1.5　软件过程建模

为了更好地理解软件开发过程的特性,跟踪、控制和改进软件产品的开发过程,就必须对这一开发过程模型化。模型是对事物的一种抽象,人们常常在正式建造实物之前,首先建立一个简化的模型,以便更透彻地了解它的本质,抓住问题的要害。在模型中,先要剔除那些与问题无关的、非本质的东西,从而使模型与真实的实体相比更加简明、易于把握。总的来说,使用模型可以使人们从全局上把握系统的全貌及其相关部件之间的关系,可以防止人们过早地陷入各个模块的细节。

1.5.1　软件过程模型

经过软件领域的专家和学者不断努力,从早期的瀑布模型、螺旋模型和 V 模型,到后来的迭代模型、并发过程模型等,各种软件过程模型不断被推出。

模型来源于实践,又应用于实践,新兴的模型取代落后的模型。比如,著名的软件开发瀑布模型,简单清晰、代表了传统的软件工程思想。但从现在看来,瀑布模型不符合软件开发的实际情况,容易将开发引入误区。

(1) 因为开发的许多工作是可以并行的,从提高阶段性产品质量、缩短开发周期看,这种过程的并行性也是必要的,正如 V 模型和并行过程模型所揭示的——软件过程绝不是简单的顺序过程。

(2) 每个开发阶段不是不能逆转的,这种逆转能更好地保证软件需求、设计等的质量。由于软件开发组织与用户沟通的困难性,需要多次交流,才能获得一致的、透彻的理解,正如原型模型、螺旋模型所揭示的——循环往复地上升。

模型本身也是在发展的,如 V 模型发展为改进后的 V 模型和多个 V 模型的叠加(也称 W 模型)。螺旋模型、增量模型和迭代模型等也相继得到了发展,其中迭代模型得到了充分发展,极限编程(XP)和 IBM-Rational 统一过程(RUP)都可以看做是迭代模型的延伸。

软件过程模型描述了软件过程要素(如活动、资源、角色和过程产品等)以及这些要素之间的关系,需要通过一些方法和工具来更好地描述过程模型,包括 UML 方法、IDEF3 方法以及 Agent(代理)方法等。

1.5.2　基于 UML 的过程建模

统一建模语言(Unified Modeling Language,UML)是一种过程建模的描述语言,其应用越来越广。UML 用 5 种视图从不同的视角来表示和描述系统。

(1) 用户模型视图。从用户的视角来表示系统。用例(use-case)描述使用场景,可用于用户模型视图的建模方案。

(2) 结构模型视图。从系统内部来分析数据和功能,属于静态结构建模。

(3) 行为模型视图。描述系统动态或行为方面的各种元素间交互或协作关系,属于动态结构建模。

(4) 实现模型视图。针对如何构建(实现)系统的结构和行为时的表示。

(5) 环境模型视图。表示待实现的系统环境的结构和行为。

UML 不仅能描述或表示系统软件系统,而且可以来表示软件开发的过程,包括软件开发的工作流。UML 为模型提供了不同的视图,以对应于不同的过程阶段模型,使每个模型都可以用一种或多种 UML 图来描述,它们之间的对应关系如下。

(1) 用例模型。对应用例图、序列图、协作图、状态图和活动图。

(2) 分析模型。对应类图和对象图(包括子系统和包)、序列图、协作图、状态图和活动图。

(3) 设计模型。对应类图和对象图(包括子系统和包)、序列图、协作图、状态图和活动图。

(4) 开发模型。对应配置图(包括活动类和组件)、序列图和协作图。

(5) 实现模型。对应组件图、序列图和协作图。

(6) 测试模型。测试模型引用了所有其他模型,所以使用所对应的所有视图。

使用 UML 来完成过程建模,可以贯穿整个生命周期。例如,在需求阶段,通过 UML 用例图(静态模型)描述系统功能和各功能的潜在用户及其之间的关系,而通过 UML 活动图(动态模型)支持对业务过程或事务处理过程的描述。

UML 能很好地支持软件开发的迭代过程。图 1-9 反映了 UML 中主要视图之间的关系,图中的箭头表示输入关系,这种关系更反映了面向对象建模的迭代特性。

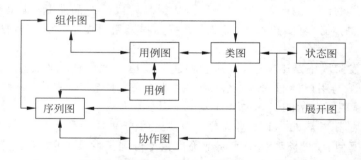

图 1-9 从迭代的角度理解 UML 建模

图 1-10 反映了一种顺序的构造过程,箭头表示文档化关系。它们显示了面向对象建模过程的一个性质——从大的角度来看是一个顺序的过程,而从小的角度来看是一个迭代的过程。

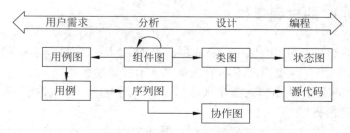

图 1-10 从顺序角度理解 UML 建模

1.5.3 基于 IDEF3 的过程建模

最初 IDEF 方法是在美国空军集成计算机辅助制造(Integrated Computer-Aided Manufacturing,ICAM)项目基础上建立起来的,只包含 3 种方法,功能建模(IDEF0)、信息建模(IDEF1)和动态建模(IDEF2)。随着信息系统的相继开发,后来又增加了不少 IDEF 方法,如数据建模扩展版本(IDEF1X)、过程描述获取方法(IDEF3)、面向对象的设计方法(IDEF4)、实体论(ontology)描述获取方法(IDEF5)、设计理论(rationale)获取方法(IDEF6)、人机交互设计方法(IDEF8)、业务约束发现方法(IDEF9)和网络设计方法(IDEF14)等。

IDEF3 方法通过两个基本组织结构,场景描述(scenario)和对象(object)定义活动的顺序和活动间的关系来获取对过程的描述。

(1)场景描述。通过文档记录由一个组织或系统阐明的一类典型问题的一组情况以及过程赖以发生的、重复出现的背景。场景描述的主要作用,就是要把过程描述的前后关系确定下来。

(2)对象。是那些发生在软件开发过程描述中的、任何具体的或概念的事物。对象的识别和特征抽取,有助于进行过程流描述和对象状态转换描述。

IDEF3 通过一些基本建模符号的不同组合,来描述不同的场景和对象组成的过程,如图 1-11 所示。IDEF3 有两种建模模式,过程流描述和对象状态转移描述,它们能够交叉参考,互为补充。

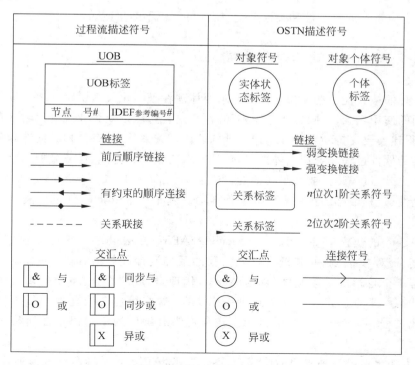

图 1-11 IDEF3 建模图形符号

（1）过程流描述。作为以过程为中心的知识获取、管理和显示的主要工具，通过过程流网络图（Process Flow Network，PFN）反映对事件、事件对象、事件行为及其约束关系等的认识。PFN 有几种基本语法元素，如行为单元（Unit Of Behavior，UOB）、交汇点（junction）、链接（link）和细化说明（elaboration）。

（2）对象状态转移描述。以对象为中心的知识获取、管理和显示的基本工具，通过对象状态转移网络图（Object State Transition Network，OSTN）来表示一个对象在多种状态间的演进过程，类似于 UML 中的状态转换图。

IDEF3 过程流描述，由一组 PFN 和相应的细化说明文件组成。PFN 显示了一组 UOB 盒子，分别代表现实世界中的活动、操作、步骤、事件和决策，通过链接箭头反映彼此之间的前后顺序等。每个 UOB 利用"细化说明"阐明与其相关的对象（客体）及其相互关系，通过"分解"说明与其他 UOB 的关系。

过程活动间的逻辑关系，则通过交汇点和链接来描述。交汇点盒子可以表示多个过程分支的汇合（扇入）或分发（扇出）以及这些分支之间的逻辑关系和相对时序关系。"链接"是 PFN 中不同符号组合在一起的黏接剂，进一步阐明一些约束条件和各成分之间时间的、逻辑的和因果的关系。另外 PFN 还有一些语法元素，如用以表示内容上前后相关属性信息的参照物、对 UOB 和链接的细化说明表等。

用 IDEF3 描述组织的软件过程有如下优点。

（1）表达形象，容易被理解。IDEF3 主要以图形来表述，从而具有良好的表达能力。

（2）具有严格的语法语义，能清晰明确地表达过程，为软件过程管理系统的自动化生成提供了可能性。

（3）能适应过程的复杂性和柔性变化，模型可以被不断更改。

1.5.4　基于 Agent 的软件过程建模

过程管理的最具代表性和功能性的需求要体现在模型化及其说明之中。过程建模首先要支持不同的使用场景、不同的业务规则和阶段、过程剪裁以及企业级过程的分布性和集成性，其次过程建模要支持动态的和结构化低的软件过程评估，具有计划灵活性和易维护性以能反映真实的软件过程和处理例外情况，包括需求变更流程控制、任务分配调整和用户快速响应。除此之外，过程建模要满足其他的一些需求，如可扩展和可伸缩的分布式架构、数据交换的安全性、过程数据的集成和协同工作能力。基于 Agent 的软件过程模型能很好地满足这些要求。

基于 Agent 的建模（Agent-Based Modeling，ABM）方法最近几年应用很广，包括应用于过程建模、流程模拟、业务分析、供应链、软件系统设计甚至编程等。ABM 方法是将系统看作由若干个自治的决策实体（称为 Agent，代理）构成的集合，每个代理可独立评估自己所处的状态并根据已定义的系列规则做出决策，这些代理会处理不同行为以适应所呈现的系统或过程，并能表示复杂的行为模式和提供有价值的信息以描述所模拟的系统或过程。

ABM 方法更多是一种思想的体现，而不是技术，ABM 是一种微观的模型化方法，从细节来描述一个动态的系统或过程，ABM 方法至少有下列 3 点优势。

（1）ABM 能抓住突然发生的现象。

（2）ABM 以一种自然的方式来描述动态系统或过程。

（3）ABM 方法灵活。

当 ABM 方法应用于软件过程建模的时候，需要确定软件过程的要素，然后用一种自然的形式来描述这些过程要素的语义和这些要素之间所存在的关联规则，并通过 Agent 的推理和自适应机制、针对环境的变化而动态地将相关的软件过程要素组织成软件过程，从而实现在任务规划、资源分配、产品管理以及过程协同方面的自适应处理。基于 Agent 的软件过程建模，可以帮助软件过程管理建立一个统一的、灵活的和动态的框架。代理有多种表现形式，针对不同的角色有不同类型的代理，以完成系统或过程中的不同任务。例如，在过程建模中，可以建立和过程、监控、服务、活动和资源相对应的 Agent。

- 过程 Agent，实现任务的动态分配和分布式协同。
- 监控 Agent，负责在本地监控任务的实施。
- 服务 Agent，封装了任务实现的方法。
- 活动 Agent，帮助实现过程活动的动态整合。
- 资源 Agent，封装了活动实现的角色和方法。

通过这些不同类型 Agent 的协同，能够在分布条件下实现动态的工作流整合和服务整合、通过网络协议实现协同，更好地描述软件过程管理。

软件过程可以看作组织空间、资源空间、过程空间和过程财富（存储过程数据、定义文档等）空间构成，这些空间相应包含了关键过程要素——角色、资源、过程和工件等，如图 1-12 所示。

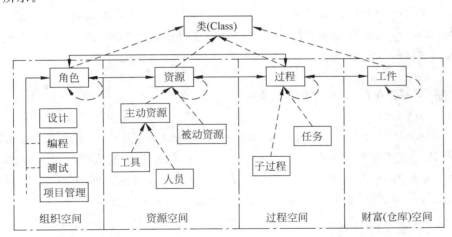

图 1-12　软件过程要素及其构成

根据软件过程要素及其之间关系的描述，来建立基于 Agent 的软件过程模型，这种模型包含了 3 个层次，即过程定义域、过程实例和过程性能域。过程实体——过程 Agent 分布在过程实例和过程性能域两层内，与过程定义域的各类空间以及任务空间、工作空间协同作用，构成一个灵活的、动态的分布式过程框架，如图 1-13 所示。

在上述模型中引入了过程 agent、任务 agent、工具 agent、人员 agent 和工件 agent 等的

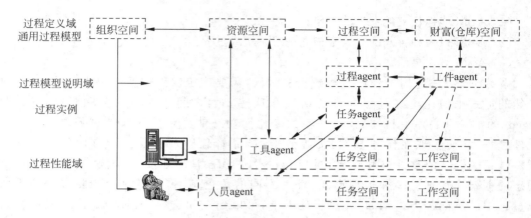

图 1-13　基于 Agent 的软件过程模型的示意图

描述。过程 Agent 在确定其行为的过程中,每个环节上借助任务 agent 考虑其是否拥有足够的资源、其对应的角色是否拥有适当的能力,并且在实施其行为的时候借助工件 agent 获得具体项目或任务所需的过程定义和数据。工具 agent 和人员 agent 管理所对应的任务空间和工作空间,并能和任务 agent、工件 agent 协同工作。这种模型,多个 Agent 分管和处理与之相关的过程知识、活动、资源、环境以及活动的实施角色等,具有高内聚、低耦合的特性,很好地满足了软件过程建模的需求。

基于 Agent 的软件过程模型还需要进一步细化,如过程 agent 可分解为一组过程 Agent,其中每个过程 Agent 的描述和封装了与之相关的过程要素,以及如何在这些要素之间建立关系的过程知识。当过程被实现时,过程 Agent 根据特定的目标和环境状态动态地确定过程要素之间的关系以及过程 Agent 之间的协作关系,从而系统地实现软件开发的目标。过程 Agent 还可以在目标和环境变化时自治地调整这些关系,从而在新的条件下确保目标的实现,最终形成自适应的软件过程模型。

1.5.5　基于 SOA 的软件过程模型

面向服务架构(Service-Oriented Architecture,SOA)是企业级的、按需连接资源的新型架构,它描述了一系列模式和指导方针来创建松耦合、依赖业务的服务。由于描述、实现和绑定之间关系的分离,为新业务变化和需求提供了空前的灵活性。SOA 模式在三个主要参与者,"服务提供者、服务消费者和服务代理"之间定义了交互模型,如图 1-14 所示。

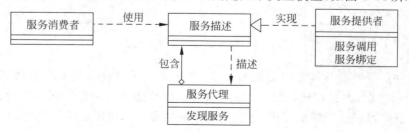

图 1-14　SOA 架构模式的概念模型

（1）服务提供者。公布服务描述并且实现服务。

（2）服务消费者。可以使用统一资源标记符（URI）来直接使用服务描述，也可以在服务注册中心来查找服务描述并且绑定和调用服务。

（3）服务代理提供和维护服务注册中心。

基于服务的建模是基于服务的分析和设计（SOAD）过程，其主要方法是通过 SOA 的每一层定义元素以及在每一层的决策因素来发挥作用，通过联合服务鉴别的自顶向下、业务驱动方式和利用遗留资产、系统引导服务识别来实现软件过程。基于 SOA 的建模方法包含了支持完整 SOA 生命周期的部署、监控和管理所需的技术，其过程包含三个层次，如图 1-15 所示。

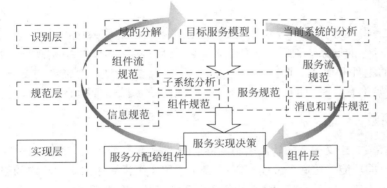

图 1-15　基于服务的建模和架构方法

（1）识别层。对域的分解、当前系统的分析，建立目标服务模型，从而完成服务、组件和流程的识别。

（2）规范层。在识别的基础上，制定组件和组件流规范、服务和服务流规范、信息规范、消息和事件规范等。

（3）实现层。主要是完成服务的分配和实现。

1. 服务的识别

这个过程由域分解、现有资源分析和目标服务建模的自顶向下、自底向上、中间向外技术的联合组成。自顶向下的过程作为域分解来被引用，域分解则由业务领域、其功能区域和子系统的分解所组成，包含这过程分解为子过程、业务用例。在自顶向下视图中，业务用例的蓝图提供了业务服务的规范。

在过程的自底向上的系统分析中，现有的系统被选择以支持业务过程的底层服务功能性的实现、提供低成本的解决方案。而中间向外视图由目标服务建模组成，来验证和发现自顶向下或自底向上的服务鉴别手段中没有捕捉到的其他服务，将服务与目标和子目标、关键性能指示和尺度等集成起来。

2. 服务的分级和分类

将服务分为多个层次（分级）是非常重要的，反映了服务的复合性或者不规则的本性。服务可以也应该由良好粒度的组件（子服务、服务功能）组成，分级有助于服务的合成和基于层次的、相互依赖的多个服务的协同构建。同样，服务分级还能帮助减轻服务增值综合症——越来越多的小粒度的服务被定义、设计和部署,但缺乏控制而引起服务的性能、可伸缩性和管理等方面的一系列问题,甚至服务增值的目标没有得到实现。

3. 子系统分析

这个活动获取上面域分解过程中发现的子系统,并且指定子系统之间的相互依赖性和顺序性。它同样将域分解过程中鉴别的用例作为子系统接口上公开的服务。子系统的分析包含创建对象模型来表现内部工作方式和通过大粒度组件实现子系统设计。实现服务的组件可进一步细化,包含更多的细节定义,如数据、规则、服务、可配置概要和变更。

4. 服务分配

服务分配是将服务分配到已识别的、包含了特点功能的子系统。经常会假定,子系统同企业组件有一对一的联系,即服务分配由服务的指派和在 SOA 层中实现服务的组件组成。针对 SOA 层的组件和服务分配是一个关键的任务,需要关键架构决策的支撑,这些决策不仅同应用程序架构有关系,而且同支持 SOA 实现的技术操作架构有关。

5. 服务实现

通过被选择或自定义构建的软件来实现特定的服务,包括使用 Web 服务来集成、转化、订阅和外购其他的不同功能。在这个过程中,决定哪个遗留系统模块用来实现给定的服务,以及哪个服务将从基础来构建。服务的其他实现决策不同于业务功能包括服务的安全、管理和监视。

1.6　小　　结

本章先介绍了过程、软件过程和过程规范的概念,包括软件过程定义的层次性、软件过程的分类和组成。着重分析了过程规范所带来的影响和所发挥的作用,引导过程规范的正面作用。

然后根据软件生命周期标准 ISO/IEC12207 和软件过程评估标准 ISO/IEC15504 全面介绍了软件的各个子过程,包括软件工程过程、支持过程、管理过程、组织过程和客户-供应商的过程,从而建立了一个系统、完整的软件过程印象。

本章还介绍了软件生命周期的质量标准体系,包括 ISO/IEC 标准体系、IEEE 标准体系,以及标准体系的全貌图。

最后介绍了软件过程模型和不同的建模方法,重点介绍各类软件过程的建模方法,包括了 UML 方法、IDEF3 方法、过程模式方法和 Agent(代理)方法等。

1.7　习　　题

1. 通过一个实例来揭示软件规范的消极影响或积极作用。
2. 软件过程规范和项目过程规范,有何关系和区别?
3. 软件过程建模在软件过程管理中会发生什么样的作用? 能否通过 UML 和 IDEF3 来描述同一个实际的软件过程流程?
4. 通过互联网搜索有关软件过程标准、软件过程建模的更多资料。

第 2 章

软件过程成熟度

软件过程成熟度是指对具体软件过程进行明确定义、管理、度量和控制的有效程度。成熟意味着软件过程能力持续改善的过程，成熟度代表软件过程能力改善的潜力。成熟度等级用来描述某一成熟度等级上的组织特征，每一等级都为下一等级奠定基础，过程的潜力只有在一定的成熟度基础之上才能够被充分发挥。

成熟度级别的改善，包括管理者和软件从业者基本工作方式的改变。组织成员依据建立的软件过程标准执行并监控软件过程，一旦来自组织和管理上的障碍被清除后，有关技术和过程的改善进程就能迅速推进。

2.1　过程成熟度标准

为了清楚理解软件过程成熟度标准，首先可以从反面来看过程成熟度，也就是了解不成熟软件过程的特点。不成熟软件过程的特点的对立面，就是获得过程成熟度要求的出发点，从而最终定义出过程成熟度标准。

2.1.1　软件过程不成熟的特点

在介绍不成熟软件过程的特点之前，我们必须掌握几个基本概念。软件过程在本质上由其能力和性能决定，其能力和性能的水平决定了过程的成熟度。

1. 软件过程能力

软件过程能力（software process capability），是软件过程本身具有的按预定计划生产产品的固有能力，或者说是遵循软件过程能够实现预期结果的程度。一个组织的软件过程能力为组织提供了预测软件项目开发的数据基础，提供一种预测该组织承担一个新软件项目时最可能出现的预期结果的方法。

2. 软件过程性能

软件过程性能（software process performance）表示遵循软件过程所得到或软件过程执行的实际结果。所以，软件过程性能关注已得到的结果，而软件过程能力则关注预期的结果。一个项目的软件过程性能决定于内部子过程的执行状态，只有每个子过程的性能得到改善,相应的成本、进度、功能和质量等性能目标才能得到控制。但同时,由于一个特定项目的属性和执行该项目的环境所限,项目的实际性能并不能充分反映组织的软件过程能力。所以,评价过程的成熟度,不能仅仅依据软件过程性能来判断,必须结合软件过程能力来进行综合评估。

3. 软件过程成熟度

软件过程成熟度(software process maturity),是指一个具体的软件过程被明确地定义、管理、评价、控制和产生实效的程度。所谓成熟度包含着能力的一种增长潜力,同时也表明了组织(企业)实施软件过程的实际水平。随着组织软件过程成熟度能力的不断提高,组织内部通过对过程的规范化和对成员的技术培训,不断改进其软件过程,从而提高软件过程能力,使软件的质量、生产率和生产周期得到改善,从而达到良好的软件过程性能。

4. 不成熟过程的特点

(1) 软件过程能力低,不能按预定计划开发出客户满意的产品,项目拖延、费用大大超出预算已成惯例。当硬性规定时限时,为满足进度要求,常在产品功能和质量上作出让步,例如缩短或取消像评审和测试这些旨在提高质量的活动。

(2) 过程性能的不可预见性,对进度和预算估计、产品质量的目标缺乏历史数据和有效方法的客观基础,开发的进度、成本和产品的质量都难以预测。

(3) 过程的不可视性,软件过程缺乏定义、缺乏文档和缺乏跟踪,在整个软件过程中,不清楚每个阶段进出的标准、执行的方法和规则。

(4) 过程的不稳定性,软件过程缺乏定义或只有一些简单的、初级的软件过程定义,而实际的、具体的操作过程是在一个项目开始后临时拼凑而成,每个项目都不一样。即使引进了规范的软件过程,也是生搬硬套、没有理解,不能严格地遵守和贯彻执行,和预期效果差距很大。

(5) 过程的被动性、缺乏改进的主动性。不成熟的软件过程是反应式的,通常项目的管理者主要精力花在"救火"上,疲于解决各种现时危机、矛盾或问题。

2.1.2　软件过程成熟的标准

根据软件过程成熟度的定义,软件过程的成熟意味着,由于运用组织的软件过程使过程纪律性、规范性和一致性得到增强,从而导致其软件过程的生产率和质量随时间的推移得到不断地改进。随着组织的软件过程成熟度的提高,组织通过方针、标准和组织机构将已有的过程规范化。据此,可以定义过程成熟度标准。

(1) 软件过程能力高。具有全组织范围的管理软件开发和维护过程的能力,能达到产品的成本、进度、功能和质量的预期结果,而且具有能力上的增长潜力,不断提高组织自身的能力。

(2) 软件过程性能可预见性。在软件过程中积累了有关过程性能大量的历史数据,具有良好的产品质量和过程质量的测量方法和度量体系,能客观地、定量地分析产品和过程,对进度、预算和质量做出现实的和准确的估计和预测。

（3）软件过程规范化。过程定义、方法和规则等文档化,使整个组织内的所有过程的各个方面都有可遵循的标准、规则和指导性原则。

（4）过程的一致性。软件过程被正确无误地传递到不同团队、现有职员和新职员那里,组织成员可以协调、一致性地工作,在各个项目中整个组织的过程活动也是一致的,均按照已定义的过程进行。

（5）过程的丰富性。对软件过程进行分类,形成适合软件生命周期不同阶段、组织不同层次上和项目不同类型的自定义的各种子过程及其规范。在一个子过程中,其内容也是丰富的,包括原则性指导、强制性的规定、特定的流程、方法、工具和模板等。

（6）过程的可视性。软件组织的能力是已知的,软件过程具有清晰的、充分的定义。已定义的过程,对遍及整个组织和所有的项目是清楚的,而且这些过程的每个阶段进出的标准、执行的方法和规则等是清楚的,所涉及的人员岗位及其职责也是清楚的。

（7）过程的稳定性。一致地遵循一个有纪律的过程,因为所有的参加者都了解这样做的价值,而且存在支持该过程的、坚实的基础。

（8）过程的不断改进。需要时就主动地对这些已定义的过程进行更新,并且通过可控的先导性试验和（或）成本效率分析使过程得到持续改进。

2.2　能力成熟度模型概述

CMM 是软件过程能力成熟度模型（Capacity Maturity Model,CMM）的简称,是卡耐基-梅隆大学软件工程研究所为了满足美国联邦政府评估软件供应商能力的要求,于 1986 年开始研究的模型,并于 1991 年正式推出了 CMM 1.0 版。CMM 自问世以来备受关注,在一些发达国家和地区得到了广泛应用,成为衡量软件公司软件开发管理水平的重要参考因素和软件过程改进领域之事实上的工业标准。

2.2.1　CMM 介绍

软件能力成熟度模型是一种描述有效软件过程的关键元素的框架,将软件过程、软件过程能力、软件过程性能和软件过程成熟度等概念集为一体。CMM 则是描述一条从无序的、混乱的过程到成熟的、有纪律的过程的改进途径,描绘出软件组织如何增加对软件开发和维护的过程控制,如何向软件工程和管理的优秀文化演变等方面的指导。CMM 还包含了有关软件开发和维护的策划、工程化和管理的关键实践。遵循这些关键实践,就能改进组织在实现有关成本、进度、功能和产品质量等目标上的能力。

CMM 建立起一个标准,对照这个标准就能以可重复的方式判断组织软件过程的成熟度,并能将过程成熟度与工业的实践状态作比较,组织也能采用 CMM 去规划其软件过程改进的路线。

1. CMM 建立的目的

设计 CMM 是为了指导软件组织,通过确定当前过程的成熟度和通过识别出对软件质量和过程改进至关重要的少数问题,来选择其过程改进策略。通过关注一组有限的活动,并为实现它们而积极工作,组织能稳步地改善其全组织的软件过程,使其软件过程能力持续不断地增长。设计 CMM,还出于下列目的的考虑。

（1）基于现实的实践、反映最好的实践状态。

（2）反映从事软件过程改进、软件过程评估或软件能力评价的个人的需要。

（3）是文档化的、公开能得到的过程标准。

2. CMM 的起源

基于休哈特（Walter Shewart）、戴明（Edward Deming）和朱兰（Joseph Juran）的统计质量控制原理形成了成熟度框架。成熟度框架为软件过程定量控制建立了项目管理和项目工程的基本原则,这是过程不断改进的基础。

克劳士比（Philip Crosby）在其书《质量是免费的》（*Quality is Free*）中首先提出将质量原理改编为成熟度框架的思想,并首次描述了采用质量实践时的 5 个进化阶段,"不确定期、觉醒期、启蒙期、智慧期和确定期"。

克劳士比的 5 个进化阶段

（1）不确定期（昏迷状态）。企业没有质量意识、无质量管理行为,为低质量所付出的成本（PONC 或 COPQ）非常大,时刻威胁着企业,相当于病人处于昏迷状态,必须尽快使其复苏。

（2）觉醒期（重病特护）。企业已经意识到了质量成本的高昂、开始寻找有效的措施来提高质量、降低质量成本。

（3）启蒙期（加强护理）。多数企业处在这一阶段,不仅有一定的质量意识,而且有一定的质量管理流程和规则,质量管理状况已经明显开始好转,但是企业必须进一步强化质量管理措施。

（4）智慧期（治愈）。成熟的企业处在这一阶段,质量管理已处在良好状态,PONC 或 COPQ 从最初的 20%～25% 降到 8%～12%。

（5）确定期（健康）。优秀的企业处在这个阶段,形成质量管理体系,到达稳定的全面质量管理阶段,不断进行质量改进,PONC 或 COPQ 已经大幅度降低,仅为 2.5%～8%。

软件过程成熟度框架是由 IBM 的罗·瑞达斯（Ron Radice）和瓦茨·汉弗莱（Watts Humphrey）指导下对克劳士比的成熟度框架进一步改进以适应软件过程而产生的。1986 年,汉弗莱将此成熟度框架带到软件工程研究所加上了成熟度等级的概念,研制出软件过程评估和软件能力评价两个方法,使之成为当前整个软件产业界所使用过程框架的基础。自 1990 年以来,在政府和工业部门许多人的帮助下,SEI 基于多年来将框架运用到软件过程改进方面的经验,已经进一步扩展和精炼了 CMM 模型。

3. CMM 的基本内容和结构

CMM 的基本内容和结构,如图 2-1 所示,下面着重介绍构成 CMM 的 4 项基本元素。

（1）成熟度等级（maturity levels）。是朝着实现成熟软件过程改进的、适当定义的和特定的平台。5 个成熟度等级提供了 CMM 的顶层结构。

（2）关键过程域（Key Process Areas,KPA）。每个成熟度等级由若干 KPA 组成,每个 KPA 标识出一串相关的活动。当 KPA 作为群体完成时,就达到一组目标,此组目标对建立相应的过程成熟度等级是至关重要的。

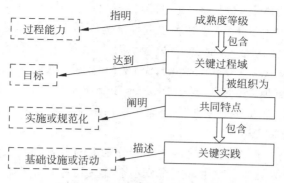

图 2-1 CMM 的基本内容和结构

（3）关键实践(Key Practices,KP)。每个 KPA 用若干关键实践加以描述,当实施这些关键实践时,能帮助实现该 KPA 的目标。关键实践描述了对 KPA 的有效实施和规范化贡献最大的基础设施和活动。

（4）共同特点(Common Features,CF)。将关键实践分别归入 5 个共同特点,执行约定(commitment to perform)、执行能力(ability to perform)、执行活动(activities performed)、测量和分析(measurement & analysis)及验证实施(verifying implementation)。共同特点是一种属性,能指示一个关键过程区域的实施和规范化是否是有效的、可重复的和持久的。"执行活动"描述了执行 KPA 所需求的必要角色和步骤,是惟一与项目执行相关的属性,而其余 4 个共同特点涉及 CMM 能力基础设施的建立,描述规范化因素,使得过程成为组织文化的一部分。如"执行约定"要求明确制定组织层次上的政策和高层管理的责任,"执行能力"是组织实施 KPA 的前提条件,包括资源保证、人员培训等内容。

2.2.2 系统工程能力模型

系统工程集成所有系统相关的学科,以便系统以最有效的方式满足组织和技术需求,同时努力极小化成本并最大化回报投资。对系统工程的另一种理解就是为了解决复杂技术难题而应用一组严格的工程技术。

如果不考虑与之相关的各种专业学科,则很难充分理解系统工程的范围。霍华德(Howard Eisner)在其《项目和系统工程管理的本质》一文中列出了 30 个系统工程的关键元素,这些元素涵盖了各种知识域,如任务工程、体系结构设计、生命周期成本计算、选择分析、技术数据管理、操作和维护、产品集成以及过程重构等。系统工程能力模型就是要基于这些关键元素来建立的,或者说,所建立的系统工程能力模型能涵盖这些关键元素。

从系统工程能力模型发展的历史来看,是很有趣的,因为由两个组织同时承担了对系统工程实践建模的研究任务。1995 年 8 月,企业过程改进合作组织(Enterprise Process Improvement Collaboration,EPIC)发布了软件工程能力成熟度模型(SE-CMM)。EPIC 征召 SEI 和设计者罗格(Roger Bate)领导开发。该协作组主要从宇宙空间、国防工业团体以及大型软件企业等获得系统工程专门技术,其结果模型是基于评估模型体系结构的研究成果,包含在 ISO/IEC 15504 草案版本中,该版本专注于工程、项目、过程以及组织的实践。

大约在开发 SE-CMM 的同一时期,国际系统工程委员会(International Council on Systems Engineering,INCOSE)基于各种工程标准为评估系统工程能力建立了对照表。在此期间,该对照表发展为成熟的能力模型,称为系统工程能力评估模型(Systems Engineering Capability Assessment Model,SECAM)。SECAM 扩充了连续式模型即软件过程改进和能力确定模型(Software Process Improvement Capability dEtermination,SPICE)的概念,但是比 SE-CMM 更加明确地注重在系统工程实践上,采用 EIA632 标准作为过程模型设计参考的基础。

如果一个环境中存在两个模型,这两个模型分别由两个著名的组织开发,声称处理同一问题,那么一场模型之战必然会发生。哪个模型会作为组织评估标准出现?经过几年的激烈竞争之后,在 1996 年 EPIC 和 INCOSE 同意在电子工业协会(EIA)的政府电子与信息技术协会(GEIA)的主办及赞助下一起工作,其目的是将两个模型合并为一个 EIA 标准,从而形成过渡标准——EIA/IS 731“系统工程能力模型”(SECM),从而使系统工程界能够使用单一模型来描述系统工程过程能力。

2.2.3 集成化产品开发模型

集成化产品与过程开发(Integrated Product & Process Development,IPPD)的源模型是 CMM 在集成化产品开发中的体现,称为 IPD-CMM 版本 0.98。

从美国国防工业协会(National Defense Industrial Association,NDIA)的许多大公司来看,IPPD 概念是大型软件开发过程模型的基础,并得到国防部(Department of Defense,DOD)的鼎力相助。IPPD 概念首先在美国空军项目中开始应用,形成空军集成产品开发指南(AF IPD Guide),随后成为国防部的集成产品开发与过程标准(DOD IPPD),这就是后来的 IPD-CMM。

IPPD 强调在贯穿整个生命周期期间所有技术及业务的相关人员的参与,这些人员包括顾客、供应商以及产品和产品相关过程的开发者,涉及的业务如测试与评价、制造、支持、培训、销售、采购、财务、合同以及处置过程。

但由于实现 IPPD 要比组织的工程过程和实践影响更多的内容,因为其本质是经营企业的方法,可能在根本上改变组织结构和调整领导层行为,所以有多少组织就可能会有多少种 IPPD 的方法和实践。其结果是,在集成化产品开发的方法和最佳实践方面,业界(许多开发组织的成员之间)缺乏一致的意见,产生了一些混淆,最终没有形成正式公布的、独立的标准,但这就为 CMMI 提供了发展的空间。

2.2.4 CMMI 的建立和目标

能力成熟度模型集成(Capability Maturity Model Integration,CMMI),是在 CMM 的基础上,试图把现有的各种能力成熟度模型(包括 ISO 15504),集成到一个框架中去。这个框架有两个功能。

(1) 软件获取方法的改革。

(2) 从集成产品与过程发展的角度出发、包含健全的系统开发原则的过程改进。

1. CMMI 初步的目标

CMMI 项目初步的目标(在 2000 年已达到,其发布的版本是 CMMI-SE/SW 和 CMMI-SE/SW/IPPD 模型)是集成三个特殊的过程改进模型:软件 CMM、系统工程能力评估标准以及集成化产品和过程开发模型,如表 2-1 所示。

表 2-1　CMMI-SE/SW/IPPD 的源模型

模 型 学 科	源 模 型
软件	SW-CMM,草案版本 2.0
系统工程	EIA/IS 731
集成化产品与过程开发	IPD-CMM,版本 0.98

这项集成的目的是通过以下手段减少实现基于多学科模型的过程改进成本。
(1) 消除不一致性。
(2) 减少重复。
(3) 提供公共术语。
(4) 提供一致的风格。
(5) 建立统一的构造规则。
(6) 维护公共构件。
(7) 确保与 ISO 15504 保持一致。

2. CMMI 长期的目标

CMMI 项目长期的目标是为今后把其他学科(如获取过程和安全性)添加到 CMMI 中奠定基础。为了促进现在的和将来的模型集成,CMMI 产品开发组建立了一个自动的、可扩展的框架,其中可放入构件、培训资料构件以及评估资料。在已定义的规则控制下,更多的新学科能被加入到该框架中。

作为集成任务,就是要改变每个原始的单学科模型(SW-CMM、EIA/IS 731 等)而形成统一的模型。CMMI 作为集成模型,必须在有关变更的竞争需求之间找到可接受的平衡,这样才能很好地帮助该模型所有用户以新的方式考虑在 CMMI 环境中实现过程改进。CMMI 还必须保护用户为过程改进已经在这些单学科模型中的投资,即限制或尽量减少每个学科对新资料的引进。最后,CMMI 项目的研究成果需要在新旧方式之间取得适当的平衡,将来当其他学科加入时,具有良好的兼容性,不会显示过分的敏感性。

CMMI 项目的成就之一就是在软件和系统工程之间实现了较高的集成化程度。实际上,软件和系统工程集成后产生了一个公共的过程域集,这也是容易理解的,如过程管理和项目管理,可以应用于任何学科。如果以非常通用的方式写出工程过程域,则可以直接用于任何工程形式,包括软件领域。

惟一的差异归属在"学科扩充",即包含在用于提供信息的模型资料中。支持过程的实践,如配置管理和培训,可以对不同的学科有不同的实现内容,但目的和实践仍保持不变。

3. 相对 CMM 的变化

CMMI 模型将目标和实践进行了改变。首先是名称上的改变,将 CMM 关键过程区域(KPA)改变为过程区域(PA)。其次,将每一个 PA 的目标分成了通用目标(generic goals)和特定目标(specific goals)。这是对 CMM 中关于制度化部分的一种强调,而且正是因为有了这个变化,在连续模型中出现了 0 级和 1 级的区分。针对目标的细分,实践活动也进行了细分,活动也变成了通用活动和特定活动两种。

2.3　过程成熟度级别

CMM/CMMI 提供了一个框架,将软件过程不同的成熟度分为 5 个等级——初始级、可重复级(CMMI- 受管理级)、已定义级、定量管理级(CMMI- 已管理级)和优化级(CMMI-持续优化级),为过程不断改进建立了一个又一个循序渐进的、通向成熟软件组织的台阶。这 5 个成熟度等级定义了一个有序的尺度,用以测量组织软件过程成熟度和评价其软件过程能力,并能帮助组织对其改进工作排出优先次序,如图 2-2 所示。

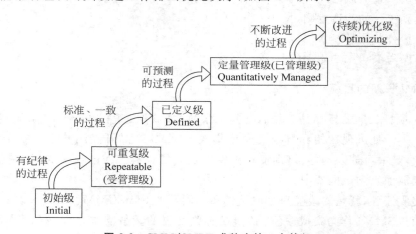

图 2-2　CMM/CMMI 成熟度的 5 个等级

CMM/CMMI 的 5 个等级建立了成熟度框架所要经历的、按优先级排序的过程改进步骤,而每一步骤代表了组织应予以规范化的一种过程能力类型。每一等级包含一组过程目标,当目标满足时,能使软件过程的一个重要因素或成分稳定。每达到成熟度框架的一个等级,就建立起软件过程的一个不同的成分,导致组织过程能力的增强。

2.3.1　成熟度等级的行为特征

CMM/CMMI 提供了 5 个成熟度等级各自的行为特征的描述,从而帮助评估自己组织处在哪一级上,容易断定组织目前的过程成熟度。

1. 初始级

初始级具有明显的不成熟过程的特点,如上面 2.1 节所述,组织的过程能力是不可视和不可预测的,缺乏开发和维护软件所需的稳定环境。过程缺乏定义,其过程是无秩序的,有时甚至是混乱的。

处在初始级的组织要获得成功,必须依赖于组织中每个成员的自身能力,特别是依赖于很强的项目管理者。这种成功是得不到保障的,由于人员的流动是正常的,而且随着个人的技能、情绪和动机的不同而发生很大的变化。

2. 可重复级/受管理级

可重复级/受管理级(对应 CMM/CMMI,下同)已建立了管理软件项目的方针和实施这些方针的规程,使软件项目的有效管理过程制度化,有能力去跟踪成本、进度和质量。并且由于遵循基于以前项目性能所制定的切实可行的计划,项目过程处在项目管理系统的有效控制之下,使具有类似应用的项目能重复以前的成功实践,尽管项目所实施的具体过程可能不同。

一个有效过程可特征化为已文档化的、已实施的、可培训的和可测量的软件过程。处在可重复级组织中的项目已设置基本的软件管理控制,对软件需求和为实现需求所开发的工作产品建立基线,并控制其完整性,软件项目的规划和跟踪是稳定的。同时,软件项目标准已经确定,组织能保证准确地执行这些标准。

3. 已定义级

一个已定义软件过程包含一组协调的、集成的、适度定义的软件工程过程和管理过程,具有良好的文档化、标准化,使软件过程具有可视性、一致性、稳定性和可重复性,软件过程被集成为一个有机的整体。通过剪裁组织的标准软件过程去建立适合项目独有特征的子过程,使全部项目可以采用一个经批准的剪裁版本,即使已定义软件过程具有特征化。

处在已定义级的组织在使其软件过程标准化时,可以利用有效的软件工程实践,输入和输出是清楚的、有据可依的,管理者也能洞察所有项目的技术进展。而且,其过程能力建立在整个组织范围内对已定义过程中的活动、角色和职责的共同理解之上,在所建立的产品线内,成本、进度和功能性均受到良好的控制、软件质量也得到良好的跟踪。存在一个负责组织的软件过程活动的组,例如软件工程过程组(Software Engineering Process Group,SEPG),实施全组织的培训计划以保证项目所有人员具有履行其职责所必需的知识和技能。

4. 定量管理级/已管理级

已管理级的软件过程是量化的管理过程。在上述已定义级的基础上,可以建立有关软件过程和产品质量的、一致的度量体系,采集详细的数据进行分析,从而对软件产品和过程进行有效的定量控制和管理。

处在已管理级的组织,对其软件产品和过程都设置了定量的质量目标,例如作为组织度量计划的一部分,可以利用一个全组织的数据库收集和分析软件过程中得到的数据,对所有项目的过程生产率和质量进行度量。又如,可以将过程性能方面有意义的变化与随机变化(噪声)区别开来,从而将过程性能不同的变化限制在不同的、定量的、可接受的范围之内,实现对软件产品和过程更有效的控制。

处在已管理级的组织,由于有完整的度量体系,过程是已测量的并在可测的范围内运行,组织的软件过程能力可概括为过程效率和产品质量方面的可预测的发展趋势。当超过限制范围时,采取措施予以纠正,从而使软件产品具有可预测的高质量。同时,具有良好的风险管理,可以识别出开发新应用领域的软件所带来的风险,并得到有效的回避、控制等。

5. 优化级/持续优化级

优化级不断改善组织的软件过程能力和项目的过程性能,利用来自过程和来自新思想、新技术的先导性试验的定量反馈信息,使持续过程改进成为可能。为了预防缺陷出现,组织有办法识别出弱点并预先针对性地加强过程。在对新技术和软件过程改进的时候,利用有关软件过程有效性的数据能进行成本效益分析,识别出最具价值的技术创新或过程创新并推广到整个组织。

处在持续优化级的组织,为了扩大其过程能力的范围进行着不懈的努力。通过在现有过程中增量式前进的办法,以及采用新技术、新方法的革新办法,使改进不断出现。

2.3.2 理解成熟度等级

CMM 是一个描述模型,或者说是一个规范模型,它只描述那些特定成熟度等级组织所有的本质(或关键)属性、过程特征和行为规范,让 CMM 处在高度的抽象层次上,使之不会过多限制一个组织如何去实施软件过程,而是告诉一个组织应该达到的软件过程能力和框架。

软件过程改进主要集中在全面质量管理工作的过程方面,而且关系到组织的战略计划和经营目标、组织机构、采用的技术、企业文化和管理体系等,所以,成功的过程改进还依赖于软件过程范围之外的上述内容。

1. 理解可重复级和已定义级

随着项目规模和复杂性的增长,注意力逐渐从技术问题转向组织体系和管理问题,这也是从初始级向等级 2(可重复级/受管理级)、等级 3(已定义级)的过程改进的要求。

等级 2 的焦点还不在组织上,而主要集中在项目过程自身的改进,以便实现受过培训、规范的软件过程,并将在某个项目的成功经验,纳入已文档化的过程,应用到其他项目中去。但是,组织中不同的项目,其过程规范、行为可以不同。

等级 3 的焦点开始集中在组织上,完成组织过程定义,不仅包括项目计划和实施过程的定义,而且还包括组织管理的过程、培训以及团队协作等的定义。

等级 2 是等级 3 的基础,因为在处理等级 3 上的技术和组织体系问题之前,关注焦点必须放在项目管理过程、改进其过程的行为上。在实现等级 2 的过程中,通过将项目管理过程编制成文档,文档化和规范化从而为组织层次上一致性的过程打下了基础。等级3建立在项目管理的基础之上,建立合适的过程管理方针,在培训和软件质量保证工作的帮助下,对整个软件过程加以定义、集成和文档化,能在全组织范围内使这些过程规范化。

2. 理解定量管理级和优化级

成熟度等级 4(定量管理级) 和等级 5(优化级)是建立在朱兰三部曲(Juran Trilogy)——3 个基本的质量管理过程的概念之上,如图 2-3 所示。

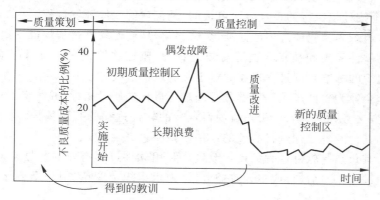

图 2-3　质量管理过程的朱兰三部曲

朱兰三部曲显示了过程管理的主要目标,将质量管理分成 3 个基本的管理过程。

(1)质量策划。为建立有能力满足质量标准化的工作程序,其目的是向运作人员,即软件生产者提供生产能满足顾客需求的产品的方法,质量策划是必要的。

(2)质量控制。为了防止事情恶化、掌握何时采取必要措施纠正质量问题(如图中偶发故障)就必须实施质量控制。

(3)质量改进。有助于发现更好的管理工作方式。这也是等级 4 的关注焦点,对软件过程进行量化管理使软件过程能稳定运行在质量控制带内。

在成熟度等级 4 和等级 5 的组织,软件过程偶尔也会出现偏离正常轨道或某些例外情况的时候,但能够识别出并阐述变化的"特殊原因"而得到控制,系统在整体上是稳定的,过程既稳定又可测。

过程的持续改进是等级 5 的关注焦点,变更软件过程时新的过程性能基线被建立,随后质量控制带的范围缩小,过程效率和质量不断得到提高,不良质量引起的成本(劣质成本)不断降低。在过程改进中所得到的经验教训得到及时总结,反映到未来的过程策划中去,从而降低组织的过程浪费,也就是通过克服造成低效性的各种原因来改善过程,以防止出现浪费。

达到最高成熟度等级的组织,具有能在可预测的成本和进度的条件下建立最可靠的软件过程。随着对较高成熟度等级理解的加深,将对已有的关键过程区域加以提炼,也可能给模型添加些内容,使软件过程改进模型越来越完善。

2.3.3　成熟度等级的过程特征

初始级的软件过程是未加定义的随意过程,项目的执行可能是无序的或混乱的,没有为软件开发、维护工作提供一个稳定的环境。即使有些企业制定了一些软件工程规范,但一般不能满足关键过程的要求,在执行时也得不到政策、资源等方面的有力保证。

在 2 级,焦点开始集中在软件过程的管理上,一个受管理的过程则是一个可重复的过程,包括了需求、项目、质量、配置和子合同等多方面的管理。通过实施这些过程,从管理角度可以看到一个按计划执行的并且阶段可控的、规范化的软件开发过程。

在第 3 级,组织内的软件过程已标准化、文档化,从而使软件过程构成一致的、有机的整体,被用来帮助软件经理和技术人员更有效地管理、监控软件过程。项目可根据独有的特征,通过裁剪组织的标准软件过程来建立自定义的软件过程。

在第 4 级,企业为软件产品和软件过程确定了量化的质量指标,并制定了软件产品和过程的质量评价方法,从而收集、分析来自项目定义的软件过程的有用数据,对软件产品的质量、开发进度和其他开发目标进行有效的评估和预测。

在第 5 级,其焦点是软件过程的持续改进。利用软件过程有效的数据来对企业软件过程中引进的新技术和变化进行成本—收益分析,力求组织上变革、引进新方法,不断改善软件过程性能。

成熟度各个级别的软件过程特征,如表 2-2 所示。

表 2-2　成熟度各个级别的软件过程特征

级别	软件过程特征
1	(1) 软件过程具有不稳定性和随意性。 (2) 一旦遇到危机时经常放弃或改变原有计划过程,直接进行编码和测试。 (3) 组织中的软件过程能力体现在个人身上,而不是整个组织中稳定的过程能力。组织依靠个人的能力,往往承受着很大的风险。一旦能力强的人离去,组织的过程就变得很不稳定。 (4) 整个软件过程具有不确定性和不可预见性,也就是说软件的计划、成本、进度、功能和产品的质量都是不可确定和不可预见的。 (5) 软件过程规范不健全,文档化不够,存在较多的不一致性等。 (6) 过程的管理方式处于一种"救火"状态,不断地应付过程中突发的事件或危机。 (7) 在引进新技术、新方法等方面有极大的风险
2	(1) 建立了软件项目管理的策略和实施这些策略的规范,但过程管理的策略主要是针对项目建立的,而不是针对整个组织来建立。 (2) 软件开发和维护的过程相对稳定,已有的成功经验可以被复用,即基于已往的成功经验来规划和管理同类的新项目。 (3) 软件过程中,引入了软件配置管理、质量保证和管理。 (4) 软件项目管理人员负责跟踪成本、进度,有能力识别及纠正过程中出现的问题。 (5) 为需求和相应的工作产品建立基线来标志过程进展、控制过程的完整性。 (6) 定义了软件项目的标准,能保证项目在执行过程中严格遵守标准。 (7) 软件过程中,对子合同管理,保证与转包商建立良好的供求关系。 (8) 重视人员的培训工作、建立了技术支持活动,更好地支撑了过程管理

续表

级别	软件过程特征
3	（1）整个组织内的软件过程都已标准化、文档化，形成有机的整体——组织的标准软件过程。 （2）整个组织内的软件过程得到了良好的管理和监控，过程是稳定的、可重复的和连续性的。 （3）软件过程标准被应用到所有的项目中，可以根据项目的类型、规模和实际特点，对组织的标准软件过程进行剪裁，以适应特定项目的需求。 （4）软件过程具有可预见性及防范问题的能力，能使风险的影响最小化，软件质量得到控制。 （5）有专门的过程管理组织单元(如 SEPG)负责软件过程活动。 （6）全组织范围内安排培训计划，有计划地对不同的技术人员角色进行培训。 （7）整个组织内部的所有人员对已定义的软件过程的活动和任务有着深入的、一致的理解。 （8）在定性基础上建立新的软件过程和产品评估技术
4	（1）制定了软件过程和产品质量的详细而具体的度量标准。 （2）定量地认识和度量软件过程和组织过程能力，更有效地管理、控制和预测软件过程和提高产品质量、保证所实施项目的生产率。 （3）在定量限度范围内，预测过程和产品质量的发展趋势，一旦意外情况出现，就可以确定导致这些意外的"特定的原因"，从而采取适当的措施来解决问题。 （4）具有已定义及一致的度量标准来指导软件过程，并作为评价软件过程及产品的定量基础。 （5）组织内已建立软件过程数据库，保存收集到的数据，并用于各项目的软件过程。 （6）软件过程变化较小，一般在可接受的范围内。 （7）因为项目的每个人员了解个人的作用与组织的关系，所以都存在强烈的团队合作意识。 （8）不断地在定量基础上评估新技术
5	（1）整个组织特别关注软件过程改进的持续性、预见性及自身增强性。防止缺陷及问题的发生，不断地提高组织过程能力。 （2）加强定量分析，通过来自过程的质量反馈和吸收新观念、新科技，使软件过程能不断地得到改进。 （3）根据软件过程的效果，进行成本-效益分析，从成功的软件过程实践中吸取经验，加以总结；对失败的案例，用 SEPG 进行分析以找出原因，找出过程的不足并预先改进。 （4）全组织内推广软件过程的评价和对标准软件过程的改进，共享成功的经验和失败的教训，不断地改进软件过程。 （5）要消除软件过程中"公共"的无效率根源，防止浪费发生。 （6）整个组织都存在自觉的、强烈的团队意识，每个人都致力于过程改进，防止出现错误、力求减少错误率。 （7）追求新技术、利用新技术，实现软件开发中的方法和新技术的革新

2.3.4 CMMI 过程域

CMMI 用过程域来描述过程管理的某一个方面的内容，包括目标、活动和最佳实践，对应于国际标准 ISO-12207 或 ISO-15504 的子过程管理。

（1）ISO/IEC12207。软件生命周期被分为基本过程、支持过程和组织过程。

（2）ISO/IEC15504。软件过程被分为 5 个过程：工程过程、支持过程、管理过程、组织过程和客户－供应商的过程。

（3）CMMI 过程域被分为 4 类。即工程管理、支持管理、项目管理和过程管理。如图 2-4 所示。图中每个子框内的数字表示过程域所处的成熟度的级别。

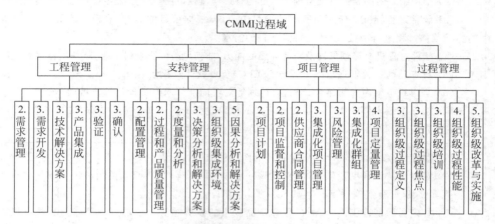

图 2-4　CMMI 过程域及其分类

CMMI 过程域最基本的一类是工程管理，它是保证软件需求分析、产品集成等成功的最基础工作之一。CMMI 过程域从成熟度看，被分为 4 个层次，从成熟度 2 级水平达到 5 级，从项目管理能力到组织能力，构成了一个相对完整的过程管理体系。

2.3.5　CMM 和 CMMI 过程域的比较分析

CMM 包含 18 个关键过程域，而 CMMI 包含了 24 个过程域，增加了一些过程域，也删除了几个过程域，在级别 2、级别 4 和级别 5 上基本没有多大区别，最大的区别在第 3 级。其比较分析，如表 2-3 所示。通过比较分析可以看出，CMM 中存在的一些问题在 CMMI 中得到了纠正。从侧面看，我们不要崇拜 CMM，应该科学地、辩证地看待其研究成果，虽然有许多值得借鉴、学习的地方，但也存在一定的局限性或不正确的地方。对于一个软件组织，可以借鉴 CMM/CMMI 的思想，更重要的是建立适合自身组织的过程框架。

表 2-3　CMM/CMMI 过程域的比较

级别	CMM 过程域	CMMI 过程域	说明与比较
2	需求管理 软件项目规划 软件项目追踪与监控 软件子合同管理 软件质量保证 软件配置管理	需求管理 项目计划 项目监督和控制 供应商合同管理 过程和产品质量管理 配置管理 度量和分析	项目过程管理的基本内容，实际是组织中某个或某几个团队的过程能力，可以说是 TSP 中的内容。这一级不同的是，在 CMMI 中增加了一个过程域"度量和分析"

续表

级别	CMM 过程域	CMMI 过程域	说明与比较
3	软件过程焦点 软件过程定义 培训计划 软件集成管理 软件产品工程 组间协作 同级评审	组织级过程焦点 组织级过程定义 组织级培训 集成化群组 集成化项目管理 组织级集成环境 需求开发 技术解决方案 产品集成 验证 确认 风险管理 决策分析和解决方案	开始从团队过程能力提升为组织过程能力,有关组织的过程域比较多,如组织级过程定义和焦点、组织级培训和集成环境、产品集成以及集成化项目管理等;同时,也包含一些深层次的项目管理能力,如需求开发、风险管理和决策分析等。CMM中"软件集成管理",在CMMI中被分解为3个过程域,集成化群组、集成化项目管理和组织级集成环境。CMM中"软件产品工程",在CMMI中被分解为5个过程域,需求开发、技术解决方案、产品集成、验证和确认。CMM的组间协作,包含在CMMI的集成化项目管理中,而CMM的同级评审,包含在CMMI的验证中
4	过程量化管理 质量管理	项目定量管理 组织级过程性能	组织级过程性能是建立在定量管理的基础之上的,两者构成了一个完整的量化管理。CMM中的"质量管理",被移到CMMI的2级中,发生了较大变动
5	缺陷预防 技术更改管理 过程更改管理	因果分析和解决方案 组织级改革和实施	因果分析是通过对过程中出现的方法技术问题等进行分析,找出根本原因以解决方案,是战术性的改进;而"组织级改革和实施"是战略性的改进,组织的变革首先是管理文化上的变革、质量方针和培训体系的变革等。而在CMM中,主要强调在技术和过程两个方面进行持续改进。"缺陷预防"属于质量保证或管理中的基本内容,不应该放在第5级,所以CMMI做了修正

实际上,CMM和瀑布模型思想有更多的联系,而CMMI则和迭代思想联系得更紧密些。如表2-4所示。

表 2-4 基于开发模型思想的 CMM/CMMI 过程域的比较

	瀑布模型思想的 CMM 要点	迭代模型思想的 CMMI 要点
积极的	(1)设计前冻结需求。 (2)维护所有产品详细的可跟踪性。 (3)文档化并维护设计。 (4)由一个度量小组评估质量。 (5)全面检查。 (6)在项目早期进行全面精确的计划 (7)严格控制源代码基线	(1)建立变更管理环境。 (2)提供过程的客观质量控制的手段

续表

	瀑布模型思想的 CMM 要点	迭代模型思想的 CMMI 要点
中性	(1) 详细设计评审前避免编码。 (2) 使用更高指令的编程语言。 (3) 集成前完成单位测试	(1) 用迭代生命周期在早期防御风险。 (2) 强调基于构件的开发。用循环工程工具使变更更自由。 (3) 使用严格的、基于模型的设计符号。 (4) 建立一个可升级的、可配置的过程
障碍性的		(1) 首先注重结构过程。 (2) 使用中间产品的基于演示的评估。 (3) 发布细化的、展开的计划

2.4　软件过程的可视性

　　软件过程的管理依赖于软件过程的可视性,因为软件过程越透明,过程状态的实际情况就越清楚,问题发现越及时,过程就越容易得到控制,目标越容易实现。如果软件过程不透明,项目的信息只掌握在第一手材料的人手中,项目的管理取决于个人的经验,则项目的成功就具有一定的局限性和不稳定性。所以,软件过程的可视性在软件过程的管理中具有重要性。

　　CMM 软件过程成熟度的等级,正是揭示了软件过程不同程度的可视性,如图 2-5 所示。可以看出,随着成熟度等级逐步提高,软件过程的可视性也越来越好。

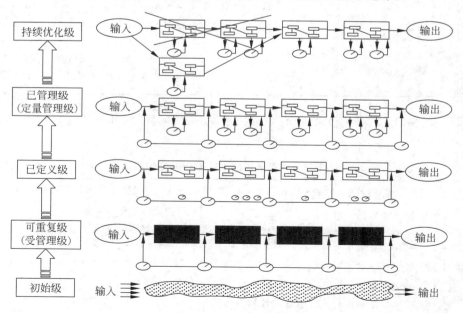

图 2-5　CMM 成熟度 5 个等级的可视性程度

（1）等级1（初始级）　软件过程从整体上看就是一个黑盒,或者可以看成是一个混沌的过程,其可视性是非常有限的,而且过程的可视性呈现不稳定的形态,有些项目可能会好些,有些项目会差些,取决于项目经理和项目团队成员的做事方法或风格。需求作为输入,进入一个失控的软件过程,其生产出产品是不可知的,软件开发过程对用户或更高层的管理人员可能是一个"变魔术"的不可知过程。

（2）等级2（受管理级）　软件过程已经受管理,特别是软件开发和维护过程的配置管理、质量保证和项目的追踪与监控所带来的效果,并建立了阶段性的里程碑,每个阶段的进出是清楚的。但是缺乏对过程的详细、清楚的定义,每个阶段（子过程）的内部还不清楚,所以,每个阶段（子过程）被看做是黑盒,而软件的整个过程可视性得到了改善。尽管管理者可能不知道每个阶段（子过程）内的活动细节,但是过程的阶段性成果和用以证实过程的检验点（里程碑）都是确定的且已知的。

（3）等级3（已定义级）　通过对（子）过程的详细、清楚的定义、监控和数据采集,等级2中所呈现的黑盒的内部结构（阶段或子过程）已经变得可视。组织中的成员清楚过程中的角色和职责,并且知道过程活动在一定层次上的细节和关系,项目外的个人能获得精确的、即时的状态更新信息,管理者预先做好应付可能发生风险的准备。

（4）等级4（已管理级）　已定义的软件过程采用了有效的度量体系,并得到定量的控制和管理。项目的管理人员能够度量软件产品（包括阶段性工作产品）、过程及其子过程的质量和其他关键指标。有一个客观的、定量的管理基础,反过来可以控制每个阶段（子过程）的活动,使过程的变异性越来越小,过程性能的预测能力越来越强。

（5）等级5（持续优化级）　软件的整个过程不仅具有很好的可视性,而且还处在不断的改进之中,对软件开发和维护的过程采用新的方法和技术,代替不合适、效率不够高的地方。软件过程自身是透明的,并且软件过程的改进（变化）也是透明的,对过程的洞察力扩展到能了解其潜在变化的影响,定量地估计更改的有效性。

2.5　过程能力和性能预测

软件过程成熟度（不包括过程的可视性程度）可以改善软件过程的管理,可以提高过程能力和帮助更好地预测过程性能。从另一方面看,建立软件过程能力成熟度模型,其目的也是为了指导软件组织提高过程能力和对过程性能预测的准确度。CMM软件过程成熟度的等级,也描述了不同的软件过程能力和对过程性能预测的吻合程度,如图2-6所示。可以看出,随着成熟度等级逐步提高,软件过程能力越来越强（软件开发的效率越来越高,即开发周期越来越短）,过程性能越来越接近预期的目标,过程性能预测的准确度也越来越高。

等级1组织中的不同项目在达到成本、进度、功能和质量等指标的能力上差别很大。正如图2-6中的例子所示,随着组织软件过程成熟,在满足预定目标方面能观察到3个改进之处。

（1）预定目标结果与实际结果的差距在不断缩小（图2-6中,用目标线和曲线峰值的距

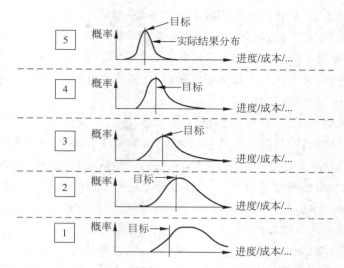

图 2-6   CMM 成熟度 5 个等级的过程能力和性能预测水平

离来显示,即概率分布的均值和目标值的差)。例如,如果有很多个相同规模的项目预定在
12 月 31 日交付,那么,随着组织的成熟,它们实际的交付日期平均的结果会越来越靠近预
定的交付日期 12 月 31 日。等级 1 的组织所实施的项目由于过程混乱、缺乏客观数据的预
测等影响导致交付日期常常大大滞后于事先设定的目标,而等级 5 的组织采用仔细构造的
过程,其变化范围被控制在很小的范围内运行,而且对预定目标的估计是建立在大量数据和
有效度量的基础上,所以,实际结果和预定日期相当准确地吻合。

(2) 实际结果相对预定目标结果的偏差范围在不断减小(图 2-6 中,用曲线和水平轴间
的面积显示,即概率分布的方差大小)。等级 1 组织中,对具有类似规模项目的交付日期是
不可预测的,其变化很大。而等级 5 组织中的类似项目的交付日期在很小的范围内变化,因
为等级 5 组织的过程能力很强,有关软件过程的成本、进度、功能和质量等都得到有效的监
控和调整。

(3) 预定目标结果得到不断改善(图 2-6 中,用目标线以及曲线峰值向原点方向上
的水平移动显示,即概率分布的均值越来越小),即随着软件组织的成熟,软件过程的
成本降低、开发周期缩短和质量的提高。对于等级 1 的组织,其软件项目的开发时间
可能很长,因为必须花费大量的时间用于软件缺陷的修正或返工。相反,等级 5 组织
采用不断改进过程和缺陷预防技术,软件缺陷率很低,过程有效性大大增强,使得开发
时间得以缩短。

上述的过程能力和效能预测的分析和改进基于这样一个假定,过程的随机噪声(通常以
返工形式出现)从软件过程中消除,软件项目结果更加可以预测。但是,无先例的系统会使
情况复杂化,因为新的技术和应用增加了可变性,从而降低过程能力。即使在无先例系统的
情况下,较成熟的组织管理和工程实践的特征能在开发周期的较早阶段帮助识别和阐述问
题。由于较早识别出缺陷,能消除过程后期的返工,从而提高项目的稳定性和性能。风险管
理是成熟过程中项目管理的必不可少部分。在某些情况下,一个成熟过程意味着在软件生
命周期的早期识别出"失败"项目,使得在徒劳无功的事情上的投资最小。

2.6　软件过程框架

框架是软件组织对技术、实践、方法、过程和经验的有序积累,是知识管理。框架不是一开始就存在的,需要积累。框架的内容很广泛,不仅包括技术,还包括项目经验、软件过程、管理思想和组织设计等内容。框架能够将原先存在于人员脑中的隐性知识转换为显性知识。但是如果没有一个清晰的建立框架的思想,没有一个明确的框架发展目标,框架是不会自动出现的。

2.6.1　软件过程环境和过程框架

组织的软件过程是依赖于它所生存的环境,组织环境对过程的定义和执行都存在或多或少的影响,包括组织的商业目标、企业文化和质量文化等。软件组织需要以先进的软件过程构架为核心,需要稳定的过程环境的支撑,并借助于良好的过程文化,建立起有效的软件过程。

过程能力并不是保障成功的惟一因素,影响产品/项目质量的关键因素还包括开发技能和组织管理,这三者相辅相成、缺一不可。如果只强调提高过程成熟度而忽视组织建设、提高技能,组织在软件开发上还不能获得成功。软件组织要想获得软件开发、服务和维护上的成功,需要完备的、有序的软件过程环境的支撑。

过程环境是保证软件过程基本活动的基础,软件过程实施、过程评估和过程改进等活动是在过程环境中进行,如图 2-7 所示。

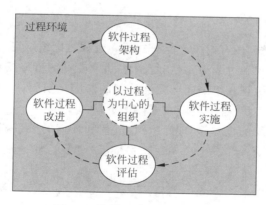

图 2-7　软件过程环境中的活动

1. 软件过程环境内容

软件过程环境具有丰富的内容,涉及各个方面,包括下列内容。

(1) 不同的过程对象。如组织内部的个人、团队,组织外部的客户,参与过程评估的第三方等。

(2) 不同的过程层次。如组织过程、项目过程、团队过程和个体过程等。

(3) 不同的过程模型或模式。如迭代开发模型、并行开发模型,传统的结构化方法以及现代的敏捷方法等。

(4) 过程资源的差异。包括人力资源、软硬件资源(工具、平台和技术等)。

（5）过程文化的差异。以客户为中心、以产品为中心、以效率/成本为中心和以过程为中心等。

（6）开发类型不同。如新产品、构件重用、在线服务、长期产品线和短期产品线等。

2. 软件组织的层次

一个完全独立的软件组织是由若干个组织单元或若干个开发团队组成，而不是直接由开发人员组成，也就是说在独立组织和个体之间一般至少还存在着一个层次——软件团体（团队）。这里的软件团队，也被称为软件小组，是一个小规模的组织，一般不超过 20 个人，以 7～10 个人为宜。每个软件团队可能负责一个独立的小项目，也有可能负责一个项目中相对独立的一个任务。

如果仅仅是把一项工作交给一群工程师，并不能自动地形成一个有效团队，更不能自动产生一个有效团队所需要的流程。很简单的一个例子，一个新组建的团队往往花费很多时间来处理人员关系、工作协调机制等。软件团队的能力建立在软件开发人员（个体）能力之上，而软件组织的能力、组织过程的成熟度必然建立在软件团队能力之上。

对于软件组织，至少包含 3 个层次。

（1）软件个体。如软件开发人员、软件测试人员和项目协调人员等。

（2）软件团队。指完成某一个软件（子）项目，或某一任务所构成的组织单元，如开发组、测试组、软件工程过程组、质量保证小组和软件配置管理组等。

（3）软件组织。由多个软件团队组成，更重要的是，组织能够独立开展业务活动，为客户提供软件产品或软件服务，并具有特定的、商业的或非商业的目标。

3. 组织、过程和环境的关系

软件组织是过程的核心，有组织才能有过程。过程是由组织定义的，过程环境也是由组织建设和维护的。在组织和过程中，存在着文化、培训、反馈和监控等活动，促进、协调和改进过程的定义和实施。过程和组织还会受到外部的影响，包括外部技术、方法、模型和工具等，软件组织反过来可以对外部产生影响或做出贡献。

建立有效的软件组织的过程，处理好组织、过程和环境的关系，就是构造一个良好的组织过程框架，如图 2-8 所示。

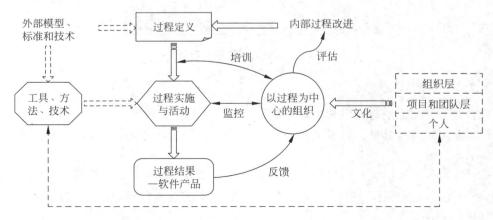

图 2-8　组织软件过程的框架

2.6.2　软件过程文化

谈企业经营,就会谈到企业文化;谈软件质量保证和管理,就要谈到质量文化。文化是企业和管理的灵魂。要建立有效的软件过程,也必须认识到过程文化的重要性,建设好一个软件组织的过程文化。

1. 过程文化的类型

在不同的过程文化中,存在着3种基本的类型。

(1) 过程至上,奉过程为教条,一切围绕着过程,组织、质量和效率都服从于过程,过程的执行严格,过程结果可靠、稳定,认为生产的"东西"是过程的一个节点,只是全局的一部分。但效率较低,缺乏灵活性和创造性。

(2) 以过程为焦点,关注过程,强调过程的重要性,但不拘泥于过程,让过程服从于质量和效率、服从于组织的业务目标,过程和组织结合比较好,灵活性和规则性能获得较好的平衡,并不断改进过程。这类组织,管理的成本要高,过程的不稳定也偏高些。

(3) 过程只能起辅助作用,人决定一切。与过程相关的活动被认为是低优先级的,过程可能流于形式,容易被打破,过程的执行也比较混乱。这类组织,期望过程活动能产生出实在的"东西",比较关注活动的短期效果。这种文化,是不值得提倡的。

对于传统的制造业,流水线的生产适合严格的流程控制,第一种过程文化是比较适合的。对于软件过程,则要看所开发的软件产品。如果是要求高可靠性、高质量的产品,如军事系统、核电站控制系统以及航天航空软件系统等,成本和效率是次要的,需要建立第一种过程文化。而对于一般应用软件系统,适合建立第二种过程文化。

2. 敏捷过程文化

目前,软件组织处在一个以互联网为中心的商业环境,技术创新不断加速,业务模式变化非常快,顾客需求也随之发生快速变化,产品生命周期不断缩短,要求软件过程适应这样快速的变化,在顾客(customer)、竞争(competition)和变化(change)之间获得变化。这必然对过程文化的影响很大。重量性的过程向轻量性的过程发展,敏捷性过程越来越受到欢迎。从"敏捷"这个词,人们自然会联想到"轻装上阵、轻巧、机敏、迅捷、灵活、高效和活力"等。在敏捷过程文化中,强调以满足客户需要、创造客户价值为首要目标,使企业的软件过程容易洞察、适应组织内外环境的变化,包括市场、竞争和技术等需求的变化。过程能对这些变化迅速做出反应、调整和改进。因此,敏捷被认为是一种快速响应变化、满足客户需求为中心的过程文化。

在敏捷过程文化中以人为本,注重个人及互动胜于过程和工具、注重可用的软件胜于详尽的文档、注重客户协作胜于合同谈判以及注重响应变化胜于恪守计划,是对传统的过程文化提出强有力的挑战。在软件组织的过程文化中,提倡和培育敏捷文化是有意义的,加强多方沟通与信任,强调领导—协作,而非命令—控制,尽量发挥每位员工的潜能和主观能动性。

随着互联网的发展,时空的限制越来越小,软件的开发团体地域分布性越来越广,对软件开发过程也提出了新的要求。过程文化,越来越关注团队的沟通和合作,要求过程简单,过程的实现需要更多的交流。

3. 过程文化的建设

业务流程重组所依赖的管理理念和文化与传统的管理思维迥然不同,从职能管理转变为面向业务流程管理。这时的组织,注重整体流程最优的系统思想,组织为流程而定,而不是流程为组织而定,充分发挥每个人在整个业务流程中的作用等。

过程文化的建设,首先需要获得管理层的大力支持和提倡,领导者要以身作则,不断推动良好的还有过程文化建设。除此之外,还有过程文化建设的 3 步曲如下。

(1) 识别文化差异。比如,通过识别成员同一性、对人的关注度、控制、风险和报酬标准等多个指标来进行衡量。

(2) 文化敏感性训练。加强人们对不同文化环境的适应能力,方法有拓展训练、模拟式的培训、宣传和案例分析等。

(3) 创建共同文化。即创造与组织商业目标相结合的一致的文化。

2.6.3　PSP/TSP 和 CMM 组成的软件过程框架

组织的软件过程成熟度是建立在组织的能力之上,组织能力体现在每个软件项目开发的团体能力之中,每个软件团体又是由一个个活生生的团队成员组成的,所以,软件团体的能力需要软件个体能力去支撑。个体能力主要表现为如何运用软件工程的知识、技能和方法的程度。建立由个体、团队和组织构成的完整的软件过程框架,是软件组织过程走向成熟的必经之路。

1. 个体软件过程

个体软件过程(Personal Software Process,PSP)是基于软件工程思想、软件技术和专业方法,帮助软件开发团队中的个体——软件工程师改善其个人能力和素质的组织过程。PSP 是为帮助软件工程师出色完成任务而设计的一个框架,告诉软件工程师如何计划要做的工作、如何有效地按照计划来执行工作、如何按照这些计划来跟踪自己的性能,以及如何提高程序的质量。概括起来,PSP 所起的作用如下。

(1) 使用自底向上的方法来改进过程,向每个软件工程师表明运用过程、改进过程的原则,确定软件工程师为改善产品质量要采取的步骤,以及如何有效地生产出高质量的软件。

(2) 为基于个体和小型群组软件过程的优化提供了具体而有效的途径,确定过程的改变对软件工程师能力的影响。

(3) 建立度量个体软件过程改善的基准,了解自己的技能水平,控制和管理自己的工作方式,使自己日常工作的评估、计划和预测更加准确、有效,进而改进个人的工作表现,提高个人的工作质量和产量,积极而有效地参与高级管理人员和过程人员推动的组织范围的软件工程过程改进。

PSP 内容丰富,具有良好的实践性,包括个人时间管理、时间跟踪、任务估计和阶段性工作计划等内容。基于 PSP,通过采用一些表格、脚本和标准,可帮助软件工程师估算和计划其个人的任务，改善个人软件过程及测量，从而最终获得高生产率的回报，能够在规定的预算和时间内开发出高质量的产品。

2. 团队软件过程

团队软件过程(Team Software Process，TSP)是建立在个体软件过程之上，致力于开发高质量的产品，建立、管理和授权项目小组，改善开发团队过程、提高开发团队能力的指导性框架。TSP 提供了软件开发过程、产品和小组协同工作之间平衡的过程要点，并且利用了广泛的工业经验帮助规划和管理软件组织过程，指导软件团体一步步地达到 TSP 设定的目标和水平。

TSP 实施集体管理与自己管理自己相结合的原则，指导软件团队中的成员如何有效地规划和管理所面临的项目开发任务，如何以最佳状态来完成工作，最终目的在于指导开发人员如何在最短的时间内，以预定的费用生产出高质量的软件产品，所采用的方法是对群组开发过程的定义、度量和改进。

能干的成员(软件个体)固然相当重要，但是，一个由都是很强的成员组成的团队不一定很强，这个团队的工作效率也不一定非常出色。团队远不只是由一群有才能的个体简单累加而成的集合。为了建立和保持高效率的工作，首先，团队要拥有每一个成员都认可的、共同的目标，采取一致的行动计划，相互合作，为同一个目标努力，才能做到事半功倍，更快、更有效率地完成任务。其次，团队要了解每个成员的优点和弱点，发挥每个人的长处，帮助成员克服其弱点，互相帮助，共同成长，最终整个团体的能力才能得到提高。

3. TSP/PSP 的构成关系

如果用纯学术的视角去分析 TSP/PSP 的构成关系，就得到这样一个结论：TSP/PSP 涵盖了软件工程学、团队学和管理学等 3 个学科，形成了一个完整的体系，如图 2-9 所示。

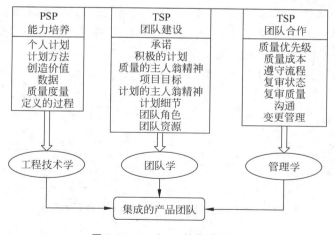

图 2-9 TSP/PSP 的构成关系

4. 由 PSP/TSP 和 CMM 组成的软件过程框架

PSP 是改善软件个人的过程能力，TSP 是改善软件团队的过程能力，而 CMM 则集中在软件组织过程能力成熟度的指导上，可以用图 2-10 形象地表示。

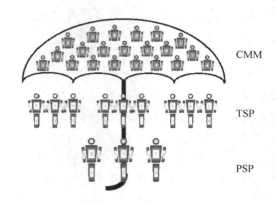

图 2-10　PSP/TSP/CMM 之间的关系（简单而形象的描述）

如果从组织的目标实现来看，及时发布高质量的产品或服务，则可以认为 CMM 建立了指导原则，最终也是为 TSP 服务的。其结论来自于下列分析。

（1）CMM 是过程改善的第一步，它提供了评价组织的能力、识别优先改善需求和追踪改善进展的管理方式。企业只有开始 CMM 改善后，才能接受需要规划的事实，认识到质量的重要性，才能注重对员工经常进行培训，合理分配项目人员，并且建立起有效的项目小组。然而，它实现的成功与否与组织内部有关人员的积极参加和创造性活动密不可分。

（2）PSP 能够指导软件工程师如何保证自己的工作质量，估计和规划自身的工作，度量和追踪个人的表现，管理自身的软件过程和产品质量。经过 PSP 学习和实践的正规训练，软件工程师们能够在他们参与的项目工作之中充分运用 PSP，从而有助于 CMM 目标的实现。

（3）TSP 结合了 CMM 的管理方法和 PSP 的工程技能，通过告诉软件工程师如何将个体过程结合进小组软件过程，并将后者与组织进而整个管理系统相联系；通过告诉管理层如何支持和授权项目小组，坚持高质量的工作，并且依据数据进行项目的管理，向组织展示如何应用 CMM 的原则和 PSP 的技能去生产高质量的产品。

这种描述可以从图 2-11 得到更清楚的描述。

图 2-11　基于组织目标的 PSP/TSP/CMM 三者关系

2.7　小　　结

首先介绍了两个基本的概念，软件过程能力和软件过程性能。

（1）软件过程能力是软件过程本身具有的按预定计划生产产品的固有能力，或者说是遵循软件过程能够实现预期结果的程度。

（2）软件过程性能表示遵循软件过程所得到或软件过程执行的实际结果。

然后介绍了不成熟过程的特点,并定义了过程成熟度标准。其特点为:

（1）软件过程能力高。

（2）软件过程性能可预见性、可视性。

（3）软件过程规范化、一致性。

（4）过程的丰富性。

（5）过程的稳定性。

（6）过程的不断改进。

在过程成熟度标准之上,详细论述了 CMM、集成产品开发过程、系统工程能力模型和 CMMI 的内容。

最后,针对不同的成熟度等级,展开讨论软件过程的行为特征、过程特征、可视性、可预见性和过程性能等,全面阐述了软件过程环境和过程文化以及由 PSP/TSP/CMMI 构成的软件框架。

2.8 习　　题

1. 举出一些具体的例子说明过程不成熟性。

2. 阅读完全部的 CMM 内容,选择出你认为最有价值的十条关键实践,并说出理由。

3. 通过查找资料,进一步了解系统工程能力模型,分析和 CMMI 有什么不同?

4. 如何更好地构造一个适合小型软件组织的、成熟的过程框架?

第 3 章

软件过程的组织管理

在整个组织范围内,软件工程过程和管理过程都在标准化基础上成为一个有机整体,并帮助项目经理和技术人员更有效地从事开发工作。

3.1 组织过程焦点

组织过程焦点的目的是建立起软件组织对软件过程活动的责任,包括促进并保持对软件过程的了解、协调、制定、维护、评估以及改进的活动。软件组织应对改进组织的整体软件过程能力提供持续的支持。例如,通过成立软件工程过程组(SEPG)来协调软件过程的制定和维护。组织过程焦点也是 CMM 第 3 级的一个关键过程域,它的目标如下。

(1) 在整个组织中,软件过程的制定和改进活动是协调一致的。

(2) 识别一个具体的软件过程相对于标准过程的优缺点。

(3) 确保组织层的软件过程的制定和改进活动是有计划进行的。

3.1.1 组织过程焦点的基础

关键实践可以归入下列 5 个共同特点中,执行约定、执行能力、执行的活动、测量与分析及验证实施。共同特点是一种属性,它能指示一个关键过程区域的实施和规范化是否是有效的、可重复的和持久的。执行的活动——这个共同特点描述实施活动,而其余 4 个共同特点则描述规范化因素。这些共同特点使得过程成为组织文化的一部分。

1. 执行约定

执行约定包含了关于组织过程焦点的组织方针以及特别分配的关键责任。执行约定是组织过程焦点的基础,是企业为了保证过程建立和继续起作用必须采取的行动。执行约定一般包括建立组织方针和高级管理者的支持等方面的内容。

(1) 组织应该遵循一个文档化的关于协调软件流程的制定和改进活动的组织方针。

- 建立一个专门的工作组,便于实施软件过程的制定、改进和培训等活动,并且使组织的活动与各软件项目的工作协调一致。
- 定期对所使用的软件过程进行评估并确定其优缺点。
- 项目所使用的软件过程来自于对组织的标准过程的剪裁。

- 每一个项目的软件过程、方法和工具的改进及其他有用信息都能被其他项目所用。

（2）高级管理人员发起对软件过程制定和改进的组织活动。

- 履行在软件过程活动的有关约定上所作的承诺。
- 完成相关经费、人员配置和其他资源的长期规划和承诺。
- 为管理和实施相关过程的制定和改进活动制定策略。

（3）高级管理人员监督软件过程的制定和改进的组织活动。

- 确保组织的标准软件过程支持组织的目标和战略。
- 对软件过程制定和改进的优先级设置提出建议。
- 参与有关软件过程的制定和改进的计划。例如，高层管理者与各层负责人协调软件过程的需求；高层管理者与本组织的负责人一起进行协调，以获得有关职能部门的支持和参与。

2. 执行能力

作为组织和项目实施软件过程的先决条件，执行能力一般指提供资源、分派职责和人员培训。组织过程焦点的执行能力应该具备如下几点。

（1）建立一个负责整个组织的软件过程活动的工作组。该组织由各方面的专业人才组成，所有的核心人员都是全职人员并可能得到部分兼职人员的支持。通常由过程改进小组负责实施和管理过程改进活动，组织需要为这个小组提供必要的支持和资源。

（2）为软件过程活动提供足够的资源和资金。组织需要具有特定领域专长的专家来承担并支持过程改进小组的任务。特定领域包括软件重用技术、计算机辅助软件工程（CASE）、测量和培训课程的建设等。同时，还需要提供合适的工具来支持软件过程活动，如系统分析软件、数据库管理系统和建模工具等。

（3）组织软件过程活动的组员进行培训。培训的内容一般包含软件工程实践、过程控制、组织的变更管理、软件过程的计划、管理和监督等。

（4）软件工程组和其他工程组的组员接受软件过程活动的相关培训。

3.1.2　组织过程焦点的活动

组织过程焦点关键过程域需要完成下述的 7 项活动。这些活动的目的在于创造一种环境，使组织能够建立和维护一个软件过程改进的方法学。他们帮助组织创建过程、定期评估过程和协调变更。

1. 定期评估软件过程并根据评估结果制定相应的更改计划

根据 SEI 的方法，组织应该每一年半到三年针对组织内所有的软件过程进行一次定期评估，评估可以通过取样的方法来完成，例如挑选一些具有代表性的软件项目。

更改计划需要完成下面的几项工作。

（1）根据评估结果确定哪些地方是需要改进的。

（2）提供执行的指导方针。

（3）说明哪些人或组织为该次更改活动负责。

2. 组织制定和维护有关软件过程和改进活动的计划

为了成功实现改进,要求过程的拥有者、执行过程的人以及各个支持单位参与改进活动。计划的制定需要遵循一定的规范,它的目的是明确具体的改进目标。制定了行动计划之后,应该为需要执行的各项活动建立过程行动小组。制定的计划需要包含如下内容。

(1) 列举主要的活动以及活动的时间安排。

(2) 规定负责这些活动的组及人员。

(3) 说明所需要的主要资源。例如,人员配置和工具的需求情况。

(4) 活动必须得到软件负责人和高级管理者的审核和认可。

3. 协调组织的标准软件过程和项目自定义的软件过程的制定和改进工作

制定和改进工作涉及到两个过程,组织的标准软件过程和项目自定义软件过程。项目自定义的软件过程实际上是根据项目的具体情况,对标准软件过程进行裁减得到的适合于具体项目的软件过程。组织的标准过程需要遵循组织过程定义关键域的有关说明,而项目软件过程则需要遵循软件管理关键过程与相关的标准。

4. 协调组织的软件过程数据库的使用

组织的软件过程数据库是为了收集有关软件过程和它所生成的软件工作产品的相关数据,并使其可用而建立的数据库。软件过程数据库包含或引用了估计或实际的度量数据。如,生产率数据,工作量、规模、成本、进度以及关键计算机资源(估计值与测量值),同行评审的数据,需求数与变更数,测试范围和效率等。这些收集的数据可以作为参考应用于以后的各个项目的软件过程中。

5. 新过程、新方法、新工具的评价、监控和推广

新过程、新方法以及新工具的采用需要得到组织的批准。组织需要对这些新过程、新方法等进行评估,并在单个项目中试用。当认为新方法、新过程等成熟时才推广到组织的其他项目中运用。

6. 对有关组织和项目的软件过程培训进行统一管理

组织需要根据组织和项目的软件过程情况,制定相应的培训计划。总体计划制定之后,组织可以交由具体的团队来负责培训的准备和实施工作,如软件工作过程组或专门的培训部门等。

7. 及时将有关软件过程制定和改进的活动通知实施软件过程相关的组和人员

通知的形式一般包括了:电子公告、工作组讨论、信息交流会、调查以及讨论会等。

3.1.3　软件过程焦点的评估

前面的两个小节分别说明了软件过程焦点的基本概念和所需要的各种活动。但是如何来评估活动的情况呢? 活动情况的衡量必须对活动的结果进行度量和分析,并完成相应的验证工作。

1. 度量和分析

为了保证测试活动的有效性,需要对活动进行评估,通过度量来确定组织过程制定和改进工作的状态和情况。度量的内容可以有很多,但所进行的度量应该确保是有意义和有价值的,如使用标准过程集的项目的数量、过程管理活动花费的时间等。度量的内容一般包括如下两项。

(1) 已经完成的工作量以及实际消耗的资源与计划的比较。

(2) 每次软件过程的评估结果与以往的评估结果和建议的比较。

2. 验证实施

高层管理者需要对软件过程的制定和改进活动定期进行验证。审查的一个根本目的是要求高层管理者能够对软件过程活动有足够的重视。验证的时间间隔并没有统一的要求,组织甚至可以根据自身实际情况设定一个非常长的时间间隔,只要组织具有良好的机制能够及时报告活动中的异常情况。验证的内容一般包括下面几项。

(1) 评审软件过程制定和改进活动的进展状态。

(2) 分析在低层次上无法解决的矛盾和问题。

(3) 各项活动的组织、实施、审核以及结果。

(4) 总结验证结果,写出总结报告并将报告发送给有关的工作组和人员。

3.2 组织过程定义

组织过程定义是指由负责组织软件过程活动的组织单元(如 SEPG,软件工程过程组)在组织层上定义软件过程,其目的是开发和保持一组便于各项目使用的软件过程财富,改进跨越各个项目之间的过程特性并为软件组织积累长期有用的过程基础。

所谓软件过程财富就是组织在软件过程改进过程中通过积累而得到的用于指导软件项目的过程文档和数据等重要信息。任何一项被组织认为在进行过程定义和软件维护方面有用的实体均可成为过程财富的组成成分。软件过程财富能够为软件项目在制定、剪裁、维护和实施软件过程时提供全面的指导。软件过程财富包括如下。

(1) 组织标准软件过程(包括软件过程体系结构和软件过程元素)。

(2) 软件生命周期的描述。

(3) 过程剪裁指南和准则。

(4) 组织软件过程数据库。

(5) 软件过程的有关文档库。

组织过程定义的目标主要有两个。

(1) 制定和维护组织的标准软件过程。

(2) 收集和评审有关软件项目使用的组织标准软件过程的信息,并使其可用。

3.2.1　软件过程定义基础

组织过程定义包括制定和维护组织的标准软件过程以及相关的软件过程财富。例如软件生命周期的描述、过程的剪裁指南和准则(由于每一个项目都会有不同的特点,因此有时需要剪裁标准的软件过程,以标准软件过程为基础,剪裁为更加适合具体项目的软件过程),如图 3-1 所示。

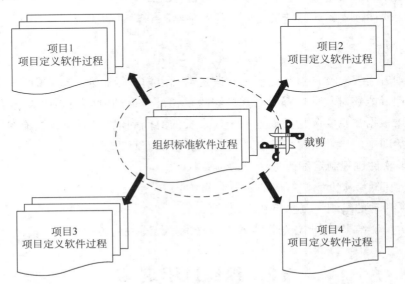

图 3-1　组织过程定义

组织标准软件过程是由已定义的组织内所有项目通用的一些软件过程元素组成的。在进行具体描述时,可以首先依据这些过程元素的特点,按照一定的方式将这些"零散"的过程元素加以组织。

1. 软件过程元素

软件过程元素是指一个软件过程描述的构成元素。每个过程元素都是一个妥善定义的、有界的和紧密相关的活动集合(例如软件估计元素、软件设计元素等)。

软件过程元素可以分成以下三类。

(1)主要的软件过程元素。包括项目估算、项目计划、发现过程、需求定义、概念设计、详细设计、实现过程和部署/维护过程。

(2)支持的软件过程元素。包括配置管理、文档编制、质量保证、测试、组间协调和同行评审。

(3)组织的软件过程元素。包括基础设施、高层管理、软件过程改进和培训。

2. 组织标准软件过程

组织标准软件过程是基本过程的可操作的定义,基本过程指导在组织中建立一个针对所有软件项目的共用的软件过程,是项目定义软件过程的基础。同时,组织标准软件过程保证了组织过程活动的连续性,是组织软件过程的测量和长期改进的依据。软件过程体系结构是对组织标准软件过程的高层次(即概括的)描述。它描述组织标准软件过程中软件过程元素的排序、界面、相互依赖关系及其他关系,如图 3-2 所示。

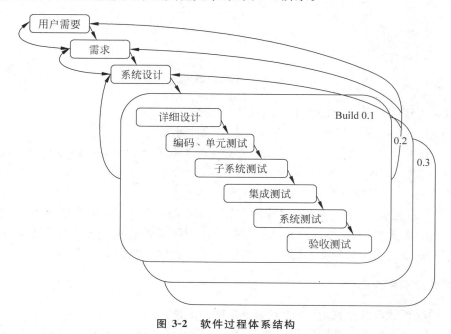

图 3-2 软件过程体系结构

3. 项目定义软件过程

项目定义软件过程是指对项目所用软件过程的可操作的定义。项目定义软件过程是一个已很好特征化的和已理解的软件过程,用软件标准、规程、工具和方法予以描述。通过剪裁组织标准软件过程以适合项目的具体特征的方法来制定它。

3.2.2 剪裁标准软件过程的指南和准则

组织标准软件过程是在通用的层次上予以描述的,因此,项目可能无法直接使用它,剪裁指南就是用来帮助项目剪裁组织标准软件过程,以形成项目定义软件过程。

剪裁指南可在以下两个方面指导软件项目。

(1)选择一个适合项目的生命周期模型。

(2)剪裁和细化组织标准软件过程和所选择的软件生命周期,使之适合项目的具体特征。

过程裁减指南和准则能够确保所有软件项目在策划、实施、测量、分析和改进项目自定义软件过程时有一个共同基础。

1. 剪裁过程

软件过程剪裁过程如图 3-3 所示,在该过程中需要说明如下几点。

(1)根据剪裁指南和准则,剪裁组织的标准软件过程,以适合本项目的具体特征。项目

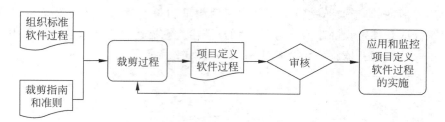

图 3-3　软件过程剪裁

经理和设计工程师在 SEPG 的协助下完成该项工作。

（2）将剪裁的结果整理成文档，即项目定义软件过程。

（3）审核项目定义软件过程。审核的关键参与人包括 SEPG，项目经理和设计工程师。审核的检查点有，是否与标准软件过程一致，是否符合本项目的特征，以及其他相关内容。如果审核不通过，则返回到剪裁过程进行修改。

（4）应用和监控项目定义软件过程的实施。在实施过程中，项目经理/设计工程师要求记录实施中的度量数据（具体内容见软件过程数据库和其他过程中有关项目度量的内容），而 SEPG 则跟踪记录有关问题，用以改进组织的标准软件过程。

2. 剪裁指南和准则

在软件过程剪裁的过程中，一般有如下指南和准则。

（1）选择生命周期。根据项目的实际特征和生命周期的不同特点选择一种生命周期类型。

（2）根据项目特征进行剪裁。项目特征是剪裁工作的出发点，包括项目规模（如大、中、小等）、项目类型（如新开发、维护等），以及技术难度、产品类型和项目周期等要素。

（3）明确可剪裁的对象。剪裁对象确定了剪裁的范围，剪裁对象不仅仅限于过程元素和活动，还包括参照标准、方法和工具、输出产品及模板等。

（4）确定剪裁所考虑的要素。剪裁要素界定了剪裁的方向和尺度。例如，对于某个剪裁对象，其范围、频度和正式度等都是剪裁要素。对于有开发经验的小项目，可以适当减少对于技术方面的评审的频度。

（5）剪裁的决定要基于风险进行考虑。

另外，具体剪裁的过程和具体操作将在第 8 章"软件过程的集成管理"中详细描述。这里仅将剪裁指南和准则作为一项软件过程财富做简单介绍。

3.3　PSP 过程框架和成熟度模型

对于一个要改善软件质量和过程质量的组织来说，规范软件工程师的开发过程是解决软件质量问题的必要前提，个体软件过程（PSP）正是为培养训练有素的软件工程师而研究开发的。它用于控制、管理和改进个人工作方式的自我改善过程，是一个包括软件开发表格、指南和规程的结构化框架。其方法和结构简单，不要求使用特别的编程语言、开发工具或设计方法，可以在任何软件开发和维护任务中应用。通过运用

PSP 方法,软件开发人员通过一个已定义的和度量的过程来减少软件缺陷,提高计划能力,增加生产效率。

3.3.1 PSP 原则和思想

一个基本的 PSP 原则是:每个人都是不同的,对于某个工程师有效的方法不一定适合另一个,PSP 帮助工程师测量和跟踪他们自己的工作,使得他们能够找到最适合自己的方法。多数软件工程师总喜欢把自己当作精英,崇尚个人主义,以编码速度快而自傲。管理人员进行项目管理时,往往会采用统一死板的模式或方法,将规定强加于工程师身上,效果不一定好。PSP 过程改进正是针对这一情况,采用以人为本的方针,以自身为出发点,从本人做起。工程师根据自身的情况,亲自搜集有关本人的开发数据,基于这些自身的数据来制定最适合自己的改进目标和具体的改进措施,实行自我监督、自觉地不断改进和提高自己。从理论上讲,这种策略最有实效的,易于接受。

PSP 内容丰富,具有良好的实践性,包括个人时间管理、时间跟踪、任务估计和阶段性工作计划等内容。基于 PSP,通过采用一些表格、脚本和标准,可帮助软件工程师估算和计划其个人的任务,改善个人软件过程及测量,从而最终获得高生产率的回报,能够在规定的预算和时间内开发出高质量的产品。PSP 帮助工程师掌握软件过程管理和项目管理方面最先进的技能和最佳的实践,如下几方面所示。

(1)精确地估算软件规模大小。

(2)帮助软件工程师完成准确的计划。

(3)合理安排自己的项目开发时间。

(4)根据时间和规模,合理地规划项目,准确地预计工期。

(5)减少产品缺陷。

(6)度量和跟踪自己的绩效。

(7)使用挣值法跟踪进度。

(8)兑现自己所做的承诺。

(9)抵制不合理的承诺压力。

(10)收集数据来持续地提高自己的生产率、软件质量以及工期预测能力。

(11)客观地发现自己的薄弱环节并及时进行改进提高等。

软件工程师在做项目的开发计划时,或是由经验而来,或是由用户需求而定,往往存在计划与实际相差比较大的情况,或者是前松后紧,遗漏过多,造成维护量的增加。如何减少这种情况的发生? 就需要把经验量化并做出分析,通过记录项目的估算成本与实际成本并进行比较分析,提高软件开发人员对项目成本估算和项目进度预测的准确度。这对在项目早期就有一个清楚的认识大有帮助,以利于以后工作的规划与开展。所以,在了解各自的工作过程中,第一步要明确所要完成的任务、树立目标,估计每个任务所要花费的时间,并对所花费的时间进行测量以了解工作进展,对产品质量进行测量,分析结果并采取措施,对过程进行持续改进。

需要注意的是,PSP 的目的是为了改善软件工程师的开发性能,而提高性能在于早期对项目有一个比较准确的把握。项目评估的准确度依赖于历史数据的积累,只有正确的历史数据越来越充分,在评估新项目时所采用的指标数才会越准确。在项目进展过程中,还需要根据影响因素的变化不断调整估算指标。

PSP 不仅帮助软件工程师提高编码水准,如何管理所开发的程序质量;还指导软件工程师更好地进行需求或过程定义、评审、测试和文档编写等。通过记录软件工程师在项目设计、编写代码、测试与维护等各阶段所发生的错误、缺陷及解决办法,列出经常出现的错误及错误类型,可把错误尽量控制在交付用户使用前,并尽量减少错误的发生。

3.3.2 PSP 过程框架

PSP 的定义是为了使软件工程师更有效地工作,它提供了一整套规范个人工作的方法和流程。在《个体软件过程》一书中提到在学习 PSP 之前,小组的 3 个工程师需要比计划多花费 4 倍的时间去完成软件系统的 3 个组件。在学习 PSP 之后,同样的工程师却比计划少花费 10.4% 的时间完成了接下来的 6 个组件。而且在交付之后,客户反映后面的组件质量远远好于前面的组件。

通过上面的事例是想说明 PSP 对于提高工程的工作质量和工作效率都非常有效。那么 PSP 到底是如何做到的呢? PSP 过程由一系列方法、表格和脚本等组成,用以指导软件开发人员计划、度量和管理他们的工作。

图 3-4 是 PSP 过程框架,从图中可以看出整个开发过程从需求开始,经过了计划、设计、设计评审、编码、代码评审、编译、测试和总结等开发阶段。而软件工程师除了遵循整个开发流程外,还需要通过脚本来指导自己完成工作,脚本还将记录他们所花费的时间和相应的缺陷数据并产生相应的日志,如缺陷日志等。在项目总结(postmortem)阶段,需要从日志中收集各种时间和缺陷的数据,度量产品的规模并把它们填入计划总结报告中。最后,连同总结报告一起发布完成的产品。

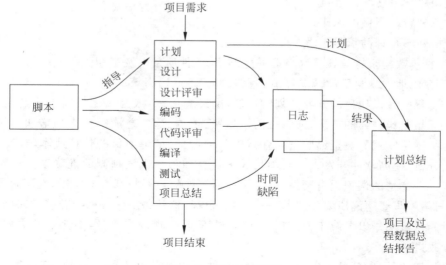

图 3-4 PSP 过程框架

实际上,PSP 过程共拥有 7 个版本,它们是 PSP0、PSP0.1、PSP1、PSP1.1、PSP2、PSP2.1 和 PSP3,每个版本都有着类似的日志、表格、脚本和标准。

过程脚本定义了过程中每个阶段的开发步骤,日志和表格提供了记录和保存数据的模板,而标准则用来指导软件工程师的工作。

PSP 计划在整个 PSP 过程中占有相当重要的地位。PSP 计划过程如图 3-5 所示仍然从需求定义开始,随后根据定义的需求完成概念设计,并对项目需要的资源和项目规模等进行准确评估。最后根据评估结果制定时间表并开始进行产品的开发。

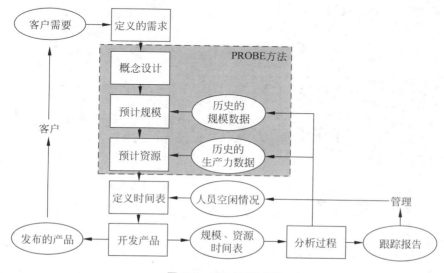

图 3-5 PSP 计划过程

1. 需求

计划的一开始,需要对所要开发的产品进行尽可能详细的定义。因为如果需求定义太过简洁,则将严重影响后面的工作。工程师不能对即将进行的项目有足够的了解,也不能对项目需要的资源和时间安排进行准确的预估。

2. 概念设计

为了对资源需求等进行评估,工程师首先需要对产品的实现方法进行设计。然而,由于计划过程处于 PSP 过程的早期,因此要完成详细、精确的产品设计非常困难,所以这时候完成的是概念设计。工程师首先根据目前所提供的需求定义,并加上自己的判断和想象来完成概念设计,然后在 PSP 过程的设计阶段,工程师还将完成完整的产品设计。

3. 资源和规模估计

对于软件工程师而言,项目的规模和开发时间的关系非常密切,规模越大则花费时间肯定越长。因此 PSP 一开始就要求工程师对项目规模进行估计,然后再根据估计的规模预计需要花费的时间。在 PSP 过程中,资源和规模的估计是通过 PROBE(PROxy Based Estimation)方法来完成的。该预测方法最早由汉弗莱(Humphrey)在 1995 年出版的《软件工程规范》(《A Discipline for Software Engineering》)一书中提出。PROBE 方法通过使用和参考以往相似项目的工作和数据经验来预测将来项目的情况。通常，PROxy来源于如下几类工作，代码行数、模块、功能、对象和功能点等。

3.3.3　PSP 成熟度模型

PSP是一个具有4个等级的成熟度框架，各级的主要元素如图3-6所示。这个进化框架是学习PSP过程基本概念的好方法，它赋予软件人员测量和分析工具，使其清楚地认识到自己的表现和潜力，从而可以提高自己的技能。

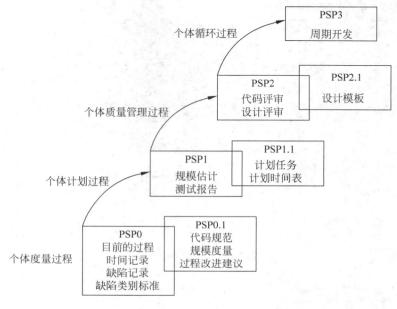

图 3-6　成熟度模型

1. 个体度量过程

PSP0的目的是建立个体过程基线，这一步通过使用PSP的各种表格采集过程的有关数据，通常包括计划、开发以及后置处理3个阶段，并要对软件开发时间、缺陷类型标准、引入和排除的缺陷个数等进行一些必要的测量，作为衡量PSP过程改进的基准。PSP0.1增加了编码标准、程序规模度量和过程改善建议等3个关键子过程域，其中过程改善建议表格用于随时记录过程中存在的问题、解决问题的措施以及改进过程的方法，以提高软件开发人员的质量意识和过程意识。

2. 个体计划过程

PSP1的重点是个体计划，引入了基于代理的计划方法PROBE，用自己的历史数据来预测新程序的规模和需要的开发时间，并使用线性回归方法估算参数，确定置信区间以便评价预测的可信度。PSP1.1增加了对任务和进度的计划，学会编制项目开发计划，这无论是对大型软件还是小型软件的开发都是必不可少的。

3. 个体质量管理过程

PSP2 的重点是个体质量管理,根据程序的缺陷状况建立检查单,按照检查单进行设计复查和代码复查。以便及早发现缺陷,使修复缺陷的代价最小。随着个人经验和技术的积累,还应学会怎样修改检查单以适应自己的要求。PSP2.1 则论述设计过程和设计模板技术,介绍设计方法,并提供了设计模板。但 PSP 并不强调选用什么设计方法,而强调设计完成准则和设计验证技术。一个合格的软件开发人员必须掌握设计评审技术和代码评审技术这两项基本技术。

4. 个体循环过程

PSP3 的目标是把个体开发小程序所能达到的生产效率和生产质量,延伸到大型程序。其方法是采用螺旋式上升过程,即迭代增量式开发方法。首先把大型程序分解成小的模块,然后对每个模块按照 PSP2.1 所描述的过程进行开发,最后把这些模块逐步集成为完整的软件产品。

在这样的软件开发过程前提下,在新一轮开发循环中,可以采用回归测试的方法,集中力量考察新增加的产品特性是否符合要求。因此,要求在 PSP2 中进行严格的设计复查和代码复查,并在 PSP2.1 中努力遵循设计结束准则。在对个体软件过程框架的概要描述中,可以清楚地看到,如何做好项目计划和如何保证产品质量是任何软件开发过程中最基本的问题。

3.4 PSP 设计与实践

在上一小节中已经介绍了 PSP 过程共分为 4 级,分别是 PSP0、PSP1、PSP2 和 PSP3,是一个从度量到计划再到管理的循序渐进的过程。通过对 PSP 过程的理解和实施,可以使工程师具有更好的工作方式。有各种研究和数据表明,在学习 PSP 过程后,可以有效地提高工作效率。如何实施 PSP 过程呢? 在后面的小节中会分别对各个级别的内容进行详细介绍。在这里,先向各位读者推荐一款用于 PSP 过程的工具 PSP Studio(PSPS)。PSPS 是由田纳西州立大学的 Design Studio 小组在 1996—1997 开发完成的,该软件可以从 Joel Henry 的网站上免费下载(http://www. cs. umt. edu/u/henry/)。PSPS 提供了各种标准的表格和流程,可以让 PSP 的实施过程变得更加简单(在后面小节的例图均为 PSP Studio 示例)。

3.4.1 PSP0/PSP0.1——个体度量过程

PSP0 的目的是为数据收集提供一个基本的框架。通过为测量流程建立基准线,从而建立持续改进基础。PSP0 包含了如下几点内容。

1. 当前的过程

PSP0 过程如图 3-7 所示,它为完成小规模的项目提供了一个简易的过程结构。该过程包含了计划,开发和项目总结三大阶段,每个阶段需要完成的具体任务可以参考相应的脚本定义。使用 PSPS 进行过程管理时,可以借助其简要的脚本说明来指导工程师的具体工作。如图 3-8 所示。

需求

计划

开发

设计　编码　编译　测试

项目总结

项目及过程数据总结报告

图 3-7　PSP0 过程

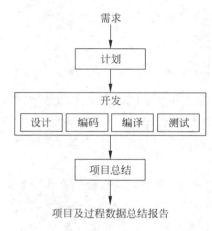

Phase Number	Purpose	To guide you in developing module-level programs
	Inputs Required	● Problem description ● PSP0 Project Plan Summary form ● Time and Defect Recording Logs ● Defect Type Standard ● Stop Watch (Optional)
1	Planning	● Produce or obtain a requirements statement. ● Estimate the required development time. ● Enter the plan data in the Project Plan Summary form. ● Complete the Time Recording Log.
2	Development	● Design the program. ● Implement the design. ● Compile the program and fix and log all defects found. ● Test the program and fix and log all defects found.

Process

图 3-8　PSP0 脚本

2. 时间记录

时间记录日志被用来记录工程师花费在 PSP 过程各阶段的时间,其目标是判断哪儿花费最多的时间,时间记录通常以分钟为记录单位。如图 3-9 所示,时间日志需要包含的信息如下所述。

(1) 日期(date)。进入某个项目的日期。

(2) 开始时间(start time)。任务开始的时间。

Date	Start Time	Stop Time	Interruption Time	Delta Time	Phase	Comments
yyyy/mm/dd	24 Hours	24 Hours	hh:mm	mmmm		
1996/10/17	12:46	12:53	00:00	7	Planning	
1996/10/17	12:58	13:26	00:00	28	Design	
1996/10/17	13:33	14:17	00:00	44	Code	
1996/10/17	14:20	14:50	00:05	25	Code	
1996/10/17	14:56	15:27	00:00	31	Compile	
1996/10/17	15:29	16:03	00:08	26	Test	
1996/10/17	16:11	16:34	00:00	23	Postmortem	

Time Recording Defect Recording

图 3-9　时间记录日志

（3）停止时间（end time）。任务结束的时间。

（4）估计的中断时间（interruption）。估计任务中断的时间。

（5）花费的时间（delta time）。从任务开始到结束的时间（减去被中断的时间）。

（6）阶段（phase）。目前所处的过程阶段。

（7）备注（comments）。详细、完整地说明这期间所完成的工作,例如,中断的原因以及任何可能帮助后期分析的说明。

3. 缺陷记录

缺陷记录日志被用来记录发现和修订的每个缺陷的相关信息。工程师在开发过程中需要对每个缺陷记录足够详细的信息,以便以后能更好地理解这些缺陷,并通过分析这些数据找出哪些缺陷类型引起大部分问题。如图 3-10 所示,缺陷记录日志需要包含如下信息。

（1）缺陷发现的日期（date）。

（2）缺陷的编号（number）。

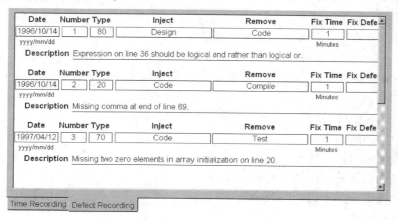

图 3-10　缺陷记录日志

（3）缺陷的类型（type）。

（4）缺陷引入的阶段（inject）。

（5）缺陷移出的阶段（remove）。

（6）修正缺陷花费的时间（fix time）。

（7）如果缺陷的修正引入了另一个缺陷，被引入缺陷的编号（fix defect）。

（8）缺陷的简单描述（description）。

4. 缺陷类型标准

缺陷类型标准是一个将缺陷归类的简单列表，图 3-11 显示了默认的缺陷类型标准。工程师可以根据自己的实际情况和需要进行修订。对缺陷进行分类，主要是为了后期的统计和分析，例如，分析缺陷最多的缺陷类型以制定有效的预防措施。

Type Number	Type Name	Description
10	Documentation	comments, messages
20	Syntax	spelling, punctuation, typos, instruction formats
30	Build, Package	change management, library, version control
40	Assignment	declaration, duplicate names, scope, limits
50	Interface	procedure calls and references, I/O, user formats
60	Checking	error messages, inadequate checks
65	Assertions	incorrect or missing assertions
70	Data	structure, content
80	Function	logic, pointers, loops, recursion, computation, function defects
90	System	configuration, timing, memory
100	Environment	design, compile, test, or other support system problems

Defect Type

图 3-11　缺陷类型标准

PSP0.1 与 PSP0 相比较，过程基本一致，只是增加了部分脚本。

（1）度量和报告软件规模。

（2）给各项目阶段分配开发时间。

（3）使用代码标准。

（4）记录流程存在的问题并提供改进方案。

在 PSP0.1 中，项目总结之后需要完成相应的流程改进建议（process improvement proposal），而流程改进建议书记录了流程存在的问题以及改进建议。如图 3-12 所示，它通常包含如下内容。

（1）项目遭遇的问题。

（2）每个问题的编号。

（3）描述可能的困难情况。

（4）描述这些问题对产品或流程的影响。

（5）说明过程改进建议。

（6）建议的编号。

（7）指出被影响的具体的过程因素。

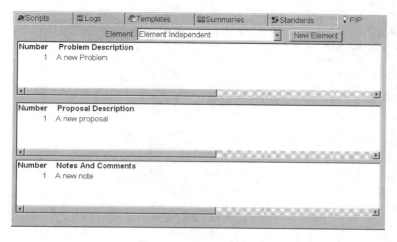

图 3-12 过程改进建议

（8）建议和存在的哪些问题相对应。

（9）给出建议的优先级别并说明为什么原因。

（10）给出对项目的整体评述。

（11）从项目总结出来的经验教训。

3.4.2 PSP1/PSP1.1——个体计划过程

PSP1 的重点是个体计划，用自己的历史数据来预测新程序的大小和需要的开发时间，并使用线性回归方法计算估计参数，确定置信区间以评价预测的可信程度。PSP1.1 则进一步增加了对任务和进度的规划。

1. 规模预测

规模预测实际是估计项目可能的代码行数，这包括新增的代码行数和需要修改的代码行数。通常，在做代码行数估计时可以采用下面的一种或几种方法。

（1）PROBE 方法。

（2）功能点。

（3）COCOMO 模型。

2. 测试报告

测试报告被用来维护和记录 Test Run 的结果，因此，测试报告需要足够详细以便以后可以通过同样的测试得到相同的结果。如图 3-13 所示，在测试报告中至少需要包含下面的信息。

（1）测试名称（test name）。

（2）测试目的（test objective）。

（3）测试说明（test description）。测试的操作步骤说明。

（4）特殊的配置和时间条件（test conditions）。是否有特殊的环境、硬件和时间限制等。

图 3-13　测试报告

（5）期望的结果（expected results）。

（6）实际的结果（actual result）。

3. 任务计划

PSP1.1 添加了任务计划的过程用来帮助工程将工作分解为更小的任务，并给这些任务制定相应的完整时间计划表。工程师需要将分解的各任务的相关情况列在任务计划表中以备查询。项目可以根据 PSP 的过程分为计划、设计、编码、编译、测试和总结 6 个任务，如图 3-14 所示，每个任务需要说明如下内容。

Task			Plan				Actual		
Number	Name	Hours	Planned Value	Cumulative Hours	Cumulative Planned Value	Date Monday	Date Completed	Earned Value	Cumulative Earned Value
1	Planning	3.00	8.6%	3.00	11.6%	2/5/97		0	0.0
2	Design	7.00	20.1%	10.00	38.8%	2/5/97		0	0.0
3	Code	2.60	7.5%	12.60	48.8%	2/5/97		0	0.0
4	Compile	5.00	14.4%	17.60	68.2%	2/5/97		0	0.0
5	Test	8.20	23.6%	25.80	100.0%	2/5/97		0	0.0
6	Postmortem	9.00	25.9%	34.80	134.9%	2/5/97		0	0.0
Totals		34.80	100.0%						

图 3-14　任务计划

（1）任务编号（number）。

（2）任务名称（name）。如名称可以为计划、设计等。

（3）计划需要的时间（hours）。预测完成该项任务需要的小时数。

（4）当任务完成的时候，需要填入完成的日期和净挣值（earned value）来对计划的任务进行跟踪。

4. 时间表计划

时间表计划被用来记录每个星期计划和实际工作的小时数，如图 3-15 所示，在完成时间表计划时，需要给出相应的星期数以及这个星期开始的日期（通常以星期一作为一个星期的开始）。然后需要记录计划工作的小时数和实际工作的小时数，从而计算出 Earned Value。

Week Number	Date Monday	Plan			Actual			Adjusted Earned Value
		Direct Hours	Cumulative Hours	Cumulative Planned Value	Direct Hours	Cumulative Hours	Cumulative Earned Value	
1	2/3/97	20.00	20.00	33.3%	0.00	0		0.00
2	2/10/97	10.00	30.00	50.0%	0.00	0		0.00
3	2/17/97	30.00	60.00	100.0%	0.00	0		0.00

Schedule Planning

图 3-15   时间表计划

PSP 使用挣值法（Earned Value）来计划和跟踪进度。挣值法是一个将计划价值分配到项目中的每个任务的标准管理技术。一个任务的计划价值是基于它在整个计划的项目强度中的百分比。项目开始时，项目的 Earned Value 为 0，当一个任务完成，将该项目的计划价值加入项目的 Earned Value 中。这样一来，项目的 Earned Value 就成为项目完成度的指示器。当一周一周跟踪项目时，可以将它的 Earned Value 和它的计划价值进行比较来决定项目的进度，估计进展速度，并且估计该项目的完成日期。

3.4.3   PSP2/PSP2.1——个体质量管理过程

实施 PSP 的一个重要目标就是学会在开发软件的早期实际地、客观地处理由于人们的疏忽所造成的程序缺陷问题。人们都期盼获得高质量的软件，但是只有高素质的软件开发人员并遵循合适的软件过程，才能开发出高质量的软件，因此，PSP2 引入并着重强调设计复查和代码复查技术，一个合格的软件开发人员必须掌握这两项基本技术。

在评审中，检查表是最常用也是非常重要的评审工具。关于检查表的具体内容可以查看评审相关的书籍，如《软件评审》。其实在 PSPS 中，同样提供设计评审检查表和代码评审检查表用于相关的评审中，如图 3-16 所示。

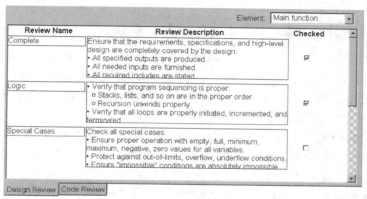

图 3-16   设计评审

3.4.4   PSP3——个体循环过程

PSP3 主要是为开发人员提供开发大型软件项目的方法,它同样是着眼于个人行为。在开发大型软件时,先将项目分割成适用于 PSP2 规模的子模块,最后把这些模块逐步集成为完整的软件产品。PSP3 是一个不断循环的开发过程,在每一次循环中,包括设计、编码、编译和测试等 PSP2 中的所有过程都要严格地执行。

应用 PSP3 开发大型软件系统,必须采用增量式开发方法,并要求每一个增量都具有很高的质量。在这样的前提下,在新一轮开发循环中,可以采用回归测试的方法,集中力量考察新增加的这个(这些)增量是否符合要求。因此,要求在 PSP2 中进行严格的设计复查和代码复查,并在 PSP2.1 中努力遵循设计结束准则。

3.5   TSP 的结构和启动过程

随着软件项目和软件企业的发展,工程师仅仅做好自己的工作是不够的,因为越来越多的项目需要团队开发,而好的个体加在一起并不一定等于好的团队。软件开发是一个团队活动,而团队的有效性决定了产品的质量,TSP 的过程质量管理因此变得越来越重要。这一节中将重点说明 TSP 的结构和操作过程。TSP 过程主要适用于 20 人以上的开发小组,如果工程师少于 20 人,可以参考相似的 TSPi 过程。

3.5.1   TSP 的原则和思想

要建立和保持团队的高效率工作,前期的投入是必要的。从长期看,这种投入并没有增加成本,而是极大地降低成本,提高生产力。虽然早期的规划和建立团队的步骤看起来将耗费大量的时间,这却是进行一项团队工程最重要的部分。TSP 建立的基本原则如下。

(1) 在遵循定义好的过程并得到快速反馈时,学习是最重要的。TSP 的流程和规范为团队软件工程提供了一套精心设计的、通过审查的和可重复的框架,并提供了快速高效的反馈机制。将产品开发过程被分解成若干个子过程,每个子过程成果得到及时评估,缩短了反馈的周期。

(2) 高效团队的协同工作存在一些基本的共性,如具体又一致的目标、良好的工作支撑环境和强有力的指导等。项目的目标就是要高质量和低成本的、按时发布软件产品。

(3) 在面临软件开发的实际问题时,讨论、分析并最终得到了有效的解决方案的同时,软件开发人员获益匪浅。如果没有 TSP 的准确指导,将耗费软件工程师的大量时间来规划实际工作、不断救火(处理大量偶然性问题)等。

软件开发过程中积累下来的实际经验,对于团队今后的工作,具有很好的指导意义。TSP 正是在这些实践的基础上建立起来的。

基于 PSP,TSP 描述了下列内容。

(1) 如何规划和管理一个软件开发团队。

(2) 如何制定团队工作所需要的策略。

（3）如何定义和确定团队中每个角色的职责。

（4）如何为团队中每个成员分配不同的角色。

（5）团队及其不同角色在整个开发过程的不同阶段应该做些什么，如何更好地发挥作用。

（6）如何协调团队成员之间的任务，并跟踪报告团队整体的任务进度。

（7）采用哪些方法提高团队的协作能力。

3.5.2 TSP 结构

工程师在加入 TSP 小组之前，必须清楚地知道如何完成工作，因此，PSP 的培训是必不可少的。因此，TSP 实际上是与 PSP 相结合的工作方法，是扩展和完善 CMMI 和 PSP 的方法，指导工程师开发和维护团队的工作。加入 TSP 的工程师必须学习计划、收集数据、度量和改进流程等技能，并遵循定义的 TSP 过程。

可以有各种方法来组建团队，并要求组内的工程师共同来完成分配的任务。而 TSP 小组通过一个 4 天的计划流程来组建团队，这个过程被称为团队启动。团队建立之后，工程师便按照事先定义的流程完成各自的工作。

TSP 由一系列阶段和活动组成。各阶段均由计划会议发起。在首次计划中，TSP 组将制定项目整体规划和下阶段详细计划。TSP 组员在详细计划的指导下跟踪计划中各个活动的执行情况。首次计划后，原定的下阶段计划会在周期性的计划制定中不断得到更新。通常无法制定超过 3～4 个月的详细计划。所以，TSP 根据项目情况，每 3～4 个月设为一个周期，并在各个周期进行重建。无论何时，只要计划不再适应工作，就需要进行更新。当工作中发生重大变故或成员关系调整时，计划也将得到更新。

在计划的制定和修正过程中，小组将定义项目的生命周期和开发策略，这有助于更好地把握整个项目开发的阶段、活动及产品情况。每项活动都用一系列明确的步骤、精确的测量方法及开始、结束标志加以定义。在设计时将制定完成活动所需的计划，估计产品的规模、各项活动的耗时、可能的缺陷率及去除率。通过活动的完成情况重新修订进度数据。开发策略用于确保 TSP 的规则得到自始至终的维护。图 3-17 描述了 TSP 的阶段以及活动的标准集合。其实，TSP 由分阶段的众多循环构成，如图 3-18 所示。TSP 遵循交互性原则，每一阶段和循环都能在上一阶段或循环的基础上重新规划。

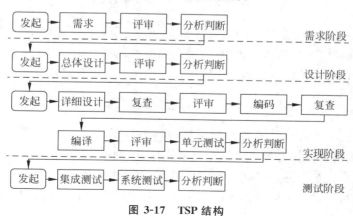

图 3-17 TSP 结构

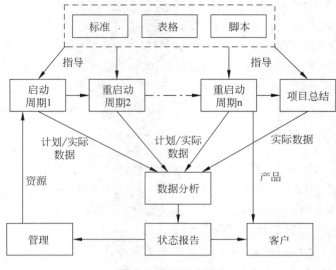

图 3-18   TSP 过程流

3.5.3   TSP 启动过程

当 TSP 小组成立时,整个小组就进入了 TSP 小组启动流程。TSP 小组启动流程如图 3-19 所示。

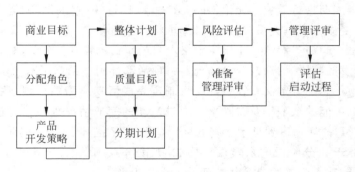

图 3-19   TSP 小组启动流程

从图中可以看出,整个启动流程共包含了 9 个启动会议。当流程结束时,小组将创建详细的工作计划,并形成一个团结一致的、高效的团队。同时,由于所有的工程师都参与到详细计划的制定中,因此,最后形成的工作计划应该被所有的工程师认同并得到承诺。

1. 商业目标

所有的小组成员以及高层管理和市场代表都需要出席第 1 次启动会议。在这次会议上,高层管理人员将告诉所有的成员相关的项目信息,例如,为什么需要开发这个项目。而市场代表则会解释这个产品或者项目的市场需求,例如重要的竞争意义、特别的客户需求或者其他任何对项目开发有帮助的市场信息。这次会议的主要目的是介绍项目的相关信息,传达管理层的目标等。

2. 角色分配

在第 2 次会议中,小组需要形成自己的目标并分配角色。标准的 TSP 小组角色如下。

(1) 小组组长(team leader)。

(2) 客户接口经理(customer interface manger)。

(3) 设计经理(design manager)。

(4) 执行经理(implementation manager)。

(5) 测试经理(test manager)。

(6) 计划经理(plan manager)。

(7) 流程经理(process manager)。

(8) 质量经理(quality manager)。

(9) 技术支持经理(support manager)。

根据小组的实际情况,还可以定义其他的角色,如安全经理等。每个小组成员都承担至少一个角色,但原则上小组组长不再承担其他角色。角色定义之后,还需要定义小组目标。通常,有如下 3 个基本的小组目标。

(1) 高质量的产品,如在系统测试阶段发现的缺陷数为 0。

(2) 良好的管理,如对产品规模估计的误差小于 15%。

(3) 良好的时间控制,如按时完成项目,不得有延迟。

3. 整体策略和计划

在第 3 次和第 4 次会议中小组将谈论和制定项目的整体策略和计划。工程师需要完成概念设计,讨论开发策略,定义详细的流程和选择支持工具和需要的设备。同时,还需要列出所有需要开发的产品,预计产品规模,并为每个开发流程评估需要的时间。一旦相关的任务都已经定义并评估,则工程师需要开始评估每个人每个星期花费在这些任务上的时间并形成个人的时间表(通常以小时作为计量单位)。

4. 质量目标和计划

一旦整体的计划完成,就需要制定具体的质量目标和计划,这些工作都将在第 5 次会议中完成。质量计划包含了小组的质量活动并为小组工作的质量提供了度量标准。在完成质量计划时,工程师需要估计引入和移出的缺陷数量以及最后的产品质量。

5. 分期计划

在前面介绍 TSP 结构的时候已经说明 TSP 需要制定分期的详细计划,这项工作被安排在第 6 次会议中。小组成员需要制定下一阶段的详细计划,然后审查整个小组的工作强度并确保任务被均匀分配给每个组员。

6. 风险评估

在第 7 次会议中,工程师要查看项目的风险并按照对项目的影响程度划分级别。同时,还需要安排一名组员负责每个风险的跟踪并为级别高的风险准备提供应对方案。

7. 管理评审

当所有计划完成时，小组会召开第 8 次会议来准备管理评审并在第 9 次会议中与管理层共同实施管理评审。在管理评审会议中，小组要对制定的计划进行说明，阐述如何完成产品开发并进行示范。有时候，小组还需要提供备选计划，这样做的目的是一旦小组的计划不能符合市场的需求，还可以提供另外的选择。

当整个启动流程结束时，小组和高级管理层需要对项目达成一致意见。另外，小组还需要审查整个启动流程并提交过程改进建议。当然，流程中的各种数据也需要被收集和记录以便为以后的项目提供参考。

3.6 TSP 工作流程

TSP 小组在完成任务时，通常将整个工作划分为多个周期。每一个周期都包含一套完整的需求、设计、实现和测试的开发过程。如图 3-20 所示整个开发过程采用的是循环的开发策略，每一个周期都完成一个最终产品的前期可测试产品，并在最后完成最终的可交付产品。

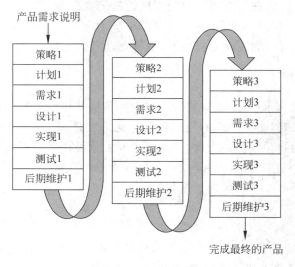

图 3-20　TSP 工作流程

3.6.1　策略和计划

这里的策略指的是开发策略。比如在早期的开发模式中可能工程师倾向于建立一些大的模块并最终将这些模块整合起来。而现在这样的开发策略已经不流行了。现在，工程师通常先开发一些小的模块，并在小的模块上不断地累加和整合并最终形成交付给客户的产品。策略对于软件开发来说非常重要，因此，在真正进行开发之前，需要确定项目的开发策略。制定策略的主要步骤如下。

（1）确定策略标准。策略标准被用来衡量计划的合理性。比如周期产品都具有高质量、容易测试的特点，产品设计具有标准的结构。

（2）概念设计。概念设计需要包括将要在所有周期中开发的全部功能，并决定在每个周期中都需要开发什么功能。

（3）估计规模和时间。在 3.2.2 小节中已经对规模和时间的估计有过介绍。请参考。

（4）风险估计

风险估计是相当重要的。策略最基本的目的就是在能按时间表完成任务的前提下尽可能地减少风险。开发过程中不可避免会发生各种问题，如果有的问题可能发生也可能不发生，那它就是一个风险。提前估计工程中可能存在的风险，并预先考虑相应的处理措施，则可以避免或控制大部分的风险。

（5）策略归档。通过前面步骤的分析，制定相应的开发策略并将策略归档。

在所有的软件工程理论中都强调了计划的重要性。如果工程师不作计划，那么就没有一定的工作顺序，甚至忽略了一些重要的任务。当计划制定时，工程师就能够更明确地知道每个时间段内需要完成的工作。在计划的制定和执行过程中需要注意如下几点。

（1）计划的平衡。计划的平衡是说在作计划的时候需要平衡组内每个工程师的工作量，避免出现某个工程师任务过重或过轻的情况。因为如果某个工程师承担了过重的工作，则该工程师很可能会延误整个计划的完成。因此，负责计划的工程师，一定要平衡工作任务，制定一个平衡的计划。

（2）计划跟踪。制定计划的目的其实就是便于跟踪。如果只制定计划而不跟踪计划，那计划也就失去了作用。计划的跟踪主要采取的是计划价值（planed value）和净挣值（earned value）。相关的介绍可以参考前面关于 PSP 的说明。

（3）详细计划。详细计划顾名思义是要制定更细致的计划。计划的制定停留在"设计、编码、编译和测试"这样的大框架下是远远不够的，因为编码可能就需要 300 多个小时，而对 300 小时的时间段进行跟踪是相当困难的，造成的误差也非常大。所以，必须制定详细的计划，将时间段划分到较易控制的范围内，比如 10 个小时。

3.6.2 需求

在需求阶段需要完成需求规格说明书。需求规格说明书应该对产品需要完成的功能进行详细、清晰的描述。如果需求不清晰，则会给后面的工作带来很大问题，产品的整体质量也会受到影响。因为，各种研究数据表明产品中大部分的缺陷都来源于最初的需求说明书，一份好的说明书将大大减少产品中的缺陷。

1. 与客户的沟通

在定义需求时，与客户的沟通非常重要，因为所有的需求都来自于客户。为了更好地理解客户的功能需要，必须与客户保持良好的沟通，避免定义的需求和客户的实际需要不一致的情况。

2. 需求评审

需求评审是一个保证需求规格说明质量的重要手段。一般，在需求阶段都会安排正式的需求评审会议。在会议上，评审人员会根据评审检查表和自己的理解对需求规格说明书进行评审。会议之后,记录人员会总结会上提出的问题,并要求说明书的作者逐一检查并给出修改意见。

3.6.3　设计和实现

设计过程的主要目的是提供一个准确完整、高质量的设计。在小组设计中,会首先完成一个总体设计,然后将整个产品分为几个重要组件,并交由组员分别完成相应的详细设计。设计是实现的基础。设计阶段主要关注系统的总体结构,并完成软件设计说明书,而更详细的设计则在实现阶段完成。

如果总体设计是准确、完整的,那么工程师就能够很快完成各个部分的详细设计。反之,工程师在进行详细设计时需要花费大量的时间来填充总体设计中不明确的地方。而由于每个工程师都独立地解决这些问题,而他们各自的决定很可能不一致,所以常常到了集成和系统测试的时候才发现各部分还存在兼容性问题。因此,设计的质量非常重要,错误或不完整的设计不仅会造成时间的浪费,还会导致项目的延迟。下面是一些重要的设计标准。

(1) 命名约定。应该建立的第一个标准是命名。命名标准详细陈述了命名结构并让产品支持经理建立一个系统词汇表。定义分层程序类型名(诸如系统、产品、部件、模块和项目),定义使用在程序名、文件名、变量名和参数名上的约定,还要定义使用在设置、控制和改变名称的过程中的规范。

(2) 界面格式。定义部件界面的内容和格式。包括定义代表变量、错码或其他情况的参数。当所有的接口都被详细描述时,错误会犯得更少,而且在复核和检查期间会迅速发现错误和遗漏。

(3) 系统消息和错误消息。要为系统消息和错误消息建立标准的格式和程序。一个有用的系统一定要有一个外观一致,易理解的消息。

(4) 缺陷标准。可采用 PSP 缺陷类型。

(5) LOC 的计算。大小的标准通常在实现阶段定义。然而在开始设计之前,需要定义意见一致的 LOC 的计算方法。

(6) 设计表示的标准。设计表示的标准定义了设计工作的产品。定义和使用这样的标准是非常重要的,因为,模糊或不准确的表示会导致严重的实现和测试问题。

3.6.4　测试和后期维护

在 TSP 中,测试的目的是为了评估产品,而不是为了修正它。尽管确实需要修改测试过程中发现的缺陷,但在测试阶段以前,开发人员应该已经发现和修正了几乎全部的缺陷。但是,如果产品质量较差,将导致测试时间的延长,尽管这样,在测试之后仍然会有大量的缺陷在产品中。

产品的质量在开发时就已经确定,当测试一个质量差的产品时,测试之后得到的仍是一个质量差的产品。因此,TSP 要求组内的工程师按照 PSP 从需求开始就为制造高质量的产品而努力。

在 TSP 中,首先要求工程是完成测试计划。测试计划需要估算测试设计和测试执行需要花费的时间,同时描述了在测试过程中将运行哪些测试用例,以怎样的顺序来运行等。计划完成之后,测试工程师就应该严格按照制定的计划完成相应的测试工作。在测试工作进行的同时,还需要对测试进行跟踪和度量。度量工作可以包括如下部分。

(1) 测试的进度。测试的进行是否符合制定的测试计划,是否存在进度上的延迟。

(2) 缺陷数。统计每天每人报告的缺陷数,统计每个模块的缺陷数。

(3) 缺陷密度。模块的缺陷数/模块的规模,用来分析该模块的质量情况。

后期维护是 TSP 过程中的最后一个阶段。在后期维护里,将实际的工作情况与原始的计划做相应的比较,分析哪些是做得好的,哪些是做得不好的,以便在以后的工作中有所改进。为了有效地完成这个过程,在进入后期维护之前要求已经收集了需要的所有数据,并完成相应的表格。

后期维护过程中,主要包含了如下两个任务。

(1) 分析小组的缺陷数据,评价产品的质量好坏程度。制定下一个周期的工作目标,并考虑如何有效改进或修改现有的过程。

(2) 评价单个工程师的工作质量,分析每个工程师有什么地方值得改进。为了完成评价工作,每个工程师都需要完成对其他小组成员的评价表格。

3.7 小　　结

本章重点介绍了组织标准软件过程以及如何通过过程剪裁得到项目定义软件过程。组织标准软件过程是项目自定义软件过程的基础,它通常包含了一组基本的软件过程元素。项目负责人根据裁剪指南和项目的实际情况对组织标准软件过程进行裁剪,最终得到适合于具体项目的项目自定义软件过程。最后,对 PSP 和 TSP 软件过程进行了说明,帮助理解这两个软件过程的基本原则和思想。

3.8 习　　题

1. 什么是组织标准软件过程?什么是项目定义软件过程?

2. 简要说明过程剪裁的流程。

3. PSP 分为哪 4 个等级?对各个等级进行简单说明。

4. 简要说明 TSP 的工作流程。

第4章

软件过程的需求管理

IEEE 的软件工作标准术语表(1997)中将需求定义如下。

(1) 用户解决问题或达到目标所需的条件或能力。

(2) 系统或系统部件要满足合同、标准、规范或其他正式规定文档所需具有的条件或能力。

(3) 一种反映上面(1)或(2)所描述的条件或能力的文档说明。

由于需求是对正在开发项目的一个详细说明,而且符合某些需求的定义甚至决定了项目的成功或失败,因此,定义需求、跟踪需求和管理需求都是非常重要的。

在软件项目的开发过程中,需求变更贯穿了软件项目的整个生命周期,从项目的立项、研发,一直到软件维护。用户的感受、行业的新动态以及新技术都可能带来需求的变化。在软件项目管理过程中,项目经理经常面对需求变更,如果不能有效地处理这些需求变更,项目计划就会一再调整,交付日期也会拖延,而项目研发人员的士气也将越来越低落,从而直接导致项目成本增加、质量下降及项目交付日期推后。

4.1 需求管理的模型和流程

需求管理是软件过程中非常关键的一环,直接关系到最终产品的成型。怎样才算是优秀的需求? 关于需求的标准,NASA 使用了这样的概念,清楚(clear)、完整(complete)、一致(consistent)和可测试(testable)。为了完成真正满足客户需求的产品,就需要建立良好的需求管理过程。

4.1.1 软件需求工程概述

需求工程过程提供了一个比较完善的流程来了解客户需求、分析需求、评估需求可行性、协商合理的解决方案、无歧义定义解决方案、确认需求以及管理需求。整个需求工程分为两个部分,需求开发和需求管理。其中,需求开发又分为需求获取、需求分析、需求定义和需求验证 4 个部分,而需求管理则包含变更控制、版本控制、需求跟踪和需求状态跟踪,如图 4-1 所示。

需求在软件产品的整个生存期中占有重要位置。它是软件工程项目的依据和出发点。无论是软件的开发还是软件的维护都是以满足需求作为最终目标的。

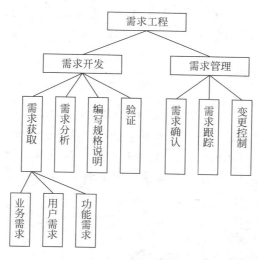

图 4-1 软件需求工程

软件需求包括三个不同的层次，业务需求、用户需求和功能需求（也包括非功能需求）。

业务需求决定了用户需求，而每个用户需求又对系统提出了一个或多个功能需求。有时，不同的用户需求会对系统提出相同的功能需求，它们之间的关系如图 4-2 所示。

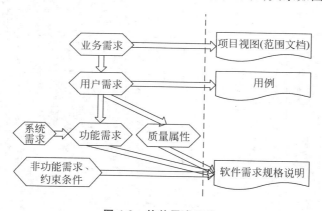

图 4-2 软件需求层次

（1）业务需求（business requirement）。反映了组织机构或客户对系统、产品的概括的目标要求，它在项目视图与范围文档中予以说明。主要的目的是对企业目前的业务流程进行评估，得出一个业务前景。业务需求的确定对后面的用户需求和功能需求起到了限制作用。

（2）用户需求（user requirement）。文档描述了用户使用系统而完成的任务的集合，用户需求在用户案例（user case）文档或方案脚本中予以说明。收集和分析用户需求是不容易的，因为很多需求是隐形的，很难获取，更难保证需求完整，而需求又是易变的，这就要求用户和开发人员进行充分的交流。

（3）功能需求（functional requirement）。定义了开发人员必须实现的软件功能，它源于用户需求。功能需求是软件需求说明书中最重要的部分之一，它在开发、测试、质量保证、项目管理以及相关项目功能中都起到了重要的作用。非功能需求描述了系统展现给用户的行为和执行的操作等，包括要遵从的业务规则、人机接口、安全性和可靠性等要求。

4.1.2　需求过程系统模型

在实际工作中，需求开发与需求管理是相辅相成的两类活动，它们共同构成完整的需求工程。软件需求分析工作是软件开发中的重要一步。只有通过需求分析，才能把软件功能和性能的总体概念描述为具体的软件需求规格说明书，从而奠定软件开发的基础。需求管理包括在工程进展过程中维持需求约定集成性和精确性的所有活动。需求管理强调了下面几点。

（1）控制对需求的变动。

（2）保持项目计划与需求一致。

（3）控制单个需求和需求文档的版本情况。

（4）管理和需求相关联的系统元素之间的联系或管理单个需求和其他需求之间的依赖关系。

（5）跟踪需求项的状态。

整个需求管理的过程模型如图 4-3 所示。

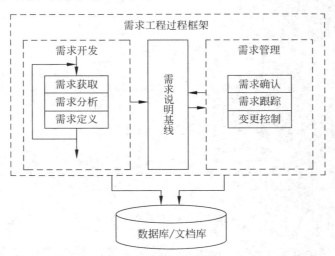

图 4-3　需求过程系统框架

1. 需求开发

需求开发的目的是通过调查与分析，获取用户需求并定义产品需求。需求开发可分为两个阶段，用户需求获取阶段和产品需求定义阶段。而需求分析则贯穿于上述两个阶段。需求调查阶段和需求定义阶段虽然在逻辑上存在先后关系，然而在实际工作中二者却通常是迭代进行的。

（1）需求获取。需求获取的目的是通过各种途径获取用户的需求信息（原始材料），产生《用户需求说明书》。需求调查实际上就是一个问题分析的过程。问题分析是理解现实世界中的问题和用户的需要,并提出解决方案来满足这些需要。该阶段的主要活动是开发前景文档和用户需求说明书,确定将要构建的系统的用户视图。

(2) 需求分析。需求分析的目的是对各种需求信息进行分析、消除错误和刻画细节等。常用的需求分析方法有"问答分析法"、"结构化分析法"和"面向对象分析法"。这一阶段分析人员的主要任务是对用户的需求进行鉴别、综合和建模,清除用户需求的模糊性、歧义性和不一致性,分析系统的数据要求,为原始问题及目标软件建立逻辑模型。分析人员要将对原始问题的理解与软件开发经验结合起来,以便发现哪些要求是由于用户的片面性或短期行为所导致的不合理要求,哪些是用户尚未提出但具有真正价值的潜在需求。

(3) 需求定义。需求定义的目的是根据需求调查和需求分析的结果。在系统定义的初期要确定以下内容,需求构成、文档格式、语言形式、需求的具体程度(需求量及详细程度)、需求的优先级和预计工作量(不同人在不同的实践中通常对这两项内容的看法大不相同)、技术和管理风险以及最初规模。系统定义活动还可包括与最关键的涉众请求直接联系的初期原型和设计模型。系统定义的结果是进一步定义准确无误的产品需求,产生《产品需求规格说明书》。系统设计人员将依据《产品需求规格说明书》开展系统设计工作。

2. 需求管理

需求管理可以进一步分为需求评审、需求跟踪和需求变更控制。这三部分是需求管理的重要内容。需求通过评审之后形成需求基线,并纳入受控库进行管理。需求基线是项目后续开发的依据和管理的基础,此后,只有通过正式的变更控制流程才可以进行更改。关于基线的详细内容,可以参考 6.1 节"软件配置管理"需求管理的三部分说明如下。

(1) 需求确认。需求评审是需求确认的主要手段,确认需求是否具有完整性、可行性、无歧义性和可验证性等特征。需求评审是为了及时找出需求中潜在的问题,并做出相应的修改建议,然后与相关的组或人员就这些问题进行协商并达成一致意见。

(2) 需求跟踪。需求跟踪使得每一项需求均能追溯到相应的设计、代码和测试用例。同时,各阶段的工作产品也能反向追溯到初始的需求。这样,可以确保每一个软件产品都实现了相应的需求,每一个需求也都有相应的实现。

(3) 需求变更控制。需求变更控制是指需求从提出变更申请到变更的具体实施进行控制的过程。需求变更控制通过对需求基线实施配置管理来实现。

4.2　需　求　开　发

需求开发是为研发出符合用户需要的产品而进行的需求收集、分析和确定研发内容的活动过程。该过程和需求管理过程共同构成了整个需求工程。需求开发可以分为需求获取、需求分析和需求定义 3 个阶段。需求分析的任务是发现问题域并求精的过程,但在需求可以被分析之前,必须通过一个诱导过程来收集客户需求。客户提出需求,开发者针对客户的请求进行研究,客户和开发团队的交流和沟通就开始了,但是从交流到完整的理解是个复杂、反复的过程,并不是一帆风顺的。

4.2.1　需求获取的过程和方法

需求获取的主要目标是在开发之前更好地理解要解决的问题。为了达到这个目标,要采取如下几个步骤。

(1) 定义问题。定义问题是简单地将问题记录下来,并和用户讨论从而对所有问题达成一致意见。讨论之后列出的问题需要是双方都认可的问题。

(2) 分析问题根本原因。当知道问题所在之后,接下来需要做的就是分析问题产生的原因。例如,造成订单输入速度慢的原因是什么? 是不是模块中某个查询语句使用不当从而造成速度受到影响? 在分析过程中可以采用鱼骨图法,该方法对于原因分析非常有效。

(3) 分析涉众。有效解决问题的最终目的是为了满足相关人员的需要,因此,分析哪些人员属于相关人员对于解决方案的制定非常重要。仍以订单为例,在订单系统中,订单输入人员就属于重要的涉众。

(4) 定义系统边界。有的系统边界可能非常清晰,例如一个单机版的游戏,人机交互界面就是系统的边界。而对于一个复杂的订单系统则需要考虑更多的问题,例如,是否和其他系统共享数据,是否支持在线访问,如何与其他系统交互等。系统边界的定义对于以后的解决方案的分析和实施非常重要。

(5) 确定约束条件。在整个问题分析阶段除了对用户存在的问题进行分析之外,还需要考虑解决这些问题所面临的各种约束条件。例如,系统开发是否有预算限制? 是否允许使用新技术? 在完成时间上有限制吗? 只有充分考虑了各种约束条件,才能更快更有效地解决用户的问题。

在需求获取的过程中,可以采用如下的几种方法。

(1) 需求研讨会。需求研讨会需要将所有涉众尽可能集中到一起对用户存在的问题和需求进行讨论。需求讨论会的目的是在较短的时间内鼓励与会者在应用需求上达成共识,尽快取得一致意见。需求研讨会通常需要 1~2 天的时间。

(2) 头脑风暴。在需要新的意见或者创造性地问题解决方案时,自由讨论是一个非常有用的技术。它简单而且非常有趣。头脑风暴激发所有与会者尽可能地提出自己的意见,而在收集了大量的意见后则需要裁减,产生出真正的意见。

(3) 用例模型。用例描述了用户和系统之间的交互,其重点是系统为用户做什么。用例模型由系统的所有参与者以及参与者与系统交互的用例组成,从而描述系统全部功能性行为。用例模型也显示了用例之间的关系,有助于进一步理解系统。

(4) 访谈。访谈是一种简单、直接的需求获取方法。在访谈的过程中应该尽量使用与可能的解决方案无关的问题,以使被访者的答案不具有偏向性。访谈中的问题和答案都应该记录下来,以便在考虑解决方案时参考。

(5) 角色扮演。角色扮演允许软件开发团队从用户的角度体验用户的世界。角色扮演的概念非常简单,尽管通过观察和提出问题有助于理解,但是仅通过观察和分析难以对解决问题的系统有完全清晰的认识。在角色扮演的形式中,软件开发人员、分析员以及开发团队中的其他成员简单地扮演用户的角色,执行用户的工作,通过自身的经历来理解和分析用户存在的问题。

（6）原型法。软件原型是软件系统的早期缩型，它显示了新系统的部分功能。用户可以体会、感觉原型系统，并与原型系统交互。软件原型法可以帮助软件开发人员和用户更好地理解软件需求。

4.2.2 基于用例的需求获取和分析

需求获取是需求工程的主体，是确定用户需要的过程和通向最终解决方案的第一步。获取需求的一个必不可少的结果是对客户需求有深刻的理解。一旦理解了需求，分析者、开发者和客户就能探索出描述这些需求的多种解决方案。虽然大多数工程师都明白需求获取的重要性，但是在实际中仍然难免出现下面的 3 类问题。

（1）范围问题。系统的边界违背良好定义或用户陈述的需求信息过多或过少。

（2）理解问题。用户不完全理解自己需要什么，对其计算环境的能力和局限缺少了解。需求分析人员对于问题域缺乏足够的认识，与用户在需求沟通上有问题，忽略一些用户认为是"明显"的信息。而且，不同的用户也有各自不同的看法，经常提出一些语句含糊和无法测试的需求。例如"高速"、"界面友好"等。

（3）易变性。需求不稳定是非常常见的问题。需求总是随时间不断地发生变化。

为了解决上述的这些问题，必须建立规范的需求获取过程并采取有效的需求获取方法。

用例驱动分析的思想比较简捷，使用用例描述是基于自然的概念，在问题域中易于发现用户案例。用户能真正地参与到需求分析中来，同时开发人员能找到潜在的用户的实际需求和典型的行为特征。

传统的结构化软件开发方法在需求阶段侧重的是业务数据或者是业务流程，却没有把二者结合起来考虑，开发出来的产品结构复杂难以维护、可重用性差。面向对象技术把数据及其处理过程集成到类中，克服了结构化方法的缺点，但是忽视了用户的需求。用户才是软件产品的最终使用者，以上需求分析方法都是以功能为中心而忽视了用户的参与，通常会导致最终产品与客户间的期望差异。基于用例的软件需求获取是以任务和用户为中心的、迭代的增量式的需求开发方法。通过对系统用户按角色（role）进行划分，明确各类角色的目标（goal），用户可以清楚地了解系统可以帮助完成什么任务以及是否满足了其真正需求。

用例驱动分析的基本概念是执行者和用例。通过识别并独立分析每一个执行者不同用例，可以了解系统的每一类用户的要求和愿望，而不会沉溺于实现细节，而用户的要求和愿望正是系统最重要的部分。所有用例的集合描述了系统的功能，客户可以预先确定项目的范围，从而避免了最终产品与客户间的期望差异。此外，由于采用了自然的描述语言和图形化的表达方式，使得客户和最终用户能够积极地参与需求的获取活动，系统分析人员能够识别潜在的用户及其实际需求、典型行为。用例驱动的分析方法不同于传统的分析方法，它是面向对象而不是面向实现的过程，因此它不同于传统的功能分解法。基于用例的需求获取过程如图 4-4 所示。

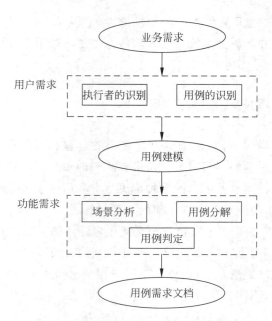

图 4-4　基于用例的需求获取过程模型

1. 用户需求

获取用户需求的主要活动是找出和描述系统中的执行者和用例。执行者不属于系统，但直接（或间接）驱动与之关联的用例的执行。

（1）确定执行者

在用户需求获取阶段，为了获取用户需求首先要明确系统的用户。这里的用户是指要与待开发的系统相互作用的外部实体，不是专指组织的人员。得到用户列表后，需要根据各用户使用系统的动机和目的不同进行分类，每一分类代表一种逻辑角色，而属同一种角色的用户的集合就是用例的执行者。

一般的做法是，查看已识别的执行者是否已经包括了用户的需要，如已经包括了用户的需要，则执行者的类型就可以确定了。为了更好地识别执行者，可以询问如下问题。

- 谁使用系统的主要功能？
- 谁将提供、使用和删除信息？
- 谁负责维护、管理并保持系统正常运行？
- 谁会对某一特定需求感兴趣？
- 系统的外部资源是什么？
- 系统需要和哪些外部系统交互？

确定了执行者也就基本上确定了系统的边界，这有助于理解系统的目标和范围。只有直接与系统交互的用户才可以被看做是执行者，如果赋予执行者多余的角色，必然会超出系统的当前范围。此外，执行者的确定不是一次性的工作，而是与用例的识别协同进行的，通过多次的迭代最终确定。如对于一个简单的电子商务系统，可以得到如图 4-5 所示的用例图。

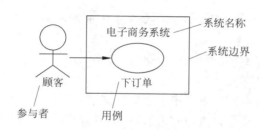

图 4-5 电子商务系统用例图

（2）确定用例

获取用例的最好办法是考虑每个执行者需要系统为他做些什么，即执行者的目标。对于每个执行者，考虑以下问题来识别用例。

- 某个执行者要求系统为其提供什么功能？该执行者需要做哪些工作？
- 执行者需要阅读、创建、销毁、更新或存储系统中哪些（类）信息？
- 系统中的事件一定要告之执行者吗？执行者需要告诉系统一些什么吗？那些系统内部的事件从功能的角度代表什么？
- 由于新功能的识别，执行者的日常工作被简化或效率提高了吗？
- 系统需要什么样的输入输出？输入在哪里？输出去往哪里？
- 该系统的当前情况存在哪些问题？

当然，并不是每个问题的答案都可以构成一个独立的用例。一般来说，用户总是趋向于首先确定业务领域中的最重要用例。因此，最先经过用户确定的用例往往具有最高的优先级。不要期望一次得到所有的用例，而是应先根据系统的主要执行者的需求，识别它们的重要用例，再与用户代表和领域专家进行验证和评审，确定了这些重要用例后，也就确立了系统的核心功能，初步的用例获取工作即告完成。接下来的用例获取工作应围绕系统的次要执行者的需求来进行。经过多次的迭代，当下面的一些情景出现时，用例的获取工作可以认为已初步完成。

- 用户不能想出更多的用例。
- 用户提出的新的用例可以通过已获取的用例相关的功能需求来实现。
- 用户新提出的需求涉及到具体的实现细节，可由有限的简单操作完成，其相应的用例粒度太小。
- 用户提出的需求涉及到系统将来的特性，超出了当前的系统范围。

例如，电子商务系统的后台管理系统中，商品维护、销售状况查询、网站公告发布以及送货单生成等都可以作为独立的用例。

在这个层次的用例反映的是用户需求，即用户（体现为执行者）通过系统要完成的目标。因此，这些用例是抽象的、大粒度的，不涉及系统的实现细节，每个用例应有一段简洁的叙述性的文字来描述用例的目标和基本的交互序列。

如网站公告发布可以描述如下。

- 用例名称。网站公告发布。
- 参与者。网站管理人员。
- 简要说明。网站管理人员负责发布新的公告，公告最终将显示在电子商务网站的首页上。

- 前置条件。网站管理人员已经成功登录电子商务网站后台管理系统。
- 基本事件流。
  - 网站管理人员单击"发布公告"按钮,用例开始。
  - 系统出现一个文本框。
  - 网站管理人员可以在文本框中随意输入文字,并进行编辑。
  - 网站管理人员编辑好公告内容之后,单击"提交"按钮,首页公告发布成功。
  - 用例终止。
- 其他事件流。单击"提交"按钮之前,网站运营人员随时可以单击"返回"按钮,文本框的任何内容都不会影响网站首页的公告。
- 异常事件流。
  - 提示错误信息,网站管理人员确认。
  - 返回到管理系统主页面。
- 后置条件。网站首页的公告信息被发布成功。

另外,执行者和用例的确定和描述可能不止一人,异地完成也可能。如果分析师、开发人员、领域专家和用户等理解不一,就需要进行统一和协调。在需求获取的过程中,系统用户和其他与系统开发相关人员应该就存在的问题进行交流。其实,整个用户需求获取过程只有得到用户的认可和理解系统才能有效使用。

2. 功能需求

用户需求阶段获取的用例描述了系统外部的执行者要实现的目标,反映的是用户需求,但并没有涉及系统应提供的相关的具体功能细节。功能需求获取阶段需要对用户需求的用例进行重新分解和整合,并最终形成完整的用例规格文档。

对用例的进一步精化是非常必要的,通常按照下述步骤进行。

(1) 从用户需求阶段获取的所有用例中选择一个具有最高优先级用例。如购物网站的商品购买。

(2) 场景分析。根据执行者的目标确定顺利完成目标的基本的最简单的交互序列,即先确定用例的主要场景。然后,根据主要场景中每个基本步骤考虑其异常情况和其他可选项确定次要场景。当得到用例的所有场景后,转入下一个步骤。

(3) 用例分解。用例是场景的集合,场景中的每一步都可看成是一个小的子用例。这些子用例是场景所属外部用例的下级用例,其执行者称为系统的内部执行者,包括系统、子系统和对象三类实体。这些内部执行者是下级用例中与外部用例执行者交互的实体对象。

(4) 用例判定。根据场景中下级用例的粒度做出判定,对于像更新数据库这类的简单操作,因其粒度太小,将它继续看成用例只能造成用例数量的膨胀,毫无益处。故应该把它当作系统实现的简单行为,这个简单行为就是系统要实现的一个功能需求;对于较大粒度的下级用例,因其本身代表了一个复杂的子交互序列,其执行者有明确的目标,应将其当作新的待求精用例,重复 2~4 步获取其功能需求。

(5) 对剩余的用例,重复 2~4 步。当再没有用例可以求精时,最终得到的所有用例中的简单行为的集合就是系统的功能需求。

非功能需求不能由用例分析得到。相反,其中一些非功能需求会对用例的实现具有制约作用。因此,必须在这些用例和非功能需求之间建立联系,或把非功能需求写入用例文档,或在两者间建立需求跟踪机制。其他的非功能需求须独立地获取。

4.2.3　需求定义

需求定义指的是解释涉众需求,并根据需求规模整理成对要构建系统的明确的说明。在系统定义的初期要确定以下内容,需求构成、文档格式、语言形式、需求的具体程度(需求量及详细程度)、需求的优先级和预计工作量(不同人在不同的实践中通常对这两项内容的看法大不相同)、技术和管理风险以及最初规模等。系统定义活动还可包括与最关键的涉众请求直接联系的初期原型和设计模型。系统定义的结果是用自然语言和图解方式表达的系统说明。

关于系统定义,一般有两个文档需要维护,前景文档和软件需求规格说明书。前景文档是用一般的语言定义系统特征的文档,而软件需求规格说明书是用更专业的术语定义系统特征的文档。

1. 前景文档

前景文档(vision document)是软件项目中最为重要的文档之一,它获取用户的需要、系统的特征以及其他需求。它在较高的抽象级别上定义了问题和解决方案,跨越了过程模型中的需要和产品特征两个阶段。

2. 软件需求规格说明书

无论需求从何而来,也不管需求是如何获取的,都必须用统一的方式来将它们编写成可视文档。业务需求要写成项目视图和范围文档,用户需求要用一种标准的实例模版编写文档,而软件需求规格说明书则包含了软件的功能需求和非功能需求。项目前景和范围描述了导致开发一个新的或被修改的系统的背景,并提供了由项目工作导致的扩展系统的描述。这种文档是基于业务需求的,它描述了目标和优先级,也会改善与成功开发系统密切相关的系统范围等方面的理解和沟通。作为需求定义的重要输出,软件需求规格说明书提供了与开发过程的其他部分的联接。规格说明可以认为把需求转化为行为,也可以说是通过设计的功能来满足需求。

软件需求规格说明书对所开发软件的功能、性能、用户界面及运行环境等作出详细的说明。它是用户与开发人员双方对软件需求取得共同理解基础上达成的协议,也是实施开发工作的基础。软件需求规格说明作为产品需求的最终成果必须具有综合性,必须包括所有的需求。开发者和客户不能做任何假设。如果任何所期望的功能或非功能需求未写入软件需求规格说明,那么它将不能作为协议的一部分并且不能在产品中出现。

通常使用下面的三种方法来编写软件需求规格说明。

(1)用好的结构化和自然语言编写文本型文档。

(2)建立图形化模型,这些模型可以描绘转换过程、系统状态和它们之间的变化、数据关系、逻辑流或对象类和它们的关系。

(3)编写形式化规格说明,通过使用数学上精确的形式化逻辑语言来定义需求。

形式化规格说明具有很强的严密性和精确度,因此,所使用的形式化语言只有极少数软件开发人员才熟悉,更不用说用户了。虽然结构化的自然语言具有许多缺点,但在大多数软件工程中,它仍是编写需求文档最现实的方法。包含了功能和非功能需求的基于文本的软件需求规格说明已经为大多数项目所接受。图形化分析模型通过提供另一种需求视图,增强了软件需求规格说明的可读性。

编写优秀的需求文档没有现成固定的方法,最好是根据经验进行,过去所遇到的问题将为以后编写需求文档提供丰富的指导。然而,在编写软件需求文档时,仍然需要注意以下几点。

(1) 保持语句和段落的简短。

(2) 采用主动语态的表达方式。

(3) 编写具有正确的语法、拼写和标点的完整句子。

(4) 需求陈述应该具有一致的样式。

(5) 为了减少不确定性,必须避免模糊的、主观的术语。例如,容易、迅速等。

(6) 避免使用比较性的词。例如,提高、最大化和最佳化等。正确的说明应该是定量地说明所需要提高的程度。

下面是一个不规范说明的示例。

示例:产品必须在显示和隐藏非打印字符之间进行瞬间切换。

在瞬间这个时间概念上,计算机不能完成任何工作。因此,这个需求是不可行的。该需求也是不完整的,因为它没有说清状态切换的原因。在特定的条件下,软件产品是否可以进行自动切换或者可否由用户采取某些措施来激发这样转变? 还有,在文档中显示转变的范围是什么? 是所选的文本、整个文档或其他内容? 这个需求也存在一个不确定性问题。"非打印"是否指隐藏文本、属性标记或者其他的控制字符? 由于存在这些问题,该需求是不可验证的。该项需求应该描述为"用户在编辑文档时,通过激活特定的触发机制,可以在显示和隐藏所有 HTML 标记之间进行转换。"

为了保证软件需求规格说明书的质量,除了需要在编写需求文档时注意之外,还应该加强对需求文档的审核。进行文档审核的主要方法如下。

(1) 从软件需求规格说明中取出一页功能需求说明。检查每个语句,看它是否与好的需求特性相符,重写那些不符合的需求。

(2) 如果公司对需求文档没有提供标准的格式,那么,就召集一个小的工作组讨论并采纳一个标准的软件需求规格说明模板。改编这个模板,使其更好地适合开发的项目和产品。

(3) 召集一个由 3~7 个项目的风险承担者组成的小组来正式评审项目中的软件需求规格说明。确保每个需求规格说明都是清晰的、可行的、可验证的及无二义性的等。寻找规格说明中不同需求间的冲突,以及软件需求规格说明中遗漏的部分。通过检查软件需求规格说明,确保纠正了在软件需求规格说明中及其后续产品里出现的错误。

4.3　需 求 管 理

在系统需求工程过程的两个阶段(需求开发和需求管理)中,质量管理都起着非常重要的作用。需求开发阶段最终通过需求评审而建立的需求基线是设计和以后软件开发活动的基础,必须对需求评审(需求确认)给予特别的重视。同样,需求管理本身就是基于严格质量流程的需求变更控制,它使得在开发团队对软件需求修改时保证修改的质量和一致性。

在现实的软件项目开发中,要想在需求开发阶段就将所有的需求都确定下来是很困难的,即使是一些小型的项目,在设计、编码、测试、或是使用阶段,都会提出很多的新的需求和需求变更请求。

4.3.1　需求确认

作为需求工程的工作成果,系统说明书以及相关的补充文档会在需求确认中对其质量进行评估。需求确认用来保证系统需求在系统说明书及相关的文档中无歧义地描述,不一致、遗漏和错误将会被审查出来并得到改正,而且系统说明书或其他需求描述文档应该符合软件过程和软件产品的标准。在需求确认完成后,系统说明书将会被最终确认,它将作为软件开发的“合约(合同的一部分)”。虽然此后会有需求的变更,但是客户必须清楚地知道,以后的变更都是对软件范围的扩展,它可能会带来成本的增加和项目进度的延长。

1. 需求评审

需求评审是需求确认的重要手段之一。需求评审首先要求建立评审团队。为了保证评审的质量和效率,需要精心挑选评审员。首先要保证使不同类型的人员都要参与进来,以免漏掉重要的需求。其次要选择那些真正和系统相关的,对系统有足够了解的人员参与评审,否则很可能降低评审的效率或者做出错误的判断。同时,评审员通常是领域专家而不是评审活动的专家,因此,可以事先对评审员进行必要的培训,以便于参与评审的人员能够紧紧围绕评审的目标来进行。

(1) 分层次评审。用户的需求是分层次的,一般而言可以分成如下层次。

* 目标性需求。定义了整个系统需要达到的目标,是企业的高层管理人员所关注的。
* 功能性需求。定义了整个系统必须完成的任务,是企业的中层管理人员所关注的。
* 操作性需求。定义了完成每个任务的具体的人机交互,是企业的具体操作人员所关注的。

对不同层次的需求,其描述形式是有区别的,参与评审的人员也是不同的。如果让具体的操作人员去评审目标性需求,可能会很容易地导致“捡了芝麻,丢了西瓜”的现象,如果让高层的管理人员也去评审那些操作性需求,无疑是一种资源的浪费。

(2) 分阶段评审。应该在需求形成的过程中进行分阶段的评审,而不是在需求最终形成后再进行评审。分阶段评审可以将原本需要进行的大规模评审拆分成各个小规模的评审,降低了需求分析返工的风险,提高了评审的质量。比如,可以在形成目标性需求后进行一次评审,在形成系统的初次概要需求后进行一次评审,当对概要需求细分成几个部分,对每个部分进行各个评审,最终再对整体的需求进行评审。

2. 需求说明书的标准

对系统需求的评审着重于审查对用户需求的描述的解释是否完整、准确。根据 IEEE 建议的需求说明的标准,对于系统需求所进行的审查的质量因素有如下内容。

(1) 正确性。需求定义是否满足标准的要求?算法和规则是否有科技文献或其他文献作为基础？有哪些证据说明用户提供的规则或规定是正确的？是否定义了所识别出的各种故障模式和错误类型所需的反应？是否参照了有关标准？是否对每个需求都给出了充分的理由？对设计和实现的限制是否都有论证？

（2）完备性。需求定义是否包含了有关文件（指质量手册、质量计划以及其他有关文件）中所规定的需求定义所应该包含的所有内容？需求定义是否包含了有关功能、性能、限制、目标和质量等方面的所有需求？功能性需求是否覆盖了所有非正常情况的处理？是否已对各种操作模式（如正常、非正常和有干扰等）下的环境条件都做了规定？是否识别出了所有与时间因素有关的功能？是否识别定义了在将来可能会变化的需求？是否定义了系统的所有输入和输出？是否说明了系统输入、输出的类型、值域、单位和格式等？是否说明了如何进行系统输入的合法性检查？在不同负载情况下，系统的生产率如何？在不同的情况下，系统的响应时间如何？系统对软件、硬件或电源故障必须作什么样的反应？

（3）易理解性。是否每一个需求都只有一种解释？功能性需求是不是以模块方式描述的，是否明确地标识出其功能？需求定义是否只包含了必要的实现细节而不包含不必要的实现细节？需求定义是否足够清楚和明确使其已能够作为开发设计说明书和功能性测试数据基础？

（4）一致性。各个需求之间是否一致？是否有冲突和矛盾？所规定的模型、算法和数值方法是否相容？是否使用了标准术语和定义形式？是否说明了软件对其系统和环境的影响？

（5）可行性。需求定义是否使软件的设计、实现、操作和维护都可行？所规定的模式、数值方法和算法是否对待解决问题合适？是否能够在相应的限制条件下实现？是否能够达到关于质量的要求？

（6）健壮性。是否有容错的需求？

（7）易修改性。对需求定义的描述是否易于修改？例如，是否采用良好的结构和交叉引用表等？是否有冗余的信息？是否一个需求被定义多次？

（8）易测试性和可验证性。需求是否可以验证？是否对每一个需求都指定了验证过程？

（9）易追溯性。是否可以从上一阶段的文档查找到需求定义中的相应内容？需求定义是否明确地表明前阶段中提出的有关需求的设计限制都已被覆盖？例如，是否使用覆盖矩阵或交叉引用表？需求定义是否便于向后继开发阶段查找信息？

（10）兼容性。界面需求是否使软硬件系统具有兼容性？

3. 建立需求基线

需求基线由经过需求评审的项目视图和范围文档、使用实例文档、软件需求规格说明及相关分析模型等构成。需求基线是需求变更的依据，当需求存在变更时，都需要对变更后的需求重新进行评审并确定新的需求基线。关于基线的具体内容请参考 6.1 软件配置管理一节。

4.3.2   需求跟踪

需求跟踪是需求管理的一个重要部分，而且也是进行需求变更管理的基础。可跟踪性是指两个或多个实体之间存在某种连结或关系，可以从一个实体跟踪或追溯到另一个实体。

实现对需求的跟踪,即跟踪一个需求使用的全过程,也就是从最初的用户需求到设计实现的整个生存期。

1. 需求标识

从项目的开始到项目的设计、开发、测试和维护,都会产生一系列的文档,这些文档之间都是有关联的。可以将它们看做是需求的源文件(需求规格说明书),需求的设计(设计文档),需求的实现(源代码)和需求的测试(测试文档),这些文档之间的层次关联关系是实现需求跟踪的基础。

为了做好需求跟踪,首先需要对所有的需求进行编号已用于标识。如,

＜需求类型＞＜需求♯＞

需求类型可以是 F＝功能需求,D＝数据需求,B＝行为需求,I＝接口需求,O＝输出需求。

需求标识为 F03 的需求表示编号为 3 的功能需求。

2. 需求属性

除了文本,每个功能需求应该有一些相关的信息或称之为属性与之相联系。这些属性在它的预期功能性之外为每个需求建立了一个上下文和背景资料。属性值可以写在一张纸上或存储在一个数据库或需求管理工具中。

对大型的复杂项目来说,丰富的属性类别显得尤为重要。可以考虑如下的需求属性。

(1) 创建需求的时间。

(2) 需求的版本号。

(3) 创建需求的作者。

(4) 负责认可该需求的人员。

(5) 需求状态。

(6) 需求的原因或根据(或信息的出处)。

(7) 需求涉及的子系统。

(8) 需求涉及的产品版本号。

当然,除了上述的属性之外,项目可以自定义更多的有利于项目需求管理的其他属性,如需求的优先级、稳定性等。

3. 需求状态

需求状态是需求的一种属性。一个需求从提出、评审、设计、编码实现到系统测试,它的状态将不断发生变化。为了管理需求的状态变化,必须建立需求状态库,用来记录各需求在各个阶段的状态以及发生状态变化的时间。在整个开发过程中,跟踪每个需求的状态是需求管理的一个重要的方面。通过对需求状态的统计可以得知项目工程进行到了何种程度,帮助管理人员对项目进度进行控制。

这里建议如下几种需求状态。

(1) 已建议。该需求已被有权提出需求的人建议。

(2) 已批准。该需求已被分析,估计了其对项目余下部分的影响(包括成本和对项

目其余部分的干扰），已有一个确定的产品版本号或编号，软件开发团队已同意实现该项需求。

（3）已实现。使用所选择的方法已验证了实现的需求，例如，测试和检测，审查该需求跟踪与测试用例相符。该需求现在被认为完成。

（4）已删除。计划的需求已被删除，并包含一个原因说明和作出删除决定的人员。

4. 需求跟踪矩阵

需求跟踪可以分为正向跟踪和逆向跟踪。

（1）正向跟踪。以用户需求为切入点，检查《用户需求说明书》或《需求规格说明书》中的每个需求是否都能在后继工作产品中找到对应点。

（2）逆向跟踪。检查设计文档、代码和测试用例等工作产品是否都能在《需求规格说明书》中找到出处。

正向跟踪和逆向跟踪合称为"双向跟踪"。为了进行需求跟踪，需要建立与维护《需求跟踪矩阵》。需求跟踪矩阵保存了需求与后续开发过程输出的对应关系。矩阵单元之间可能存在"一对一"、"一对多"或"多对多"的关系。表 4-1 是一个简单的需求跟踪矩阵示例。

表 4-1　需求跟踪矩阵示例

需求编号	需求说明书	产品功能说明书	设计文档	测试用例	测试成功与否	需求变更记录	备注
R001	文档编号或名称	文档编号或名称	文档编号或名称	用例编号或名称			
R002							

4.3.3　需求变更控制

对多数软件项目来说，需求的不断变化是不可避免的。软件开发人员所理解的系统与客户所要求的系统之间存在着一定的距离。随着软件项目的进行，不断会有一些需求需要改动或增加。需求的获取是个渐进而连续的过程，在项目开始的需求分析阶段，可以获得大部分的需求，而在项目的进行过程中，会不断需要增加新的需求。但是从另一方面来说，扩展需求会对大多数项目造成风险，Capers Jones 曾在报告中声称扩展需求对 80％的管理信息系统和 70％的军事软件项目造成风险，因为迟到的需求变更会对已进行的工作有较大的影响。如果每个建议的需求都被采纳，对于项目投资者、参与者和客户来说项目将永远不会结束，因此需要对需求变更进行控制。

1. 变更控制流程

对需求的变更控制是变更控制的一部分，一个项目的需求变更有来自外部的变更（如客户提出新需求），也有来自内部的变更（如设计缺陷）。当完成功能特性、辅助特性和用例以后，就可以建立需求基线。需求基线一旦建立，以后对需求的每一次更改都要按照变更控制流程来进行，变更控制过程如图 4-6 所示。

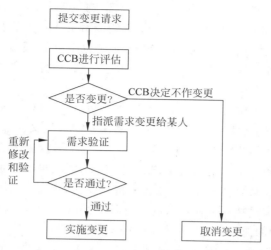

图 4-6 变更控制流程图

需求变更的时候,要提出变更申请,还要由需求变更控制委员会(Change Control Board,CCB)对提出的申请进行评估,评估的内容包括需求的重要性、时间和资金等。评估之后要做出通过与否的决定。如果 CCB 确认了提交的变更请求,则将指派某个人对原来的需求进行修改,并对其进行验证,最终才实施该需求的变更。

2. 变更控制策略

进行综合变更控制的主要依据是项目计划、变更请求和提供了项目执行状况信息的绩效报告。为保证项目变更的规范和有效实施,通常项目实施组织会有一个变更控制系统。变更控制系统是一系列正式和文档化的程序,它包含了哪些级别的项目文件可以被变更,包括文书处理、系统跟踪、过程程序和变更审批权限控制等。然而,不同的开发阶段有着不同的变更控制策略。

(1)项目启动阶段的变更预防

对于任何项目,变更都无可避免,也无从逃避,只能积极应对,而且从项目启动的需求分析阶段就开始了。对一个项目来说,需求定义稳当描述得越清晰,用户和项目成员之间的误解就越少。如果需求定义没有做好,项目开始之后就会发现项目开发人员和客户对需求理解的不一致,从而不得不对需求重新定义。因此,在项目启动阶段,应该重视需求分析和定义。项目前期的需求开发做得越充分,项目后期的需求变更就越少。

(2)项目实施阶段的需求变更

成功项目和失败项目的区别就在于项目的整个过程是否是可控的。项目经理应该树立一个理念——"需求变更是必然的、可控的和有益的"。项目实施阶段的变更控制需要做的是分析变更请求,评估变更可能带来的风险和修改基准文件。控制需求渐变需要注意以下几点。

- 需求一定要与投入有联系,如果需求变更的成本由开发方来承担,则项目需求的变更就成为必然了。所以,在项目的开始,无论是开发方还是出资方都要明确这一条,需求变,软件开发的投入也要变。需求的变更要经过出资者的认可,这样,才会对需求的变更有成本的概念,能够慎重地对待需求的变更。

- 小的需求变更也要经过正规的需求管理流程,否则会积少成多。在实践中,人们往往不愿意为小的需求变更去执行正规的需求管理过程,认为降低了开发效率,浪费了时间。但正是由于这种观念才使需求逐渐变为不可控,最终导致项目的失败。

- 精确的需求与范围定义并不会阻止需求的变更。并非对需求定义得越细,就越能避免需求的渐变,这是两个层面的问题。太细的需求定义对需求渐变没有任何效果。因为需求的变化是永恒的,并非需求写细了,它就不会变化了。

- 注意沟通的技巧。实际情况是用户、开发者都认识到了上面的几点问题,但是由于需求的变更可能来自客户方,也可能来自开发方,因此,作为需求管理者,项目经理需要采用各种沟通技巧来使项目的各方各得其所。

（3）项目收尾阶段的总结

能力的提高往往不是从成功的经验中来,而是从失败的教训中来。许多项目经理不注重经验教训总结和积累,即使在项目运作过程中碰得头破血流,也只是抱怨运气、环境和团队配合不好,很少系统地分析总结,或者不知道如何分析总结,以至于同样的问题反复出现。

事实上,项目总结工作应作为现有项目或将来项目持续改进工作的一项重要内容,同时,也可以作为对项目合同、设计方案内容与目标的确认和验证。项目总结工作包括项目中事先识别的风险和没有预料到而发生的变更等风险的应对措施的分析和总结,也包括项目中发生的变更和项目中发生问题的分析统计的总结。

4.4　小　　结

本章阐述了需求开发的三个层次（业务需求、用户需求和功能需求）的内容。着重讲到几个需求开发中的关键环节,建立项目视图,获取需求,编写需求文档。有关需求管理的原则和实现,主要讲了需求规格说明的版本控制,需求状态的跟踪和需求变更的管理方法。

需求管理首先要针对需求做出分析,随后应用于产品并提出方案。需求分析的模型正是产品的原型样本,优秀的需求管理提高了这样的可能性。它使最终产品更接近于解决需求,提高了用户对产品的满意度,从而使产品成为真正优质合格的产品。从这层意义上说,需求管理是产品质量的基础。在需求管理的过程中,应该遵循如下规定。

（1）建立需求基线。

（2）制定简单、有效的变更控制流程,并形成文档。在建立了需求基线后提出的所有变更都必须遵循这个控制流程进行控制。同时,这个流程具有一定的普遍性,对以后的项目开发和其他项目都有借鉴作用。

（3）成立项目变更控制委员会（CCB）或相关职能的类似组织,负责裁定接受哪些变更。CCB由项目所涉及的多方人员共同组成,应该包括用户方和开发方的决策人员在内。

（4）需求变更一定要先申请然后再评估，最后经过与变更大小相当级别的评审确认。

（5）需求变更后，受影响的软件计划、产品和活动都要进行相应的变更，以保持和更新的需求一致。

（6）妥善保存变更产生的相关文档。

4.5 习　　题

1. 请说明需求的 3 个层次分别是什么，并对其进行简要说明。
2. 请阐述需求分析的主要步骤和方法。
3. 请说明基于用例的需求分析过程。
4. 请简要说明需求变更控制的流程和注意事项。

第 5 章

软件过程的技术管理

在软件过程管理中,不仅涉及需求、质量和项目等领域,而且过程管理的技术领域,包括过程的技术架构、技术更新等,也是不容忽视的。软件开发本身具有很强的技术性,而且过程、流程及其成果的电子化或信息化特征也很显著,所以,软件过程的技术管理有其重要意义。

软件过程技术管理的主要内容,可以概括为下列几个方面。

(1)软件过程的技术架构。

(2)软件过程的问题分析和决策方法。

(3)软件过程的技术路线和知识传递。

(4)软件过程管理的自动化,包括工具使用。

5.1 软件过程的技术架构

软件过程,首先是围绕软件的基本过程——软件工程过程开展的,从软件需求分析开始,经过系统结构设计、程序设计、编程和测试以及部署等各个环节,完成软件产品的开发。同时,为了更好地实现这个基本过程的目标,需要支持过程、管理过程和组织过程等协助,这其中重要一点就是组织结构和技术架构的支持。软件过程的技术架构主要是指用于支持软件工程过程成功实现与过程改进的技术基础设施,包括各类在技术过程管理中所采用的方法、工具等,如图 5-1 所示。

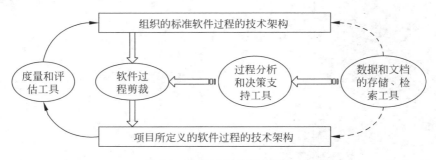

图 5-1 软件过程的技术架构

正是通过软件过程的技术架构的支持,才能有效地建立并维护整个组织的过程活动。举个例子,对于高速公路运行系统,交警大队、交通督察和巡视员等是在组织结构上的保证,交通法规是管理规范,仅靠这些来确保道路的行驶通畅、灵活和安全,还是不够的,还需要提供适合的各类交通标志提示、信号灯、道路界限反光带、减速带和测速仪等许多技术设施,从技术上来帮助驾驶员在道路上正确、快速地行驶。软件过程的技术架构具有同样的作用,帮助软件过程的顺利实施。

5.1.1　过程技术架构的层次和内容

软件过程的技术架构分为两个层次。

(1) 组织层次上的、适应标准过程的技术架构。

(2) 针对每个特定项目建立起来的软件过程技术架构。

一般来说,项目级的过程技术架构是组织级的过程技术架构的子集,或者说项目级的过程技术架构是建立在组织级的过程技术架构之上。根据项目自身的情况,通过过程剪裁来选择适当的、特定的过程技术支持环境。同时项目级的过程技术架构有助于不断完善组织级的过程技术架构,反过来对未来的项目级的过程技术架构有更好的指导和支持作用。

软件过程的技术架构由下列 4 项内容所构成。

(1) 数据和文档的存储、检索工具。

(2) 过程分析和决策支持工具。

(3) 软件过程模式。

(4) 软件过程剪裁的技术方法。

(5) 软件过程度量和评估工具。

软件过程剪裁的技术方法和软件过程度量和评估工具,将在第 9 章详细介绍。

1. 存储、检索工具

数据与文档的存储、检索与修改工具,是针对整个组织标准软件过程的、全局性的工具,更确切地说,是软件组织过程的数据与文档管理系统。这类工具的主要作用如下。

(1) 为软件工程过程组(SEPG)提供各种有效的手段来保存、修改组织的标准过程模型、定义和度量数据。

(2) 允许软件项目各类人员获得组织标准的过程模型、定义与数据。

这类工具包括微软(Microsoft)公司的 SharePoint、EMC 公司的文档系统——企业级内容管理(documentum-enterprise content management)等。

2. 过程分析和决策支持工具

过程分析和决策支持工具,能帮助项目经理以及整个项目团队对组织标准过程进行剪裁,从而建立适合特定项目的软件开发子过程,其主要作用如下。

(1) 帮助项目经理和项目团队获得组织标准过程的定义、模型、数据以及剪裁标准和原则。

(2) 允许项目经理和项目团队根据项目的自身特点,模拟不同的情况。

(3) 对标准的组织过程进行剪裁,从而建立项目组特定的软件过程。

3. 过程模式

模式是解决某个问题的通用方法,模式一旦确定,有利于在未来能有效地解决类似的问题,所以,模式被广泛应用在软件开发、架构设计和过程管理上。最佳的模式运用就是将过程模式和组织模式有机地结合起来。软件过程模式主要有以下几种。

(1) 面向对象的软件开发过程(Object-Oriented Software Process,OOSP)。

(2) 面向构件的软件开发过程(Component-Oriented Software Process,COSP)。

(3) 敏捷开发过程(Agile Development Process,ADP)。

(4) 软件开发迭代模式。

(5) 软件开发并行模式。

过程分析和过程建模,对于保证过程定义的质量、建立全面和灵活的过程体系具有重要的作用。通过分析和建模,可以了解组织结构及运作机制,确定完整的过程定义,识别组织中或某个过程域中所存在的问题和可改进的方面,促进组织各个方面的相关人员就过程改进目标达成共识,并最终使组织获益。

建模方法及过程的描述,重点是基于符号体系的过程表示。过程的文字描述可以在符号体系基础上,利用过程定义文档模板进行阐述。符号体系的选取与支持工具密切相关,支持工具往往基于一套过程建模语言(Process Modeling Language,PML),并提供了相应的建模方法。PML 最基本的功能是用于描述和定义过程,建立过程模型,PML 的能力和表达方式直接影响着过程模型的质量和建模效率。所以,选择合适的 PML 和建模工具,成为过程分析和建模的关键。

业务过程建模、业务过程重组(Business Process Reengineering,BPR)、面向对象技术、IDS 集成信息系统体系结构(Architecture of Integrated Information Systems,AIIS)建模工具、统一建模语言(Unified Modeling Language,UML)、可视化过程建模语言(Visual Process Modeling Language,VPML)和 Rational Rose/Rational Process Workbench(RPW)等,为进行有效的过程管理提供了有力的支持。

5.1.2　软件过程资源的管理

对于上述软件过程的技术工具,其作用对象可以概括为软件过程的资源,也就是说,软件过程技术架构的一个主要目的就是充分利用好过程中所存在的各种资源。软件过程资源涵盖了软件过程的各个关键过程域,包括软件需求管理过程、项目计划过程、项目跟踪过程、质量保证过程以及配置管理过程等,在不同的阶段有共性资源,也有特定的个性资源,所以存在着不同的形式。软件过程资源具有下列不同的表现形式。

(1) 保存在数据库中格式化的数据。如缺陷库、测试用例、产品需求和功能列表等。

(2) 保存在服务器、本地的各类文字、表格等各种形式的电子文档。包括软件过程规范、国内和国际质量标准、项目计划评审报告、项目分析总结报告和产品质量报告等。

(3) 纸介质的文档、影印件或者标准的模板。不过,纸介质的文档越来越少,在软件领域完全可以实现无纸化的过程管理。

通过收集并在组织级保存这些资源,可以分享不同项目组的开发经验,为软件过程评估提供数据以确定组织的软件能力。一般来说,是由 SEPG 负责管理组织的软件过程资源,其主要内容如下。

（1）组织的标准软件过程,包括过程模型的描述、通过相应的过程模型工具对软件过程的体系结构和过程元素进行定义和描述。这种定义和描述以文字、图表形式居多,也可能包括 UML 和 XML 等各种描述语言的表达方式,并应提供良好的、方便的检索手段。

（2）已认证的软件生命周期,包括项目组采用的软件生命周期的描述,并着重生命周期中的里程碑、进入/进出标准等的定义。这些软件生命周期都是被实践过并被证明是有效的。

（3）对组织标准软件过程进行裁剪的原则与标准。裁剪的原则可以是针对整个软件过程而言,也可以是针对其中一个具体过程域进行。

（4）组织的过程数据库,作为过程技术架构的基本元素,过程数据库保存着过程的定义以及实时过程的度量数据。度量数据,包括软件过程的进度、成本、风险和实施效果等度量数据,也包括过程中间产品质量的度量数据。

软件过程资源的内容及其管理结构,如图 5-2 所示。

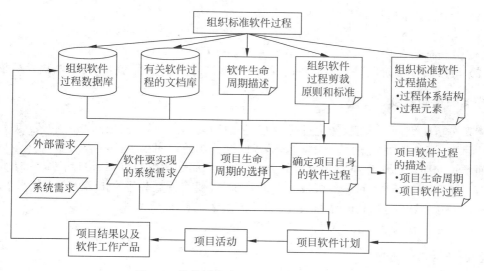

图 5-2　软件过程资源的内容和技术管理

5.2　软件过程的问题分析和决策方法

在软件过程管理中,必然会遇到各种各样的问题,这些问题需要得到及时的解决,以保证过程实施的效率和性能具有较高的或期望的水准。要解决过程的问题,首先要知道是什么问题以及问题出在哪里,这依赖于对问题的分析,找出问题产生的原因。然后,就要针对问题产生的原因进行处理,获得最终解决方案就是一个决策的过程。

解决过程中问题的方法,除了积极的态度、客观的理念和沟通的技巧等这些要求之外,提供一个系统的、全面的解决过程问题的方法是非常必要的,或者说问题解决的技术路线是更现实、更有效的途径。所以,对解决问题的系统方法、问题分析技巧和决策依据等的探讨,会帮助达到上述的目标。

5.2.1 过程问题解决的系统方法

系统地解决过程问题的方法,应该是依据严密的逻辑推理的路径,从问题定义、预测未来变化出发,通过方案策划、建模和计算以及方案评估等阶段,彻底解决问题,如图5-3所示。

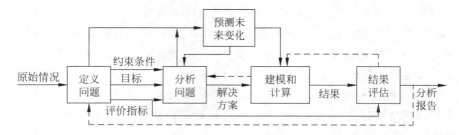

图5-3 系统分析过程逻辑结构

整个过程,也可归纳成问题说明、分析研究和评估结果3个阶段。

(1) 问题说明阶段的工作成果是提出目标,确定评价指标和约束条件。

(2) 分析研究阶段提出各种备选方案并预计一旦实施后可能产生的结果。

(3) 最后的评价阶段是将各方案的评价比较结果提供给决策者,作为判断抉择的依据。

1. 问题说明阶段

需要分析研究问题来源、产生过程、约束条件和影响因素等,完成问题的定义,包括问题解决的目标、评价解决方案的具体指标,形成问题分析的说明报告。

问题说明阶段的工作决定着今后的分析过程,如问题的解决方案、构造什么模型和某种结果是否可行等。所以,问题分析报告很重要,一定要将问题性质分析清楚,不能只看到问题的表面现象,应该追溯到问题的根源。所以,在这一阶段,需要采用一系列分析工具,如因果图、树图、过程决策程序图、关联图和矩阵图等。

2. 解决方案的策划

解决方案策划是指方案提出和筛选的过程。所策划的方案是为了达到所提出的目标,一般要具体问题具体对待。解决方案的策划,一般经过下列步骤。

(1) 要确定问题解决的预期目标和结果,有一个清晰的目标是帮助确定最优方案的基础,也就是建立方案选择标准的基础。

(2) 确定方案选择的原则和标准。

(3) 通过头脑风暴会议(brainstorming),收集大家的建议,尽量多做几个备选的方案。

总之,系统分析是策划良好的解决方案的基础,而在系统分析过程中自始至终要意识到,需要而且有可能发现新的更好的解决方案。

3. 评估、比较备选方案

根据评选的方法(如"成本—效益分析"、"成本—利润分析"法等)、问题定义时确定的评价指标,对不同解决方案所运行的预期结果进行评估分析,选择最为可行的一种或两种方案,报给决策者。

5.2.2 原因分析和缺陷分析

软件开发过程在很大程度上依赖于发现和纠正缺陷的过程,但一旦缺陷被发现之后,软件过程的控制并不能降低太多的成本,而更有效的方法是开展预防缺陷的活动、防止在开发期间引入缺陷。这就要求在开发周期的每个阶段实施根本原因分析(root cause analysis),为有效开展缺陷预防活动提供依据。

原因分析的目的在于识别导致缺陷和其他问题的根本原因,在理解已定义过程和实施已定义过程的基础上,确定这些缺陷产生的根源和这些根源存在的程度,从而找出对策、采取措施消除问题的根源,才能防止将来再次发生同类的问题。原因分析可以成为在项目之间通报经验教训的机制,也就是评价项目过程和寻求过程改进的机制,当判断过程改进有效时,把信息扩散到组织这一层次。

原因分析主要集中在软件开发过程的方法、流程和人员工作习惯上,通过制定原因分析计划、选择缺陷分析数据而找出原因、实施建议措施、评价变更的效果和记录数据等多个环节,最终完成这一活动。另一方面,原因分析可以针对那些与缺陷无关的问题进行原因分析。例如,过程效率低、开发潜力没有得到充分发挥、沟通不畅等原因分析。后一类分析,可以通过场景模拟、动态系统模型建立、进程化分析、新业务指示或其他方式予以启动。

有时,对所有的缺陷进行原因分析不现实。在这种情况下,可以在估计的投入与预期的产出——质量、开发效率和周期时间等平衡之中进行折中分析,并且选择一些关键的缺陷目标进行原因分析,如千行代码出错率、每个人日产生的缺陷数和回归缺陷率等。使用已定义过程,可以减小组织范围内过程实施的变化,而且过程资源、数据以及经验教训能够得到有效的共享。

原因分析的活动中,经常使用的工具如下。

(1) 数据库系统。提供数据存储、索引、排序和查询等功能,如软件缺陷记录和跟踪数据库。它也是软件过程中最基本的数据库之一,并与邮件系统、需求数据库和软件配置库等集成起来。

(2) 过程建模工具。如 IBM-Rational Rose。

(3) 统计分析包。可以进行各种统计分析,例如 Excel 可以基本满足所需要的统计分析。

为了把原因分析做得更好,下列这些实践经验值得借鉴。

(1) 清楚地描述问题,包括缺陷的严重性、缺陷的关联性和分类、问题被引入和发现的时间等。

(2) 分析措施建议和确定它们的优先顺序,主要根据缺陷可能对质量和效率造成的影响,为防止这类缺陷而实施过程改进的成本等决定。

(3) 要消除其中有差错倾向的过程环节,就要改进相应的过程。

(4) 使整个过程或子过程实施自动化,可提高过程管理的效率和质量。

(5) 补充防止缺陷的步骤,例如,记录过程活动、增加开发和维护期间的例行会议。

(6) 就普遍性问题和防止它们再次发生的措施,需要对所有相关员工进行培训。

5.2.3　决策分析与决定

决策分析,就是按照所建立的评判准则,对所确定的候选方案作出选择和优化。决策分析与决定的目的在于如何运用系统分析或结构化方法做出最佳决策。为了做出最佳决策,决策分析和决定的过程要经过下列步骤。

(1) 选择决策技术和结构层次,制订决策分析与决定的计划。

(2) 建立作为决策基础的评价准则。

(3) 建立并运用决策分析指导原则,确定推荐的候选方案。

(4) 选择评价方法,对照准则评价候选方案。

最终选择的候选方案应附有所选择的技术、准则和做出选择的依据。

候选方案的文档化,是作为决策过程和方法的记录,对将来相类似问题或项目的决策有很大参考价值。候选方案的文档要分发给所有相关利益者,供审查并获得反馈意见。

1. 结构化方法

结构化决策过程可以减少决策中的主观影响,能够以较高的概率选择出能满足相关利益者的不同需求的解决方案。非此即彼的二元判定不适宜使用结构化决策,而当问题涉及到中、高风险或这些问题影响到实现项目目标的能力时,需要运用结构化决策过程。

结构化决策过程在表现形式、准则和技术上可能是多种多样的。结构化决策可以采用数值的或非数值的准则,数值化准则使用比较客观的度量数据来反映各项准则的相对重要性(如加权因子),非数值准则使用的是比较主观的定性尺度(如高、中和低等)。大多数决策可能要求进行全面的趋势研究。

在项目计划的结构化决策过程中,项目工作人员要确定如下具体论题。

(1) 在多种体系结构方案或设计方案中间进行选择。

(2) 可复用组织内部已有的产品构件或购买第 3 方的商品化构件。如果是后者,存在构件的供应方选择。

(3) 工程化支持环境或相应的工具,如质量工程体系、建模工具和项目管理工具软件(如企业版 Project 系统)。

(4) 开发平台、测试环境和网络基础设施等保障体系。

2. 制定决策分析与决定的计划

(1) 建立并维护决策分析与决定的组织方针。

(2) 制定分析策略,如运用结构化方法进行决策。

(3) 根据项目的规模以及财力,确定必要的人力和硬件资源。

(4) 有效运用决策技术和工具,决策技术有趋势分析、直方图对比分析、Delphi-方法和质量功能展开等,工具则有仿真程序和建模工具、原型设计工具和群组决策支持工具。

(5) 制定对相关人员的培训计划,包括决策分析的概念培训和专题培训(风险管理,决策技术和工具等)。

3. 建立作为决策基础的评价准则

确定作为决策基础的评价准则,自然是首先要做的,也是关键的活动。评价准则就是判断候选方案优劣、选择最佳方案的依据,这些准则必须反映相关利益者的需求和目标。在明确规定的准则之上进行决策,也可以消除相关利益者在接受决策时的障碍。为了更好地实施,通常将评价准则定为不同的优先级(定性的)或权重因子(定量的),优先级最高的准则对决策的影响最大,应优先得到考虑或其权重因子的值最大。

评价准则的建立,应该追溯到客户需求、场景、用例和质量标准等,并考虑技术限制、环境影响、风险、所有权和生命周期成本等因素。未经验证的准则(包括其优先级或权重因子)可能给解决方案的确认带来问题,所以采用一组候选解决方案作尝试性运行的方式来验证、测试所建立的评价准则。

4. 建立并运用决策分析指导原则,确定推荐的候选方案

建立决策分析的指导原则,从评价准则出发,确定哪些问题要通过结构化"决策分析和决定"的过程。所建议的指导原则如下所列。

(1)决策直接关系到的论题可能是中风险或高风险的。

(2)决策关系到对软件配置管理之下的工作产品的变更。

(3)如果决策不当,可能造成进度拖延。

(4)决策影响到项目目标实现的能力。

(5)与决策的影响相比较,决策过程的成本可以接受。

这样的指导原则还不能完全帮助做出决定。实际操作中,决策还依赖于特定的项目、环境和经验。一般来说,当满足下列条件之一时,就需要运用结构化决策。

(1)当获得20%的材料而达到80%的总体材料成本时。

(2)在技术上的失败将造成严重后果的情况下,对设计实现进行决策时。

(3)在对可能大大减小设计风险、工程变更、周期时间和生产成本的问题进行决策时。

通过尽可能多地征求具有不同领域专长的相关利益者的切合实际的意见,也可以向非相关利益者征求意见,可以得到各种各样的候选方案,这样也有助于识别和处理不同的假定、限制和喜好。决策分析的方法主要如下。

(1)头脑风暴会议,经过相互启发和反馈,可以激发出变革性的解决方案。

(2)专家组的咨询,基于领域知识和经验,可以得到较全面的解决方案。

(3)通过全面调查,可以发现组织内、外已经做过的类似案例从而获得启发,并对所获得的经验教训、可能遇到的困难和问题的发展趋势等有着更深刻的理解。

在第一时间,也可能没有充足的候选解决方案供分析用,那就需要时间。随着分析的不断推进以补充其他候选方案。在决策过程中,尽早形成、考虑多种候选解决方案,将提高做出可接受的或最佳的决策的可能性,也有利于理解决策的原则和准则。

评价准则阐明了决定方案优劣的各种因素(属性)的优先级,即对相关利益者的需求影响程度,所以评价准则是寻求候选方案的有效起点。如把现有候选方案的关键属性加以组合可以产生新的、有时是更好的候选方案。

5. 选择评价方法和评选解决方案

评价候选解决方案,首先依据评价准则进行综合分析、讨论和审查,然后选择相应的评价方法。

评价方法主要是运用概率模型和决策理论来进行模型分析、试验/测试验证、原型设计或模拟、综合计算成本、资源、性能以及风险等对方案的影响,从而获得综合评价指标的结果,以做出决策。还有其他的一些评价方法,诸如工程技术对比、可行性对比、成本收益对比、商业机会对比、风险对比、根据经验直接推理和用户评审等。

根据不同的问题(规模和复杂性、需求是否明确等),选择不同的方法,可能是单一的方法,也可能是多种方法的综合运用。在选择方法时,应避免决策技术本身受问题之外的一些因素干扰。

准则的相对重要程度通常不那么精确,只有经过分析之后,才能看出它们在某个解决方案上的整体作用。在这种情况下,如果评价得分的差别不大,就很难从候选解决方案中明确认定哪个是最好的方案,需要投票表决来选定方案,或者进一步研究以决定是否需要修改评价准则。不管怎样,应该鼓励对评价准则和假定提出质询,所以,往往需要评价有关选择准则的假定和支持这种假定的证据。

6. 选择解决方案

在最终完成评价和选择解决方案之前可能需要反复进行"确定和评价"活动,可能对确定的各个候选方案的组成部分采取不同的组合,新生的技术、业务状态的变化还可能改变候选方案。

选择解决方案涉及到对候选方案评价结果、对解决方案或结构化决策过程相关联的风险等进行权衡、评估。

通常在信息不够完全的情况下就要进行决策,因此决策可能伴随较大的风险。如果必须按照规定的进度进行决策,则可能没有充分的时间和足够的资源可以用于收集足够的信息。因而,在不完全的信息下进行的风险决策要求进行事后分析、或者事后再次进行评价,而且要对识别出的风险进行监督,确定的风险应该受到控制。

5.3　软件过程的技术路线

在 CMMI 中定义了技术解决过程域适用于体系结构的任何层次,适用于产品、产品构件、生命周期过程以及服务,实际建立了一条可行的技术路线。它侧重于以下内容。

(1) 评价和选择那些可能满足所分配的需求的解决方案(有时称为总体设计、概念设计或初步设计,包含了系统架构所需的全部信息)。

(2) 针对所选择的解决方案做详细设计(有时称程序设计,包含为编码、数据库或产品构件设计所需的全部信息)。

(3) 实现产品或产品构件的设计。

这些活动彼此支持和依赖,当然,前期活动更为重要,前期活动的结果对后期有更多的影响。

但这里"技术路线"的范围更广些,是指整个软件开发周期的技术解决路径,除了开发设计之外,还包括软件编程过程、测试过程、部署和维护过程的技术解决方案。

5.3.1　软件项目过程的技术解决流程

作为"技术解决"输入是产品的需求,源于需求分析、获取和开发的过程,在经过软件设计、实施、测试和部署过程之后,最终实现"技术解决"的输出——软件产品或服务。这个完整的技术流程如图5-4所示,其主要内容如下所述。

(1) 制定技术解决计划,包括软件开发计划、测试计划和系统部署计划等。

(2) 开发满足需求的、详细的系统定义与设计候选方案和评估准则。

(3) 发展系统操作概念和使用场景、选择技术解决方案和设计模式,完成系统架构设计。

(4) 设计产品构件、数据接口、数据字典和模型。

(5) 系统构件的详细设计(程序设计)。

(6) 实现设计、完成编程和单元测试。

(7) 通过复审和测试完成对系统、软件构件设计的验证。

(8) 软件发布或部署。

(9) 软件的操作和维护。

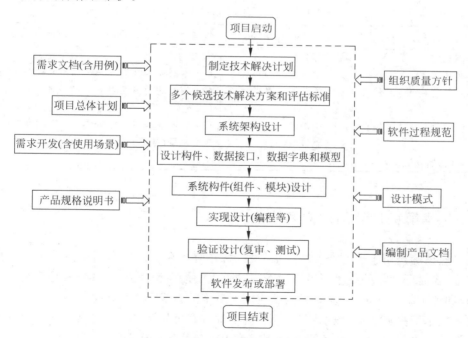

图5-4　软件过程的技术流程示意图

产品设计过去传统上被分为概要设计和详细设计两个阶段,但随着新的设计模式不断推出,这种阶段划分的界限越来越不清楚。设计往往按其对象、内容划分,包括系统架构设计、功能设计、界面(UI)设计和数据库设计等,而且为了缩短开发周期,这些设计工作往往并行进行或交叉、迭代进行。

　　由于用户新的需求或在产品构件中发现的缺陷,软件组织要面对产品不断维护的需求或产品重构的需求。新的需求也可能由于生命周期的变更或运行环境的变化(例如操作系统变更)而产生。所以,软件过程的技术解决流程是一个迭代的过程,正是 RUP 和 XP 等所描述的,如表 5-1 和 5-2 所示。

表 5-1　RUP 迭代软件过程的技术说明

阶段、里程碑	不正确的解释	正确的解释
起始（inception）	总体的需求	商业风险
生命周期目标(life Cycle Objective,LCO)	计划完成	项目生存能力的认可
细化（elaboration）	详细需求、设计	架构或技术的风险
生命周期架构（Life Cycle Architecture,LCA）	产品规格说明书完成	所选择方法的验证
构建（construction）	实施、开发和测试	逻辑的风险（没有完成所有工作的风险）
初始化操作能力（Initial Operational Capability,IOC）	代码完成	可用的解决方案的有效性
转换（transition）	验收测试	解决方案交付的风险
产品发布(Product Release,PR)	产品有效性/部署	项目完成

表 5-2　需求目标实现的迭代过程

起始（inception）	细化（elaboration）	构建（construction）	转换（transition）
项目范围确定	需求稳定	需求纠正	需求完成
（1）术语表（发布）	（1）术语表（认同）	（1）术语表（认同）	（1）术语表（完成）
（2）辅助的规格说明书（关键架构需求）	（2）辅助的规格说明书（认同）	（2）辅助的规格说明书（认同）	（2）辅助的规格说明书（完成）
（3）用例模型（主要用例识别）	（3）用例模型（认同）	（3）用例模型（认同）	（3）用例模型（完成）
（4）愿景（初始化版本）	（4）愿景（认同）	（4）愿景（认同）	（4）愿景（完成）

5.3.2　技术解决计划的建立和实施

　　项目应该确定用于当前产品和过程的技术,并监控在软件生命周期中使用该项技术的进展情况,随时处理新的技术所带来的新问题。为了提高竞争能力,项目管理人员应该能识别、选择和评价新的技术,并应将新技术应用所带来的新成本考虑进去。

　　对于技术解决方法,一般都不只一种,有多种方案可供选择。候选解决方案可能包含一些新开发的技术,但也可以在不同的应用中采用成熟的技术或者维持当前的方法,来替换新技术或新方法。

　　技术解决计划,依赖于组织过程的基础设施,并依赖于组织在某个开发平台之上所建立的技术规范、经验等,有其特定的范畴和领域。建立技术解决计划的过程,可以概括为下列一些步骤。

　　（1）建立并维护技术解决的组织方针,反复进行产品构件的选择、产品和产品构件的设计以及产品构件设计的实现、验证工作。

（2）设计技术路线，确定技术路线中关键的难题和初步的解决办法。

（3）根据项目的规模以及财力，确定技术解决人力资源、硬件资源和技术解决工具。

（4）技术解决方案准则应该包含对软件生命周期设计问题的处理。例如，如何比较容易引入新技术或如何更好地拓展使用商业产品。

（5）为每个候选解决方案拟订产品运行和用户交互作用的时间场景。

（6）应充分考虑新技术所带来的风险，要计划好一些应急的措施或备用的成熟的技术。

在技术解决计划执行过程中或"技术解决"活动中，主要有下列工具。

（1）设计规范工具。

（2）仿真程序和建模工具。

（3）原型设计工具。

（4）场景定义和管理工具。

（5）需求跟踪工具。

（6）交互式文档编制工具。

为了更好地执行技术解决计划，所需的培训是不可缺少的，其培训的内容是根据具体的技术解决方案所涉及领域来决定的。对于培训的计划，可从下列内容展开来写。

（1）产品和产品构件的应用领域。

（2）设计方法。

（3）接口设计。

（4）单元测试技术。

（5）标准（例如产品标准、安全性标准）。

5.3.3 开发设计

产品或产品构件设计必须提供适当的生命周期内容，不仅要用于实现产品或产品构件的过程中，而且要用于产品或产品构件的修改、部署和维护等过程中。开发设计是一个关键的阶段或领域，对后期的修改、部署和维护等影响很大，在软件过程管理中应得到足够的重视。

软件设计可以分为软件构件设计、软件产品设计和软件系统设计等，也可以看成是模块设计、数据设计、体系设计和程序设计的集合。

1. 系统定义

系统定义是为实现系统的质量和功能点而定义系统的体系，描述系统结构元素及其之间的关系，包括标准设计规则、接口等。在体系需求内容中，建立产品模型、分配需求到产品构件（包括硬件和软件）的判断准则，可能需要开发和分析多种体系、支持多个候选解决方案，以便确定它们的优势和劣势。

2. 设计标准和准则的属性

软件设计标准，一般由下列内容构成。

（1）通用软件设计规范。

（2）用户界面标准。

（3）设计安全标准。

（4）技术限制，包括可测试性和可维护性。

（5）设计容差。

（6）部件标准。

而设计准则的属性主要有准确性、可用性、明确性、可靠性、安全性、简单性、可维护性、可验证性、轻便性、模块性和可伸缩性，也就是软件产品应满足的质量特性。

3. 设计方法

常用的软件设计方法如下所述。

（1）原型设计方法。推出探索原型、实验原型和进化原型，积极鼓励用户改进需求。在每次改进需求后又形成新的进化原型供用户试用，直到用户基本满意，大大提高了软件的成功率。

（2）基于信息隐蔽原则的 Parnas 设计方法。在概要设计时列出将来可能发生变化的因素，并在模块划分时将这些因素放到个别模块的内部。这样，提高了软件的可维护性，而且也避免了错误的蔓延，改善了软件的可靠性。

（3）结构化设计方法。首先用结构化分析方法对软件进行需求分析，然后用结构化设计方法进行总体设计，最后是结构化编程。这一方法基于两类典型的软件结构（变换型和事务型）相互参照、展开设计。

（4）问题分析法（Problem Analysis Method，PAM），从输入、输出数据结构导出基本处理框，分析这些处理框之间的先后关系，按先后关系逐步综合处理框，直到画出整个系统的问题分析图。

（5）面向对象的设计方法。以对象建模为基础，考虑了所有对象的数据结构，即每个对象类由数据结构（属性）和操作（行为）组成，子类不仅可以继承父类的属性和行为，而且也可以重载父类的某个行为（虚函数）。

（6）面向数据结构的软件设计方法（Jackson 方法和 Warnier 方法）这一方法从目标系统的输入、输出数据结构入手，导出程序框架结构，再补充其他细节，就可得到完整的程序结构图。

（7）面向构件的设计。用"构件"取代"代码"，构件成为软件产品或系统的基本结构单元。构件可以完成一个或多个功能的特定服务，并为用户提供多个接口，复杂的业务需求还可以在基础构件和行业构件上可视化组装完成。软件产品或系统设计就可以看做用户的需求被分解、分配到若干个构件的设计上，并定义系统不同部件之间的接口和可视化的知识表达方法，包括重复使用经过考验的构件，最终通过松散耦合的构件组装方式构造软件系统。

有效的设计方法可能涉及广泛的活动、工具和描述技术，如实体关系模型、设计复用和设计模板等。一个方法是否有效，与具体情况密切相关。例如，两个组织可能在各自专长的产品方面拥有非常有效的设计方法，但互换自己的设计方法，却可能无效。

设计方法是否有效，还取决于其方法使用的简单性和有效性，有效性表现为这种方法使用的费用与成效之比。例如，花费时间比较长的原则设计法，可能不适合于软件模块，但是却适用于高投入的、复杂的产品开发/系统开发。而快速原则设计法，则适合于变化较快的网络应用软件的开发，但不适合复杂性、大规模的产品开发。

在实际工作中，设计平台和设计工具，是非常有效的方法之一，以确保实现产品及其构件设计所必须的质量属性。

4. 产品构件设计

产品构件需要细分,接口需要充分的刻画。产品构件可能要根据质量要求和性能特征进行优化。作为一个成熟的设计,要跟踪分配到低层产品构件的需求,以确保这些需求能够得到满足。

5. 设计文档

设计文档,包括设计标准和技术数据包,是支持利益相关者理解该设计的参考点,并更好地支持在产品开发和维护整个期间必然会发生的设计更改。本组织或项目的设计标准(例如检查表、模板)将为实现设计文档的高度定义化和完备化奠定基础。

技术数据包为开发者提供关于产品体系、产品构件的综合性描述,以支持产品生命周期的获取策略和过程性能,是软件开发的支持过程中重要元素之一。这些数据包给出完备的、文件化的设计描述,在整个产品生命周期得到维护,以便记录产品设计的详细信息及其变化,包括软件的设计性能指标、设计质量要求、系统架构、标准接口、程序的定义、业务逻辑图、构件关系表和数据字典等。

5.3.4　编程和单元测试

一旦产品构件设计完成,就要予以实现。构件的设计就是为了更好地实现,而程序代码则是设计实现的载体,可达到事先设定的产品功能和特征。

在产品高层次的设计阶段,设计文档要包含对低层次的每一个产品构件的说明。在设计执行阶段,也会按照设计层次的变化来对待,从高层次向低层次展开,再从低层次逐步集成到高层次,直至完成整个系统。

软件开发实施的编程活动,要完成一系列的任务,包括每一个产品构件的编写代码、调试、优化和验证,还包括各种产品构件之间的接口实现、集成和调试等。

1. 主要的编程思想

(1) 极限编程思想值得参考,而不是全盘采用。如结对编程(pair programming)可以用于关键模块或组件的编程,而不是在整个软件编程中全面应用。

(2) 测试驱动编程方法,有利于将缺陷消灭在萌芽之中。宜灵活运用、范围适中,如至少在编程前,把各种用例、边界条件等考虑清楚。

(3) 采用成熟而先进的方法,不要追求新技术,成熟更重要,否则可能会付出代价。对于新技术的应用,先找一个相对比较小、优先级低的项目来试用。试用成功后,掌握其适用范围、优点和缺点,再进一步向其他项目推广。

(4) 遵守已定义的编程准则和规范,从编程风格到具体的实践,确确实实地保证代码的质量。

(5) 经常进行代码互为审查、走查,对关键代码要进行认真的、从头到尾的集体审查。

(6) 在代码检入(check in)之前,进行充分的单元测试。

（7）每日构建，确保每天能成功地构建软件包，实施持续集成，避免出现严重的回归问题，从而更好地保证各部分能集成起来。

（8）定期进行代码重构，如每个新版本完成 15% 的代码重构。

2. 推荐的编程方法

（1）结构化程序设计。

（2）面向对象的程序设计。

（3）自动代码生成。

（4）软件代码复用。

（5）参考适用的程序范例。

3. 应遵循的编程准则、标准和规范

（1）结构化、模块化。

（2）清晰性、简易性。

（3）语言标准、规则。

（4）变量命名约定。

（5）正在使用语言的特定规则，如指针使用、内存释放。

（6）可接受的语言结构。

（7）软件构件的结构和分层。

（8）足够的注释行。

4. 单元测试方法

（1）语句覆盖测试。

（2）分支覆盖测试。

（3）条件覆盖测试。

（4）谓词覆盖测试。

（5）路径覆盖测试。

（6）边界值测试。

（7）特殊值测试。

5. 代码重构

随着新代码的插入和代码不断的修改，软件的质量就会不断下降，甚至可能导致整个系统性能降低到严重的程度。定期的代码重构是非常重要的，应得到关注和重视。

代码重构是指在不改变代码外在行为的前提下通过对代码进行整体的修改，以改进代码的内部结构和优化算法等，使程序整体性能改善、复用性更高以及理解性和可维护性更好等，而且保证了在对原有的软件扩充、提高了软件本身的质量。

代码重构的主要方法如下。

（1）重新组织函数与数据。

（2）简化函数调用。

（3）分解继承体系。

（4）提炼子类。

在代码重构完成以后，充分的单元测试和集成测试必不可少。

5.3.5 验证、确认与测试

设计在得到实现后，是否完全达到设计的目标，是否满足客户的真正需求，需要进行验证和确认，才能给出准确的结论。软件系统的验证、确认和测试，贯穿整个软件生命周期，并占有重要地位。

1. 概念

验证（verification，可译为"检验"）是指验证或检验软件是否已正确地实现了产品规格书所定义的系统功能和特性，验证过程提供证据表明，软件相关产品与所有生命周期活动的要求相一致。验证是否满足生命周期过程中的标准、实践和约定。验证为判断每一个生命周期活动是否已经完成，以及是否可以启动其他生命周期活动建立一个新的基准。

确认（validation，更准确地翻译是"有效性确认"）是为了保证所生产的软件可追溯到用户需求的一系列活动，确认过程提供证据，表明软件是否满足客户需求（指分配给软件的系统需求），并解决了相应问题。

测试（testing）是为了发现软件的缺陷，减少产品质量的潜在风险。测试的准则正是产品规格书所定义的系统功能和特性，而且包括用户界面、适用性等方面的实际需求。测试是实现验证活动和确认活动的最有效的手段和途径。广义的测试（包括静态测试和动态测试）则包含了这两项活动。

2. 验证过程与确认过程的关系

验证过程与确认过程（V&V）看起来类似，但是它们目标不同、处理的问题不同。"验证"是要查明软件工作产品是否符合规定的设计要求，而"确认"过程则要证明所开发的最终产品在其预定环境中发挥其预定作用，满足客户使用的需求。

在验证活动圆满完成任务后，为什么还要进行确认活动？因为设计规格书本身就可能有问题、存在错误。即使软件产品中某个功能实现的结果和设计规格书完全一致，通过了验证，但所设计的某些功能可能不是用户所需要的，依然是严重的软件缺陷。因为设计规格书有可能一开始就对用户的某个需求理解错了。所以，仅仅进行验证测试是不充分的，还需要进行确认测试。确认就是检验产品功能的有效性，即是否满足用户的真正需求。

这就是勃姆（Boehm）对 V&V 的最著名又最简单的解释。

（1）Verification。Are we building the product right? 是否正确地构造了软件？即是否正确地做事，验证开发过程是否遵守已定义好的过程规范。

（2）Validation。Are we building the right product? 是否构造了正确的软件？即是否正在做用户真正所需要的产品。

验证和确认活动往往同时进行，各项确认活动的做法均与验证活动类似（如测试、分析和仿真等），并尽可能利用同一个环境的某些部分。所以，在实际软件过程中，并不会将"验证"和"确认"完全隔离开来分别开展活动,而是在综合的一个活动中去实现两者的目标。

　　验证和确认活动也应该是一种渐进的过程,因为它要在产品和工作产品整个开发过程中执行,即从需求阶段开始,在过程推进中不断对工作产品进行验证和确认,直至对最终完成的产品进行最后的验证和确认。在产品的每个层次上开展验证和确认活动,有助于提高产品(包括构件)满足顾客需求的能力和可能性。

3. 验证过程与确认过程的详细对比

　　虽然验证和确认活动往往一起开展,并不是被隔离的两个活动,但是它们所包含的一些流程、方法和内容等是不同的。只有更清楚它们的不同,才能更好地融合这两项活动为一体,更有效地开展测试活动,获得更高质量的产品。表 5-3 详细描述了它们的不同。

表 5-3　验证过程与确认过程的详细对比

论题	验　　证	确　　认
目标	保证开发过程中工作产品和产品设计规格的一致性,遵守生命周期过程中已定义的标准、实践和约定	保证产品功能的有效性和可追溯到用户需求,即保证产品尽可能满足用户的实际的、真正的需求
范围	建立并维护验证策略和环境,进行同级评审和验证工作产品、最终产品和过程的有关活动	最终产品,或可能包含对用于构造该产品的适当层次的产品构件
知识领域	(1) 应用领域。 (2) 验证原则,标准和方法(如分析、证明、检验和测试)。 (3) 验证工具和设施。 (4) 同级评审准备和规程。 (5) 会议技巧	(1) 应用领域。 (2) 确认原则、标准和方法(例如分析、证明、检验和测试)。 (3) 预定的使用环境
流程	制定验证计划、选择验证工作产品和建立验证环境。建立验证过程和准则、准备同级评审。进行同级评审、分析同级评审数据、执行验证、分析验证结果和确定纠正措施等	制定确认计划、选择确认产品和建立确认环境。建立确认过程和准则。 执行确认、分析确认结果等
配置项	(1) 验证策略。 (2) 同级评审培训材料。 (3) 同打审查资料。 (4) 验证报告	(1) 确认策略。 (2) 确认规程。 (3) 确认报告
进入准则	产品规格说明书、不同产品(构件)特性的验证方法以及核查表模板等文档已经完成	需要确认的产品(构件)清单、每个产品(构件)的需求和确认方法以及对每个产品(构件)的确认约束等文档已经完成
环境	(1) 测试工具和验证的产品的接口。 (2) 暂时涉及的软件。 (3) 为将来分析和重放的记录工具。 (4) 仿真(模拟的)系统或部件。 (5) 仿真或真实接口系统。 (6) 专用计算机和网络测试环境	(基本同"验证")

论题	验　证	确　认
主要活动	(1) 制定和维护验证策略。 (2) 进行同级评审。 (3) 验证所选择的工作产品。 (4) 跟踪所发现的问题	(1) 制定确认策略。 (2) 对产品和产品构件确认结果进行审查和解决问题。 (3) 与顾客或最终用户一起解决有关的问题。 (4) 偏离合同或协定(偏离的内容、时间和在哪些产品、服务上发生偏离)。 (5) 附加纵深研究或试验、副试和评价。 (6) 合同或协定的变更
活动准则	(1) 产品和产品构件需求。 (2) 标准。 (3) 组织方针。 (4) 测试类型。 (5) 测试参数。 (6) 测试质量与成本的平衡参数。 (7) 工作产品类型	(1) 产品和产品构件需求。 (2) 标准。 (3) 客户可接受的准则。 (4) 环境性能。 (5) 性能指标
度量项目	(1) 验证轮廓(如计划的/实施的所有验证条目和发现的缺陷数量)。 (2) 发现的每类缺陷的数量及其分布情况。 (3) 已报告的验证问题的趋势(如新发现的、已修正的缺陷数量随时间的变化)。 (4) 已报告的问题的状态(如未被处理的问题量、解决问题的平均时间)	(1) 完成的确认活动的数量(计划的与实际的对照)。 (2) 已报告的确认问题的趋势。 (3) 已报告的确认问题的状态 (基本同"验证")
方法	检验、同级评审、审核、走查、分析、仿真、测试和证明等方法： (1) 路径覆盖测试。 (2) 负载、压力和性能测试。 (3) 基于决策表的测试。 (4) 基于功能分解的测试。 (5) 测试用例复用。 (6) 可接受的测试	检验、评审会议、审核、走查、测试和分析等方法： (1) 用户场景、用例确认。 (2) 用户界面、操作性等适用性测试。 (3) 系统集成功能测试。 (4) 部署测试。 (5) 预定环境下性能测试。 (6) 预定环境下的验收测试
工具	(1) 测试管理工具。 (2) 测试用例生成程序。 (3) 测试工具。 (4) 测试覆盖分析工具。 (5) 仿真程序	(基本同"验证")
输出	(1) 验证策略。 (2) 同级评审核查表。 (3) 验证报告。 (4) 分析报告,包括性能统计、不符合项原因分析。 (5) 问题报告。 (6) 方法、准则和基础设施变更请求。 (7) 验证方法、准则和基础设施的纠正措施	(1) 确认策略和方法 (2) 确认规范和准则。 (3) 确认结果报告。 (4) 确认缺陷、问题报告。 (5) 确认情况对照表。 (6) 确认规范执行日志。 (7) 产品运行演示材料。 (8) 规程变更请求

4. 同级评审

同级评审(peer review)是验证工作的重要组成部分,是一种有效消除缺陷的机制。同级评审通过检验、结构化走查或其他形式,由产品开发者的同行对工作产品(包括相关文档)的系统性检查,以便发现缺陷和其他需要更改之处,提供必要的修改意见。同级评审致力于工作产品,而不是去审查制作工作产品的人。同级评审发现的问题要通知该工作产品的原开发者,以便纠正。

同级评审的目的之一是在生命周期的早期发现并消除缺陷,并按照所制定的计划(如测试计划和质量计划等),随着工作产品的开发逐渐推进,在规范、设计、测试以及实施活动的关联工作产品上进行。进行同级评审的主要步骤如下所述。

(1) 为同级评审分配角色、分配任务。

(2) 识别工作产品中的缺陷和其他问题。

(3) 汇集同级评审的结果并且把要采取的措施形成文件。

(4) 收集同级评审数据,进行度量分析。

(5) 确定要采取的措施,并把问题向相关利益者通报。

(6) 如果情况表明需要复审,拟订工作产品复审计划。

(7) 确保同级评审的推出准则得到满足,才能结束同级评审工作。

5.4 知 识 传 递

软件开发过程是知识传递或知识转换(knowledge transferring)的过程,注重和维持在知识转换中的完整性,保证知识通过需求、设计、编程和验证等各个阶段能顺利、有效地传递,这是非常重要的。

1. 纵向传递

纵向传递是指软件产品和技术知识从需求分析阶段到设计阶段、从设计阶段到编程阶段、从开发阶段到维护阶段以及从产品上一个版本到当前版本的知识传递过程。纵向传递是一个具有很强时间顺序性的接力过程,任何一个开发团队都必须面对的过程问题。

在软件成品之前,知识的主要载体是文档和模型,即常称之为工件(artifact)。例如,需求阶段时,市场人员、产品设计人员,将对客户需求的理解、对业务领域的认识传递给工程技术人员(软件工程师),并通过需求文档(包括用例)、软件产品规格说明书来描述。软件过程每经历一个阶段,就会发生一次知识转换的情况,特别是在设计阶段和编程阶段。

(1) 需求分析阶段到设计阶段,是从业务领域的、自然语言描述的需求转换为计算机领域技术性的描述,也就是将需求文档、产品设计规格说明书转换为分析模型、设计模型和数据模型等工件。

(2) 在编码阶段,将分析模型、设计模型和数据模型的描述语言(如 UML)转化为编程语言(如 C 语言/C++、Java 等),将设计模型中隐藏的知识转化为更为抽象的符号集。

最后,发布的软件产品,又试图完整地复原用户的需求。用户需求和产品功能特性的差异,可以看做是知识传递的失真程度,这种程度越大,产品的质量越低。所以,知识传递的有效性和完整性也是影响产品质量的重要因素之一。

另一方面,知识在传递过程中,失真越早,在后继的过程中知识的失真会放大得更厉害。所以,从一开始就要确保知识传递的完整性,这就是为什么大家一直强调"需求分析和获取"是最重要的。

2. 横向传递

横向传递是指软件产品和技术知识在不同团队之间的传递过程,包括不同工种的团队(市场人员、产品设计人员、编程人员、测试人员和技术支持人员)之间、不同产品线的开发团队之间、不同知识领域之间以及新老员工之间等的知识传递过程。可以说,横向传递是一个实时性的过程。

横向传递的例子比较多,在软件项目团队中,有不同的角色。不同的角色有不同的责任和特定的任务,但是一个项目的成功需要团队的协作,需要相互之间的理解和支持,这也必然要求不同知识(设计模式、程序实现的思路、质量特性要求和测试的环境等)的相互交流。

3. 知识传递的有效方法

无论是纵向传递还是横向传递,保证知识传递的有效性、及时性、正确性和完整性,是必要的。所以,应建立一套知识传递的流程、方法来帮助实现这些目标。

知识传递和转换的主体是人,知识传递的重点就是做好人的工作,即在组织过程管理中加强这一个环节,包括团队文化的建设、员工的教育和培训等。如下所示。

(1) 创造愉快、活跃的团队关系,可以促进充分的、有效的知识传递。

(2) 对团队的适时、定期的培训是保证知识传递的及时性和正确性的常用手段。

(3) 对新进的员工进行足够的培训,并为每个新人配一个资深的工程师辅导或帮助这个新人,即建立和实施师傅带徒弟、伙伴关系(buddy system)等。

需求文档、产品规格说明书、设计的技术文档、测试计划和用例等的评审、复审,起着一箭双雕的作用,既是质量保证的一种措施,也是一种知识传递的方式。在评审前,不同的团队主动地进行充分讨论和交流,应得到鼓励和支持。在实际工作中,常常有计划、有意识地安排专门的知识传递活动(讲座形式,presentation)。

使用统一的语言(如 UML)来描述领域知识、设计模型和程序实现等,使大家对同样的一个问题有着同样的认识,减少知识传递的难度和成本。在引入原型开发方法、迭代开发过程模式后,软件产品的开发是在不断演进的。软件团队人员可以通过这个演进的过程不断吸收领域知识,进行知识转换和传递,其知识传递过程就变得相对容易。

另外,建立良好的反馈机制、文档管理系统、知识库(knowledge base)和论坛等,都会有助于知识的共享和传递。

5.5 软件过程管理工具

在软件过程活动中,要经历不同的阶段和涉及很多的过程域,为了有效地执行这些软件过程活动,需要在整个软件开发过程中引入相关工具。一般来说,实施软件过程活动所需要的工具主要有下面几种。

（1）需求管理工具。

（2）面向对象的分析设计工具。

（3）配置管理、变更管理工具。

（4）软件测试管理、缺陷跟踪工具。

5.5.1 需求管理工具

需求是软件客户的要求，决定了软件系统的工作内容，是整个开发活动的基本出发点和最终目标。需求的获取、组织和管理对于定义正确的系统至关重要。功能及非功能需求、设计约束、用例和其他类型的需求，都需要进一步精化，以便能够驱动实施活动。

一个优秀的需求管理工具，可以有效地管理需求，提高需求管理工作流程的自动化程度，在项目实施中完整地、一致地管理好需求。

1. IBM-Rational AnalystStudio

IBM-Rational AnalystStudio 可以帮助更好地分析问题，更好地定义并交流问题的解决方案，用于可视化建模、需求和用例管理以及缺陷和变更请求跟踪等，其主要特点如下列所示。

（1）创建可视化模型，可以为系统创建一个综合的、具备可视性的展示，有助于改进和交流项目需求、降低复杂性，并且提供团队各个成员能够理解和接受的"蓝图"。如可以使用UML 业务模型来图形化地说明角色和交互关系，这样就可以更加清晰地沟通业务问题。

（2）通过提供同一种工具、建模语言来开发模型，以说明业务流程、系统构架和数据库设计，并整合业务建模、应用建模和数据建模，以理顺团队间的沟通交流。

（3）能够灵活地获取需求并轻松有效地管理变更。如在 Rational Rose 中，数据模型链接到对象模型，当软件构件发生变更时，数据库设计很容易保持同步。

（4）借助 IBM-Rational Requisite Pro，可使用 Microsoft Word 在文档中制作和维护需求，这些文档与企业数据库动态链接，可以跨文档对需求进行排序、跟踪和链接。由于Word 文档与数据库的动态链接，在一个环境中进行的任何变更都将自动映射到其他环境中。这种独特的方法使 RequisitePro 扩展了目前获取需求和管理需求变更的方法。

（5）借助该数据库，可以使用最符合需求的结构，从而轻松地组织文件夹中的需求信息。在数据库视图中，可以确定需求的优先级、链接需求并跟踪需求的变更。还可以为需求分配难度、状态和版本号等属性，以协助有效管理需求，这些是单纯用文档的方式管理需求信息所不能做到的。

（6）通过 RequisitePro，为两个相关需求建立可追踪性关系，就能够在需求的演进过程中评估和管理变更的影响。另外，可追踪性可以确定需求的覆盖程度，确保软件需求能够满足业务需求并且已映射到测试用例中，以核实是否已满足需求。

（7）用例提供了一个易于理解的结构化方法，用于获取一个非常重要的需求信息集。系统将如何与用户进行交互，为用户提供所有的功能？RequisitePro 具有强大的用例支持，有助于人们对将要开发的应用程序形成共识、改进团队沟通。充分利用用例的强大功能，确保在定义、开发和部署系统的过程中时刻牢记客户的需求。

（8）管理用例的挑战是从用例图（高级的系统图形化说明）迅速导向相关的用例规约（详细说明用例图），同时跟踪用例规约的内容。由于用例规约包括了软件需求，其跟踪是至关重要的。借助 AnalystStudio，用例规约和其他项目需求可以在 RequisitePro 中一起管理，而用例图在 Rational Rose 中存储和进行可视化建模。用追踪图，可直观地展现需求变化所带来的影响。

（9）AnalystStudio 能集成各种用例表示、图形和文本元素，可以完成各种环境无缝迁移。当用一种工具变更用例时，变更会自动映射到其他用例中。例如，在 IBM-Rational Rose 中将某个用例的优先级由低改为高，修改情况将立即出现在 RequisitePro 中。这种可视化建模工具和需求管理工具对用例的联合管理，可以使团队的每个成员均能轻松访问与他们相关的信息。

（10）通过一套通用的团队统一工具，使分析人员与团队其他成员保持统一。以 Web 方式获取反馈，加强团队之间的有效沟通。

2. Telelogic DOORS

Telelogic DOORS-Enterprise Requirements Suite（DOORS/ERS）是基于整个软件组织的需求管理系统，用来捕捉、链接、跟踪、分析及管理信息，以确保项目与特定的需求及标准保持一致。DOORS/ERS 提供多种工具与方法对需求进行管理，可以灵活地融合到组织的软件过程管理中。

以需求管理工具 DOORS 为基础，DOORS/ERS 使用清晰的沟通来降低失败的风险，这使通过通用的需求库来实现更高生产率的建设性的协作成为可能，并且为根据特定的需求定义的可交付物提供可视化的验证方法，从而达到质量标准。

通过统一的需求知识库，提供对结果是否满足需求的可视化验证，从而达到质量目标，并能够进行结构化的协同作业使生产率得到提高。

3. Borland Caliber

Borland Caliber 是一个基于 Web 和用于协作的需求定义和管理工具，可以帮助分布式的开发团队平滑协作，从而加速交付应用系统。Caliber 辅助团队成员沟通，有助于更好地理解和控制项目，减少错误和提升项目质量。

Caliber 提供集中的存储库，能够帮助团队在早期及时澄清项目的需求，当全体成员都能够保持同步，工作的内容很容易具有明确的重点。此外，Caliber 和领先的对象建模工具、软件配置管理工具、项目规划工具、分析设计工具以及测试管理工具良好地集成。这种有效的集成有助于更好地理解需求变更对项目规模、预算和进度的影响。

5.5.2 面向对象的分析设计工具

在 CMM"软件产品工程"（software product engineering）中，对软件设计提出了明确的要求，要求软件设计遵循一定的设计语言、采用面向对象（Object Oriented，OO）的方法，使设计结果可复用等。为什么要采用面向对象的分析设计方法？主要原因有 4 点。

（1）面向对象技术可以极大地重用现有的构架，符合现实世界的特性，可以大大提高开发速度、减少软件的维护成本。

(2) 通过分析和设计,面向对象的抽象思维可以帮助开发者更好地关注问题的领域,再关心具体的设计和编程问题,从而有利于降低整个过程的复杂性,提高分析模型和设计模型的质量。

(3) 生成的分析模型和设计模型形成文档的主体,从根本上解决"先写代码、再补文档"的老问题,还能帮助团队避免因人员流动带来的不良影响。

(4) 分析模型和设计模型将成为团队内部以及团队之间有效沟通的桥梁,消除误解,进一步解决"系统集成难"的顽症,同时也可以促进团队之间的软件复用。

IBM-Rational Rose 是面向对象技术分析设计工具的代表,是可视化的建模工具。它采用"统一建模语言(UML)"的表示方法,在同一个模型中实现业务建模、对象建模和数据建模,使所有参与项目的成员都可以在统一的语言环境中工作于同一个模型之上,有利于改善成员之间的沟通。其次,IBM-Rational Rose 支持多种语言的代码生成及双向工程,可实现代码和模型的互相转换,并且可以将遗留代码引入模型中。最后,IBM-Rational Rose 带有对设计元素进行测试的模块工具(Quality Architect),可以尽早发现设计中的问题,真正实现"质量从头抓起"。

面向对象技术分析设计工具还有很多,如表 5-4 所示,其中 SVG 是 W3C 的一种图形矢量标准,可以在网上快速加载矢量图和 UML 图,不仅可以在浏览器内无失真地对对象执行缩放和平移等操作,还可以利用 Xlink、XPointer 等 XML 技术将大图分解,化简为小图浏览,甚至结合后台数据库直接存取元数据信息,并将结果动态地绘制为 UML 图,在网上显示出来。SVG 强大的事件及脚本功能,也使得 UML 图具有更强的交互性和更为丰富的表达能力。

表 5-4　常用的面向对象(OO)技术分析设计工具

软 件 名 称	功　　能
ArgoUML	一种基于 Java 的开源 UML OO 建模工具,支持软件设计者的认知需求,广泛地支持开放标准,如 UML、XMI、SVG 和 OCL 等
Batik 1.1 SVG Toolkit	Apache Batik 工具包提供 Java 组件创建(SVG Graphics2D)、浏览(JSVGCanvas)和转换(transcoder)SVG
CatWalk	SchemaSoft 的软件工具,用于快速实时创建 SVG Web 应用。在向网站请求数据时,每次都会重新发布数据变化。可以用来实时更新 UML 图
Dia	一种基于 GTK+ 的、类似 Visio 的制图工具。有一些特殊对象可以帮助绘制实体关系图、UML 图、流程图和网络图等,可以将图以 EPS 和 SVG 格式输出
DoME(Domain Modelling Environment)	一种元 case 系统,用于构建面向对象软件模型,有自己的后端图形语言
Gill	即 Gnome Illustration app,是基于 Gnome 的一种通用矢量绘图工具,本身并没有对 UML 提供过多的支持,最终会支持所有的 SVG 特性
Gmodeler	一个免费在线 UML 绘图和文档工具,使用 FlashMX 开发,可作为 SVG UML 建模软件的原型参考
Graphviz	ATT 出版的开源绘图软件,有 Linux 和 Windows 版本,包括一个名为 Webdot 的 Web 服务接口

续表

软 件 名 称	功　　　能
JSeq	可以自动创建 UML 序列图的工具,可输出格式 Zargo 和 SVG。可独立使用或与 JUnit 一起使用
MagicDraw UML	非常强大的、基于 Java 开发的建模工具,可以输出 SVG 格式文件
OptimalJ	用于 NetBeans 的一种 UML 类图编辑器,使用 Batik 输出 SVG
Poseidon for UML	基于 ArgoUML,与其界面基本相同,完全由 Java 实现,非开源的 UML 建模工具,但功能更丰富、更稳定
SVG Maker	一个独立的软件组件,可以作为系统的一部分进行部署
SVG Slide Toolkit	它可以把 XML 文件转化为 SVG 幻灯格式,但运行较慢
Together Control Center 5.5	经常使用的一种集成化开发平台,使用 Batik 输出 SVG 格式的 UML 图
Visual Paradigm for UML Community Edition	支持所有 UML 图,可作为图形输出 SVG、JPG 和 PNG 等格式,执行复杂图的打印。支持从事件流生成序列图,从序列图生成组合图的功能
WebDraw	JASC,也是开发 Paint Shop Pro 的公司,提供的一个商业 SVG 可视编辑器

5.5.3　配置管理和变更管理工具

软件配置管理(Software Configuration Management,SCM)是一个非常重要的关键过程域,其目的是在软件项目的生命周期内建立并维护软件项目产品的完整性,在下一章 6.1 节有详细介绍。在 CMM 标准中,明确规定了软件配置管理以及变更请求管理的相关工作,主要包括以下两方面。

(1) 配置管理的主要工作包括通过创建软件配置管理库、定义配置项(包括需求、分析设计模型、代码、文档、测试用例和测试数据等)以及建立和维护软件的基线。

(2) 变更请求管理的主要工作包括控制和记录配置项内容的变更,建立和维护一个系统并使其追踪和管理变更请求及问题报告。

常用的软件配置管理工具有国内青鸟软件的 JBCM、IBM-Rational 的 ClearCase 和开源工具 CVS。

(1) 开源工具 CVS(Concurrent Versions System,并发版本系统)是网络透明的版本控制系统。其客户机/服务器存取方法使得开发者可以从因特网的任何接入点存取最新的代码,而且客户端工具可以在绝大多数的平台上使用。CVS 无限制的版本管理检出的模式避免了因排他检出模式而引起的人工冲突。CVS 被应用于流行的开放源码工程中,如 Linux、Mozilla 等。

(2) IBM-Rational ClearCase 作为软件配置管理工具,其主要作用体现在三个方面。其一,帮助项目组利用版本对象库(VOB)完整地保存整个项目的开发历史,实现对软件资产的有效管理。其二,利用版本对象库(VOB)的安全机制,灵活地控制不同人员对不同配置项的检出和读取的权利,有效地保护组织的核心机密;其三,帮助团队实现并行开发,避免合并版本等工作阻碍其他开发工作,保证项目进度。

(3) 青鸟软件配置管理系统(简称 JBCM 系统)是基于构件复用的配置管理系统。可用于管理软件开发过程中的各种产品,帮助管理软件开发中出现的各种变化和演变方向,跟踪软件开发的过程,保存软件开发过程中待开发软件系统的状态,供用户随时提取,简化开发过程的管理工作,有助于软件开发和维护工作的有序进行。

(4) IBM-Rational ClearQuest 是需求变更管理工具,可以加强开发团队与外界的沟通,使用户、测试人员与市场销售人员可以直接通过 Web 提交变更请求,包括"缺陷"或"功能扩充请求"。ClearQuest 可以配合 ClearCase 一起使用。

5.6 小 结

软件过程的技术架构主要是指用于支持软件工程过程和管理过程的技术基础设施,包括各类在技术过程管理中所采用的方法、工具等。正是通过软件过程的技术架构的支持,才能有效地建立并维护整个组织的过程活动。软件过程的技术架构被分为组织和项目两个层次,其构成的内容主要如下。

(1) 数据和文档的存储、检索工具。

(2) 过程分析和决策支持工具。

(3) 软件过程剪裁的技术方法。

(4) 软件过程度量和评估工具。

系统地解决过程问题的方法,应该是依据严密的逻辑推理的路径,从问题定义、预测未来变化出发,通过方案策划、建模和计算、方案评估等阶段来体现。系统地解决过程问题,就是要进行根本原因分析,即在理解已定义过程和实施已定义过程的基础上,确定问题或缺陷产生的根源和这些问题或缺陷可能造成的影响,从而找出对策解决这些问题,并能防止未来再次发生同类的问题。

作为"技术解决"输入是产品的需求,源于需求分析、获取和开发的过程,在经过软件设计、实施、测试和部署过程之后,最终实现"技术解决"的输出——软件产品或服务。软件过程的技术路线,贯穿了整个软件开发和维护生命周期,着重讨论了以下几个方面。

(1) 设计的标准和方法。

(2) 编程的思想、方法、准则和代码重构等。

(3) 软件系统的验证、确认和测试。

最后介绍了知识传递,包括知识的纵向传递、横行传递和有效的传递方法,以及过程管理工具。

5.7 习 题

1. 能否设计一个基于 Web 软件服务模式的技术架构?

2. 通过一个具体例子,说明如何系统地解决过程问题的实际过程和有效的方法。

3. 对于有效的知识传递,有什么具体的最佳实践?

4. 如何综合运用过程管理的工具?

第 6 章

软件过程的项目管理

项目管理就是指把各种系统、方法和人员结合在一起，在规定的时间、预算和质量目标范围内完成项目的各项工作。项目管理就是为了满足甚至超越项目涉及人员对项目的需求和期望而将理论知识、技能、工具和技巧应用到项目的活动中去。要想满足或超过项目涉及人员的需求和期望，需要在下面这些相互间有冲突的要求中寻求平衡，范围、时间、成本和质量。

6.1 软件配置管理

随着软件开发规模的不断增大，软件过程中软件工作产品数目越来越多，也越来越复杂。软件团队人员的增加，开发时间的紧迫以及多平台开发环境的采用，使得软件开发面临越来越多的问题。例如，对当前多种产品的开发和维护、保证产品版本的准确、重建先前发布的产品、加强开发策略的统一和对特殊版本需求的处理等。解决这些问题的惟一途径是加强有效的配置管理。现在人们逐渐认识到，配置管理是适应软件过程需求的一种非常有效和现实的技术。

6.1.1 配置管理过程

软件配置管理(Software Configuration Management，SCM)简单而言就是管理软件的变化。它属于软件工程过程，通常由相应的工具、过程和方法学组成。在整个过程管理的活动中占有很重要的位置。

IEEE"软件配置管理计划标准"关于 SCM 的论述如下。

软件配置管理由适用于所有软件开发项目的最佳工程实践组成，无论是采用分阶段开发，还是采用快速原型进行开发，甚至包括对现有软件产品进行维护。SCM 通过以下手段来提高软件的可靠性和质量。

(1) 在整个软件的生命周期中提供标识和控制文档、源代码、接口定义和数据库等工件的机制。

(2) 提供满足需求、符合标准、适合项目管理及其他组织策略的软件开发和维护的方法学。

(3) 为管理和产品发布提供支持信息，如基线的状态、变更控制、测试、发布和审计等。

　　为了更好地理解软件配置管理,以组装电脑为例来说明。用户组装一台电脑,必须将鼠标、键盘、硬盘和 CPU 等零部件插入对应的接口才可以保证它们的正常工作。硬件接口的匹配对于生产厂家来说无疑是很重要的,当他们需要改动这些零部件时会非常谨慎,他们会给出硬件的内容清单,清单中记录了所有部件以及它们的版本。因此,每种部件都需要有用于识别的编号,同时还要给出相应的版本号。版本号可以区别同类部件的不同设计。

　　与硬件类似,每个软件系统都由子系统、模块或者构件等零部件组成,这些零部件都有自己的对外接口,它们被标于明确的标识,并且具备相应的版本号。因此,同硬件系统类似,软件系统同样需要内容清单,记录哪些版本、哪些构件组成了整个软件系统。由于软件更容易发生变化,所以软件配置管理比硬件配置管理的难度更大。

1. 基本概念

　　首先介绍配置管理中经常使用的一些基本概念。

　　(1) 配置

　　"配置"是在技术文档中明确说明最终组成软件产品的功能或物理属性。它包括了即将受控的所有产品特性、内容及其相关文档,而且包括软件版本、变更文档和软件运行的支持数据,以及其他一切保证软件一致性的组成要素。相对于硬件类配置,软件产品的"配置"包括更多的内容并具有易变性。

　　(2) 配置项

　　软件开发的过程中,会有很多文档资料,例如,需求说明、设计手册和用户说明书等,也会用到许多工具软件,这些可能是外购软件,也可能是用户提供的软件。所有这些独立的信息项都要得到妥善的管理,决不能出现混乱,以便在提出某些特定的要求时,能将其进行约定的组合来满足使用的目的。这些信息项是配置管理的对象,称之为配置项。

　　受控软件经常被划分为各类配置项,这类划分是进行软件配置管理的基础和前提,配置项是逻辑上组成软件系统的各组成部分。比如,一个软件产品包括几个程序模块,每个程序模块及其相关文档和支撑数据可能被命名为一个配置项。

　　软件项目在开发过程中可能会产生成百上千个文档,其中有些是技术性的,有些是管理性的。技术性文档随着开发的过程,每个阶段都在演化。它们之间相互衔接,后期版本对前期的修正和扩展,两者间具有继承关系。而管理性文档也有类似的变化和变更。那么,确定配置项就是要决定哪些文档需要被保存、管理。为了有效地对配置项进行管理,需要对配置项进行标识,如表 6-1 所示。

表 6-1　标识配置项

序　　号	管理文档名称	管理文档标识
1	立项书	PM-prj
2	开发计划书	PM-Plan
3	配置管理计划书	PM-Cnfpln
...	...	...

（3）基线

经过正式评审和认可的一组软件配置项（文档或其他软件产品），此后它们将作为下一步开发工作的基础，而且只有通过正式的变更控制流程才能被更改。例如，设计说明书是编码工作的基础，它可以成为软件基线。

IEEE对基线的定义是这样的。

已经正式通过复审核批准的某规约或产品，它因此可作为进一步开发的基础，并且只能通过正式的变化控制过程改变。

（4）配置管理库

配置管理库也称受控库，用于存储软件配置项以及相关配置管理信息。

2. 工作流程

软件配置管理贯穿于项目的整个软件过程中，与项目过程行为密不可分。一方面，对于在软件过程中所产生的工作产品或变更请求通过配置管理活动进行管理，将有效信息存储在配置管理库中。另一方面，项目人员可依赖配置管理活动获取配置项的有效版本和历史信息。配置管理工作流程如图6-1所示。

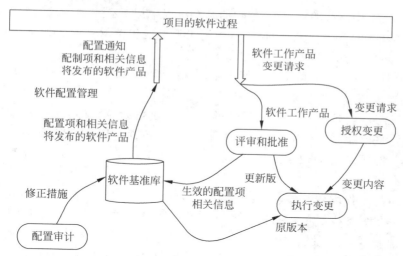

图6-1 配置管理流程

项目的软件过程中包括了需求分析、设计、编码和测试等一系列的子过程。每个开发阶段都将输出一定的软件工作产品，配置管理员则在适当的时机组织有关评审工作，获得批准后的软件工作产品将成为生效的配置项，存储在配置管理库中，成为后续开发的基础。同时，在项目的软件过程中，可能会对已经建立的配置项提出变更请求。例如，在编码阶段可能发现设计说明书中的缺陷，进而要求在原配置项的基础上对设计说明书进行修改。对于更新后的配置项，同样需要经过相应地评审和批准才能纳入配置管理库中并正式生效。

软件配置控制是软件配置管理的核心工作。软件配置控制主要包括对软件的存取控制、版本控制、变更控制和产品发布等4个方面。

（1）存取控制设定了软件开发人员对软件基准库的存取权限，保证软件开发过程及软件产品的一致性和安全性，使得组织在任何时刻都可获得配置项的任何一个版本。

（2）版本控制记录了软件系统的中间状态，避免软件开发行为出现混乱或失控的情况，便于软件开发工作以基线渐进方式进行。

（3）变更控制为软件产品变更提供了一个明确的流程，要求任何进行配置管理的软件产品变更都要经过相应的授权与批准才能实施。

（4）产品发布的控制保证了提交给客户的软件产品是完整的、正确的。

6.1.2 基线控制

在软件开发过程中，由于各种原因，可能需要变动需求、预算、进度和设计方案等，尽管这些变动请求中绝大部分是合理的，但在不同的时机做不同的变动，其难易程度和造成影响差别比较大，为了有效地控制变动，软件配置管理引入基线（baseline）的概念。

简单地说，基线就是项目存储库中每个工件版本在特定时期的一个"快照（snapshot）"。它提供一个正式标志，随后的工作基于这个标志进行，并且只有经过授权后才能变更这个标志。建立一个初始基线后，以后每次对它进行的变更都将记录为一个差值，直到建成下一个基线。

根据 6.1.1 节中基线的定义，在软件的开发流程中把所有需加以控制的配置项分为基线配置项和非基线配置项两类。例如，基线配置项可能包括所有的设计文档和源程序等；非基线配置项可能包括项目的各类计划和报告等。

基线是软件生命期各阶段末尾的特定点，也称为里程碑。在这些特定点上，阶段工作已结束，并且已经取得了正式的阶段性产品。

建立基线的概念是为了把各个阶段的工作划分得更加明确，使得本来连续开展的软件工作在这些点上被割开，从而更加有利于检验和肯定阶段性的成果。同时也有利于变更控制。有了基线的规定后，就可以禁止跨越里程碑去修改另一阶段"已冻结"的工作成果。

针对不同的软件配置管理项，相应地也会有不同的基线。随着软件开发活动的逐步深入，基线的种类和数量都将随之增加，如果将当前使用的各种不同类别的基线串接成一条当前基线，则可以认为当前基线随软件过程活动的深入而不断"生长"，即当前基线中受控的软件配置项不断增加。在一些大型软件过程活动中，可能会并行地存在多条不同的当前基线。

就各种不同类型的基线而言，有一条较为特殊的基线，它是软件过程中的第一条基线。它包含通过评审的软件需求，因此称之为"需求基线"。通过建立这样一个基线，受控的系统需求成为进一步软件开发的出发点，对需求基线的变更请求将受到慎重的评估和严格的控制。受控的需求还是对软件进行功能评审的基础。需求基线是整个软件生命周期的起点和终结点。

图 6-2 表示了软件项目过程中特定点的配置基线。以需求基线为例，用户可能会提出新的需求，即需求发生了变化。但是如果项目的进展已经跨越了需求基线，开始进行设计工作，那么，需求的变更需要受到严格的控制，原则上不允许轻易变更。可以认为，此时需求已经被"冻结"。

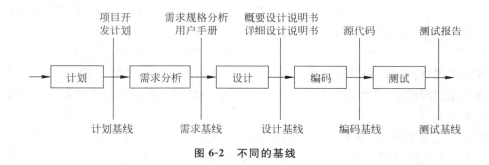

图 6-2　不同的基线

6.1.3　版本控制

版本控制是对系统不同版本进行标识和跟踪的过程,是实行软件配置管理的基础,也是所有配置管理系统的核心功能。配置管理系统的其他功能大都建立在版本控制功能之上。

版本控制的对象是软件开发过程中涉及的所有文件系统对象,包括文件、目录和链接。文件包括源代码、可执行文件、位图文件、需求文档、设计说明书和测试计划等。目录的版本记录了目录的变化历史,包括新文件的建立、新目录的创建、已有文件或子目录的重新命名及删除等。

版本控制的目的在于对软件过程中文件或目录的变化过程提供有效的追踪手段,保证在需要时可回到旧的版本,避免文件的丢失、修改的丢失和相互覆盖,通过对版本库的访问控制避免未经授权的访问和修改。

版本控制主要分为版本的访问与同步控制、版本的分支和合并。

1. 版本的访问和同步

软件开发人员对源文件的修改不能在软件配置库中进行,他们对源文件的修改是依赖于基本的文件系统,在各自的工作空间下进行的。因此,为了方便软件开发,需要不同的软件开发人员组织各自的工作空间。一般来说,不同的工作空间是由不同的目录来表示的,而对工作空间的访问是由文件系统提供的文件访问权限来加以控制的。

(1) 版本的访问控制

工作区域中的源文件是从库中恢复得到的一个副本,该副本可以是"可写"的,也可以是"可读"的。对于"可写"的副本来说,它就是真正的工作文件。而对于"可读"的副本,它可以被视为软件库中源文件的一个缓冲副本,此时一般有两种工作模式。

- 在工作区域一旦有"读"请求,则作一次恢复操作,获得一个副本。当"读"操作结束,该副本被删除。这样就形成一种重复恢复,从而可以保证工作区域中的文件内容被更新为与软件库中的内容一致。
- 针对上一种模式中重复恢复引起的较大时间代价,不是每次"读"操作都要求与软件库中发生交互,而是将重点放在工作区域上,仅当软件库中的内容发生更改时,才发生交互。

(2) 版本同步控制

同步控制实际上是版本的检入检出控制。什么是版本的检入检出?简单地说,检入就是将软件配置项从用户的工作环境存入到软件配置库的过程；检出是将软件配置项从软件配置库中取出的过程。

在实际操作的过程中，检入和检出都应该受到控制。同步控制可用来确保由不同的人并发执行的修改不会产生混乱。基本的同步控制方法是加锁—解锁—加锁……即在某人检出使用该配置项时，对该配置项加锁。当修改完成并检入到配置库之后解锁。这样的过程一直反复下去。

图 6-3 描述这样一个流程，根据经批准的变更请求和变更实施方案，软件工程师从配置库中检出要变更的配置对象。存取控制功能保证了软件工程师有检出该对象的权限，而同步控制功能则锁定了项目数据库中的这个对象，使得当前检出的版本在没有被置换前不能再更新它。当然，对这个对象还可以检出另外的副本，但是对它不能更新。软件工程师在对这种成为基线的对象做了变更，并经过适当的软件质量保证和测试之后，把修改的版本检入配置库，再解锁。

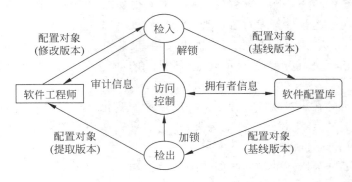

图 6-3　访问和同步控制流程图

2. 版本的分支和合并

版本的分支和合并是在并行开发过程中经常遇到的问题。版本分支的人工方法就是从主版本——称为主干上复制的一份，并做上标记。在实行了版本控制之后，版本的分支也是一份复制，这时的复制过程和标记动作由版本控制系统自动完成。

对于合并，在没有版本控制的时候，一般是通过文件的比较来进行合并。在实行了版本控制之后，还是要通过文件的比较来进行合并，但是这时的比较工作可以由版本比较工具自动进行合并，自动合并后的结果需要人工检查，才有很高的可靠性。

在考虑合并问题时，有两种途径，一是将版本 A 的内容附加到版本 B 中；另一种是合并 A 和 B 的内容，形成新的 C。显然前一种途径是更容易理解的，也是更符合软件开发思路的。需要特别指出的是，在版本合并后所形成的新版本并不一定就能符合要求，因为真正语义上的合并是很难实现的。

实现版本分支和合并的典型系统是 CVS——并发版本系统。该系统支持分支的创建、冲突的解决。该系统在 Internet 上广为流行，很好地辅助了在 Internet 上进行的许多并行开发工作。

6.1.4　变更控制

在软件过程中要产生许多变更,比如配置项、配置、基线、构建的版本和发布版本等。对于所有的变更,都要有一个控制机制,以保证所有变更都是可控的、可跟踪的和可重现的。

众所周知,导致软件开发困难的一个原因就是软件的可变性。各种要素,如市场的变化、技术的进步和客户对于项目认识的深入等,都可能导致软件开发过程中的变更请求的提出。如果缺乏对于变更请求的有效的管理能力,纷至沓来的变更就会成为开发团队的噩梦。缺乏有效的变更请求管理会导致一些问题。

(1) 软件产品质量低下,对一些缺陷的修正被遗漏;

(2) 项目经理不了解开发人员的工作进展,缺乏对项目现状进行客观评估的能力。

(3) 开发人员不了解手头工作的优先级别。

为了有效地进行变更控制,需要规范相应的变更控制流程,如图 6-4 所示。

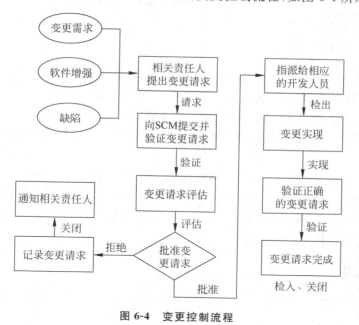

图 6-4　变更控制流程

变更控制流程主要分为了 7 个阶段,变更请求提交、接受、评估、决策、实现、验证和完成。

1. 变更请求提交

在提交阶段,将对变更软件系统的请求进行记录。缺陷和增强请求通常在请求起源和收集信息类型上不同。

增强请求在许多情况下来自客户并直接或者通过市场部门或客户支持到达工程部门。对增强请求而言,所需捕捉的关键数据是请求对客户的重要性、关于请求尽可能详细的细节以及请求提出人的标识。

通常大多数缺陷在内部测试时被发现、记录并解决。在提交期间所记录的关键数据有如何发现缺陷、如何重现缺陷、缺陷严重程度以及谁发现了缺陷。同增强请求一样,缺陷也可以由客户来发现。客户提交的缺陷需要记录的关键数据包括遇到问题的客户的标识、该客户所认识到的严重程度以及客户在使用哪一个版本的软件系统。这些都是变更处理流程过程中第 3 个步骤——评估所需要的。

2. 变更请求接收

项目必须建立接收提交的变更请求并进行跟踪的机制。指定接收和处理变更请求的责任人,确认变更请求。

变更接收需要检查变更请求的内容是否清晰、完整和正确,包括:

(1) 是否已存在重复请求或误解。

(2) 确定请求是缺陷还是增强请求。

(3) 对变更请求赋予惟一的标识符。

(4) 建立变更跟踪记录。

3. 变更请求评估

在评估期间,必须浏览所有新提交的变更请求并对每个请求的特征做出决定,确定变更影响的范围和修改的程度,为确定是否有必要进行变更提供参考依据。

大多数机构根据请求的类型是缺陷还是增强而使用不同的评估过程。例如,缺陷必须是可重现、可确认的。一般缺陷的优先级会根据缺陷的严重程度和修复缺陷的重要性来确定。

增强请求不需要进行确认,但需要同其他的增强请求和产品需求相比确定优先级。在增强请求评估期间,要看看有多少用户提出了相同的请求、提出请求的客户的相对重要性、在市场份额和产品利润上的可能影响以及对销售人员和客户支持的影响。通常增强请求由产品管理部门进行评估。

4. 变更请求决策

决策阶段是当选择实现一个变更请求时所做出的决定。缺陷和增强请求是以不同方式进行处理。

有多种因素影响是否需要开发一个软件产品、产品销售的容易程度、怎样经得起竞争、客户的需要是什么以及需要进行什么变更以进入新市场等。所有的增强请求在一起进行权衡,并且要对是否在一个给定的发布版本中实现一个请求、推迟一个请求的实现,或者完全否决一个请求等进行决策。

对于缺陷的决策过程会受两个因素的影响,软件生命周期中所处阶段和开发工作量的大小。在开发生命周期早期,一般缺陷会分配给某个开发人员,由开发人员决定做什么。如果缺陷是可重现的,开发人员会尽力在当前发布版本中修复该缺陷。在后期,多数公司为所有缺陷建立正式的复审过程。例如,开发人员可以进行评估,但是没有决策权,而是需要得到项目领导人或测试组织的批准。

较大规模的组织通常都具有一个正式的变更重审过程,这一过程涉及一个正式的重审委员会。这个重审委员会通常被称作变更控制委员会(CCB)。CCB通常是功能交叉的,并且在最后阶段关心在产品质量和项目进度之间的平衡。尽管在最后阶段偶尔也会有增强请求出现,但CCB通常只关注缺陷。

5. 变更请求实现

在实现过程中,增强请求实现较之缺陷实现需要更多的设计工作,这是因为增强请求经常涉及新特性或新功能。另一方面,缺陷修复需要建立一个环境,在该环境中可以对缺陷进行重现并验证相应的解决方案。

一些缺陷和增强请求是根据文档进行提交的,在实现期间相应可能会对文档进行变更。对于增强请求,这意味着对加入系统的新特性或新功能进行文档化。而对于缺陷,如果对缺陷的修复影响了用户可见的行为,则变更文档,或者甚至删除文档。当缺陷根本没有得到修复时也有可能要求文档变更,也就是在决定不修复一个缺陷时需要将其变更方法文档化或者将该缺陷包含在版本发布说明中。

6. 变更请求验证

验证发生在最终测试及文档制作阶段。增强请求的测试通常涉及验证所做变更是否满足该增强请求的需要。

缺陷测试则简单地验证开发人员的修复是否真正消除了该缺陷,通常会使用一个正式的项目构建版本来重现该缺陷,看看是否仍有问题。

7. 变更请求完成

完成是变更请求的最终阶段,这可能是完成了一项请求或者决定不实现某一请求。在完成阶段的主要步骤是由提交请求的原有请求者中止这一循环过程。

对于大的组织来说,变更请求可能会更加复杂并且会分为更多个层次。通过对上面变更请求管理过程的分析,可以看出实施有效的变更请求管理可以有如下好处。

(1) 对变更请求的有效管理可以提高产品管理的透明度。

(2) 提高软件产品质量。

(3) 提高开发团队沟通效率。

(4) 帮助项目管理人员对产品现状进行客观的评估。

6.2　项目估算和资源管理

所有的项目都需要资源,从最小的项目到最大的项目都是如此。资源不仅仅指人,还指所有完成一个项目所需的物理资源。所以,项目估算既包括人,也包括设备、供应、材料、软件和硬件等。资源估算是确定需要哪些物理资源以及需要的数量是多少,以便于开展项目活动。人员要求是资源需求中的一个子集,但却是最为重要的资源。同时,人员需求是受到时间和成本的制约。为了有效地估算和分配资源,则需要考虑项目的规模和成本。

6.2.1　规模度量

软件规模度量,估算方法有很多种,如功能点分析(function points analysis,FPA)、代码行(lines of code,LOC)、德尔菲法(Delphi technique)、COCOMO 模型、特征点(feature point)、对象点(object point)、3-D 功能点(3-D function points)、Bang 度量(DeMarco's bang metric)、模糊逻辑(fuzzy logic)和标准构件法(standard component)等。同时,这些方法还不断细化为更多具体的方法。

目前,最常用的三种度量方法是代码行方法、功能点分析方法和面向对象软件的对象点方法,而代码行估算则是应用最广的规模度量方法。因此,本小节仅对代码行估算方法做一个简单介绍,更多的度量方法请参考相应的书籍。

代码行(line of code,LOC)是最基本、最简单的软件规模度量方法,应用较普遍。LOC 指所有的可执行的源代码行数,包括可交付的工作控制语言(job control language,JCL)语句、数据定义、数据类型声明、等价声明和输入/输出格式声明等。代码行常用于源代码的规模估算、一代码行(one LOC)的价值和人月均代码行数可以体现一个软件组织的生产能力,根据对历史项目的审计来核算组织的单行代码价值。但同时,优秀的编程技巧、高效的设计能够降低实现产品同样功能的代价,并减少 LOC 的数目,而且 LOC 数据不能反映编程之外的工作,例如,需求的产生、测试用例的设计、文档的编写和复审等。在生产效率的研究中,LOC 又具有一定的误导性。如果把 LOC 和缺陷率等结合起来看,会更完整些。

指令(或称代码逻辑行数)之间的差异以及不同语言之间的差异造成了计算 LOC 时的复杂化。即使对于同一种语言,不同的计数工具使用的不同方法和算法也会造成最终结果的显著不同。常使用的单位有 SLOC(single line of code)、KLOC(thousand lines of code)、LLOC(logical line of code)、PLOC(physical line of code)、NCLOC (non-commented line of code)和 DSI(delivered source instruction)。IBM Rochester 研究中心也计算了源指令行数(即 LLOC)方法,包括可执行行、数据定义,但不包括注释和程序开始部分。计算实际行数(PLOC)与 LLOC 之间的差别而导致的程序大小的差异是很难估算的,甚至很难预测哪种方法会得到较大的行数。如 BASIC、PASCAL 和 C 语言中,几个指令语句可以位于同一行。而有的时候,指令语句和数据声明可能会跨越好几个实际行,特别是在追求完美的编程风格。Jones(1992)指出,PLOC 与 LLOC 之间的差异可能达到 500%,通常情况下,这种差异是 200%,一般 LLOC>PLOC;而对于 COBOL,这种差异正好相反,LLOC<PLOC。LLOC 和 PLOC 各有优缺点,一般情况下,对于质量数据来说,LLOC 是比较合理的选择。当表示程序产品的规模和质量时应该说明计算 LOC 的方法。

有些公司会直接使用 LOC 数作为计算缺陷率的分母,而其他一些公司会使用归一化(基于某些转换率的编译器级的 LOC)的数据作为分母。因此,工业界的标准应当包括从高级语言到编译器的转换率,其最著名的是 Jones(1986)提出的转换率数据。如果直接使用 LOC 的数据,编程语言之间规模和缺陷率之间的比较是通常无效的。所以,当比较两个软件的缺陷率时,如果 LOC、缺陷和时间间隔的操作定义不同则要特别地小心。

当开发软件产品第一个版本时,因为所有代码都是新写的,所以使用 LOC 方法可以比较容易地说明产品的质量级别(预期的或实际的质量级别)。然而,当后期版本出现时情况就变得比较复杂,这时候既需要测量整个产品的质量,还要测量新的部分的质量。实际上,新的部分才是真正的开发质量——新增加的以及修改的代码的缺陷率。为了计算新增和修改部分代码的缺陷率必须得到以下数据。

(1) LOC 数。产品的代码行数以及新增和修改部分代码数都必须可得。

(2) 缺陷追踪。缺陷必须可以追溯到原版本,包括缺陷的代码部分以及加入、修改和增强这个部分的版本。在计算整个产品的缺陷率时所有的缺陷都要考虑,当计算新增及修改部分的缺陷率时,只考虑这一部分代码引起的缺陷。

这些任务可以通过像 CVS 软件版本控制系统/工具来实现,当进行程序代码修改时,加上标签,系统会自动对新增及已修改代码使用特殊的 ID 及注释来标记。这样,新增以及修改部分的 LOC 很容易就被计算出来。

6.2.2　成本估算

成本估算是从费用的角度对项目进行规划。这里的费用可以是工时、材料或人员等。精确的成本预算是控制的生命线,也可在整个项目生命期内用作比较实际与计划的标准。项目状态报告取决于可靠的成本估算和预算,它们是度量偏差并采取纠正行动的主要投入。

1. 项目成本的组成

项目的成本分为两大部分,直接成本和间接成本。

(1) 直接成本

直接成本是指可以追溯到个别产品、服务或部门的成本叫做直接成本。例如,某个项目需要 10 台服务器,20 台 PC。那么,这些硬件资源都属于该项目直接耗费的资源,则这些耗费就是直接成本。在软件项目中,直接成本显然可以来自于对工作包(可参考 WBS)的成本估算。它代表着真实的现金流,随着项目的进展而支付。因此,直接成本通常和管理成本分开。直接成本包括了人工、硬件设备和软件等费用。

(2) 间接成本

间接成本是指由几项服务或几个部门共同引起的成本叫做间接成本。例如,IT 部门的管理费用,它不是专为某个项目或部门而发生的,因此算作间接成本。间接成本又分为项目管理成本和一般管理成本。

- 项目管理成本是不能和特定可交付物关联起来,但对整个项目起作用的项目成本。例如咨询、项目培训和出差费用等。

- 一般管理成本代表着不直接与特定项目联系的组织成本,也成为固定成本。包括高层管理人员的费用,以及行政费用等。

2. 项目成本的估算方法

成本估算最重要的是对直接成本进行估算。同时,为了有效地控制风险,除了给出预算的成本之外,还可以适当给出成本的浮动范围。例如,由于引入了新的技术可以提高工作效率,从而成本可能比经验数据少 10%。但新的技术也带来了新的风险,如果不能很好地控制风险,则成本可能增加 10%。如果根据经验得出项目的成本预算为 10 万元,则浮动范围可以设定为 9 万~11 万。这样,项目经理就可以更好地分析和控制项目预算和风险。

成本估算是对完成项目所需费用的估计和计划,是项目计划中的一个重要组成部分。要实行成本控制,首先要进行成本估算。在项目管理过程中,为了使时间、费用和工作范围内的资源得到最佳利用,人们开发出了不少成本估算方法,应用比较广泛的有如下几种估算方法。

(1) 经验估算法

进行估计的人应有专门知识和丰富的经验,据此提出一个近似的数字。这种方法是一种最原始的方法,还称不上估算,只是一种近似的猜测。它对要求很快拿出一个大概数字的项目是可以的,但对要求详细的估算显然是不能满足要求的。

(2) 比例法

比例法是比较科学的一种传统估算方法。它以过去的项目为参考来预算目前的项目成本。例如根据软件产品的代码行数来估算。如果新项目的预计代码行数是以前开发过的项目的 2 倍,则假设新项目的成本预算是上一个项目的 2 倍。不过比例法对于控制和建立预算来说不够精确,原因是这些方法没有识别项目之间的差异,也没有识别特定的可交付物。因此,根据比例法得出的预算结果,还需要根据项目经理的个人经验对预算进行调整。

(3) 工作分解结构表 WBS 全面估算

工作分解结构表(work breakdown structure,WBS)是比较准确的一种成本估算方法。WBS 估算要求先把项目任务进行合理的细分,分到可以确认的程度,如某种材料、某种设备和某一活动单元等,然后估算每个 WBS 要素的费用。WBS 成本估算又分为自上而下和自下而上两种估算方法。

- 自上而下的估算是高层和中层管理人员根据以往的经验和个人的判断估算出整体的项目以及各个分项目的成本。然后,这些成本估算被传达给下一级的管理人员,并由他们继续将预算细分下去,为分项目的每一项任务和工作包估算成本。自上而下进行估算的一个优点就是整体的成本预算可以得到较好的控制,然而该方法过多地依赖于高层经理的个人经验和判断。例如,项目经理说为某单位建设一套完整的信息系统成本是 500 万人民币,3 年后完成。他对于成本和时间的估算可能仅仅来自一些简单的估计或猜想。

- 自下而上估算将项目任务分解到最小单位工作包,通过对项目工作包进行详细的成本估算,然后通过各个成本汇总将结果累加起来得出项目总成本。这种估算方法最大的优点是在具体任务方面的估算更加精确,因为第一线的工作人员往往会对工作包状况有着更为准确的认识。但是在对单个工作包的成本进行估算时很少考虑其他工作包的影响,例如,某个工作包的负责人可能会夸大自己的资源需求,从而造成估算的成本有较大的偏差。

3. 项目成本的估算

接下来,将详细讲解各部分成本的计算过程。

(1) 人工成本

假设一个工作包根据规模估算预测需要 25 个/人天来完成,同时被安排到该工作包的工程师的平均薪水为 230 元/人天,各项福利占总薪水的 40%。

为了计算人员成本,需要注意的是工作时间内的"个人时间"。所谓个人时间是指工程师在工作时间内花费的非工作时间,如饮水、抽烟和短暂休息等,这些个人时间大概会占总体工作时间的 10%～15%。如果设定个人时间为工作时间的 12%,那么工作包的直接人工成本可以计算为

$$(1+0.4+0.12)\times 230\times 25 = 8740(元)$$

根据上面的方法逐个分析每个工作包,并将所有工作包的人员成本加起来得到整个项目的人员成本,假设计算之后整个项目的人员成本为 100 000 元。

（2）设备成本

如果项目需要某些设备,那么设备的费用可以近似为设备的折旧费用(一般的办公设备的费用应该包含在一般管理费用中)。假设项目总历时 40 天,需要 10 台服务器,20 台 PC。服务器的单台价格为 8000 元,预计使用年限为 5 年。PC 的单台价格为 3800 元,预计使用年限为 4 年。

如果采用年限平均法,设备的天折旧率近似为:

$$100\%\times\frac{设备单价 / 使用年限}{12\times 30}$$

所以项目的设备折旧费用为:

$$40\times\left(10\times\frac{8000/5}{12\times 30}+20\times\frac{3800/4}{12\times 30}\right)=3889(元)$$

（3）管理费用

前面已经讲述过管理成本有项目管理成本和一般管理成本。项目管理成本按照实际发生的费用计算(如培训的费用),而一般管理费用则通常计算为所有直接成本的一定百分比。如以 20% 为例,项目的一般管理成本为:

$$(100\,000+3889)\times 20\% = 10\,389(元)$$

所以,整个项目的预算总额为:

$$100\,000+3889+10\,389 = 114\,278(元)$$

当然,上面的实例仅仅是一个非常简单的成本估算。实际上,要完成较为精确的估算,还有很多的因素需要考虑。例如,近几年在进行成本估算时,就非常重视学习曲线,尤其在一些以劳动力为主导因素的项目中。学习曲线主要概念是每次完成同一性质的工作后,下次完成该性质的工作或生产单位产品的时间将减少。因此,随着对项目的逐渐熟悉,项目人员的绩效将得到改善,从而项目成本也将降低。

6.2.3　资源管理

资源管理是项目管理中非常重要的一环。而资源管理主要分为两个部分,人力资源管理和软硬件资源管理。下面将分别从这两个方面进行阐述。

1. 人力资源管理

所谓项目人力资源的管理就是要在对项目目标、规划、任务、进展情况以及各种内、外因变量进行合理、有序的分析、规划和统筹的基础上,采用科学的方法,对项目过程中的所有人

员予以有效的协调、控制和管理。

项目人力资源管理可以理解为对人力资源的获取、培训、保留和使用等方面所进行的计划、组织、指挥和控制活动。主要内容有项目组织规划、建立项目组织和组织建设3个方面。

（1）确定项目角色

根据项目的目标确定项目管理所需要的工作。确定角色，明确角色责任，确定各角色之间的从属关系，进行项目人力资源预测。整个角色定义的步骤如下。

- 列举出完成项目所需要的主要的软件工程任务。
- 把适合于同一角色的任务集合到一起。
- 对工作量、所使用工具以及每个角色的重要性进行估计。
- 确定每个角色所需要的软件工程和个人技能。

主要的项目任务可能包括了需求获取、原型制作、代码编写、代码评审和测试等，根据这些任务可以简单定义项目所需的角色及其工作职责。在软件项目中，常见的角色及其职责如表 6-2 所示。

表 6-2　项目角色和职能

角　　色	职　　能
项目经理	项目的整体计划、组织和控制
需求人员	在整个项目中负责获取、阐述以及维护产品需求及书写文档
设计人员	在整个项目中负责评价、选择、阐述以及维护产品设计以及书写文档
编码人员	根据设计完成代码编写任务并修正代码中的错误
测试人员	负责设计和编写测试用例，以及完成最后的测试执行
质量保证人员	负责对产品的验收、检查和测试的结果进行计划、引导并做出报告
环境维护人员	负责开发和测试环境的开发和维护
其他	另外的角色，如文档规范人员、硬件工程师等

（2）建立项目组织

根据项目实际需要，为实际和潜在的职位空缺找到合适的候选人，将各个角色的责任和权力分配给项目成员。明确协作、汇报和隶属关系。建立项目组织实际上是一个角色和人员的匹配过程。为了更好地进行角色匹配，首先需要了解和评估每个成员的技能。然后根据对每个人的技能评价，将团对成员分配到相应的角色。各个角色之间存在着协作、依赖等关系。例如，在软件准备进行测试时，代码编写人员需要给测试人员进行建议，指出容易出错的区域等。而在测试过程中，代码编写人员还需要对测试人员报出的软件缺陷进行修改，这都是代码编写人员和测试人员之间的协作关系。在项目中，如果分配给某个角色的人物在另一个角色的任务没有完成之前就不能完成，那么这两个角色之间就产生了依赖关系。例如，设计人员如果对自己所负责部分的设计的描述含混不清，那么代码编写人员就不能很好地完成相应部分的代码编写。

（3）组织建设

项目组织建成之后，最迫切的任务就是形成管理能力，需要培养、改进和提高项目组织成员个人以及项目组织的整体工作能力，使项目组织成为一个有机协作的整体。项目组织建设包括职责、流程、计量、考核和文化等各个方面。

2. 软硬件资源管理

在项目管理中,一直强调着人力资源管理的重要性。但是,硬件、软件的管理和支持也不可忽视。网络故障或服务器的崩溃就可能导致整个项目停滞不前,而缺少项目所需的软件也同样可能导致整个项目的失败。

(1)硬件资源

在项目开始之前,需要列出所有项目需要的硬件资源。这个任务虽然看起来很简单,但在实施时却往往只考虑开发、测试的工作用计算机,以及必不可少的服务器等设备。然而,除了这些显而易见的硬件需求,项目可能还需要打印机、插座和通信端口等。如果漏掉了某个硬件设备,或者开始编写代码时发现硬件故障,那么开发效率就会大打折扣。

因此,硬件资源在项目开始时就应该考虑周全,并准备妥当,这样才能保证开发和测试工程师的工作效率,不至于因为硬件原因影响项目进度。在硬件管理的过程中,需要注意如下几个问题。

- 列出项目里需要的所有硬件资源。
- 对每个硬件,列出它必需的软件和设备支持。
- 确定哪个项目成员需要哪些硬件设备。

(2)软件资源

现在开发软件产品可能需要大量的软件,如基本的操作系统、编译器或各种应用软件。如果不事先正确安装或未加计划地升级都可能导致项目的拖延。开发团队需要的软件产品组件要有详尽的说明,这样产品的不一致性就能降到最低,还可以对升级进行计划。有经验的项目管理者都清楚,在项目进行过程中对软件进行升级会影响项目小组的工作进度,所以需要对软件的升级事先做计划。对于软件资源管理,主要需注意如下问题。

- 列出项目里需要的所有软件资源及其软件版本号。
- 对每个软件,确定哪些在项目过程中需要升级并由谁负责安装、维护和升级。
- 计划何时进行软件升级。

6.3 项目风险评估

项目风险是指潜在的预算、进度、人力(工作人员和组织)、资源、客户及需求等方面的问题以及对软件项目的影响。每个项目经理都知道风险是项目所无法避免的,无论怎么计划都不能完全消除风险,或者说不能控制偶然事件。但是正是因为这种不确定性,对风险的分析和评估才显得更为重要。项目的最初发起人往往无法清楚地认识到项目的某些重要方面。那么,如何为不可预见问题做计划,如何应对未预料的危机呢? 在项目的全过程中,可能会遇上关键人员生急病,或者硬件购买延迟,或者政府的政策发生改变,甚至会碰上像SARS这样的灾难。有什么工具或方法来帮助界定、分析和应对项目中可能发生的这些可能的风险呢?

图6-5给出了风险管理难题的一种图形模型。风险事件发生(例如时间估计、成本估计或设计技术上的误差)的可能性在项目的概念、计划和开始阶段最大。项目中风险事件发生得越早,它的成本影响也就越小。在项目的早期阶段有机会将存在的可能风险的影响最小

化,或者避开这些风险。反之,当项目过了半程之后,风险事件发生的成本会快速增加。例如,设计缺陷的风险事件在原型已经做成之后发生比在项目开始阶段发生会造成更大的成本或时间影响。

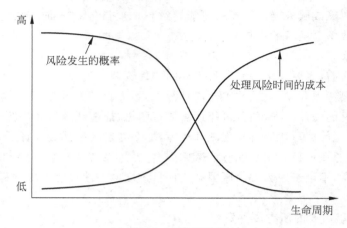

图 6-5   风险事件图

6.3.1   风险识别

风险识别作为风险管理的第一步,主要是识别哪些风险可能影响项目进展并记录具体风险的各方面特征。风险识别一般来讲,是一个反复进行的过程而且有规律地贯穿整个项目中,通常由项目主要成员、企业风险管理小组分头进行,以便尽可能地识别出项目可能存在的风险。

风险识别包括了两类风险的识别,内在风险和外在风险。

(1)内在风险指项目工作组能加以控制和影响的风险,如人事任免和成本估计等。

(2)外在风险指超出项目工作组等控力和影响力之外的风险,如市场转向或政府行为等。

项目成员可以 WBS 为基础具体讨论可能的风险项。风险的来源非常广泛,例如技术瓶颈、通货膨胀和公司战略调整等。所以,项目组的成员应该列出尽可能多的风险项以进行下一步的分析和评估。对于风险分析,一个非常重要有效的工具是检查表。项目组可以根据以往类似的项目和积累的其他风险管理的知识和信息,开发和编制项目的风险检查表。检查表的好处是使风险识别过程短平快,提高了效率,但是其风险识别的质量在于所开发的风险检查表的质量。对于单个或特定的一个项目,开发风险检查表是不实际的。如果企业进行大量类似的项目,例如 IT 服务企业执行的多数是 IT 应用的项目,完全可以开发一套风险检查表来提高风险识别过程的速度和质量。表 6-3 是风险检查表的一个示例。

表 6-3   风险检查表

- 交付期限的合理性如何。
- 将会使用本产品的用户数及本产品是否与用户的需要相符合。
- 本产品必须能与之交互操作的其他产品/系统的数目。
- 最终用户的水平如何。
- 政府对本产品开发的约束。
- 延迟交付所造成的成本消耗是多少。

为了更好地识别项目风险,可以从下面的两个方面进行考虑。

1. 项目的前提、假设和制约因素

不管项目经理和其他有关各方是否意识到,项目的建议书、可行性研究报告、设计或其他文件一般都是在若干假设、前提和预测的基础上做出的。这些前提和假设在项目实施期间可能成立,也可能不成立。因此,项目的前提和假设之中就隐藏着风险。同样,任何一个项目都处于一定的环境之中,受到许多内外因素的制约。其中法律、法规和规章等因素都是项目活动主体无法控制的。例如,在 1998 年,美国政府通过了康复法案(Rehabilitation Act)的第 508 节(Section 508),要求联邦机构使其电子信息可供残疾人访问。该法令同时为软件应用程序和 Web 应用程序以及电信产品和视频产品提供了可访问性准则。不仅联邦机构需要实施可访问性准则,与联邦政府签约工作的私人企业也需要实施这一准则。这些都是项目的制约因素,它们是不被项目管理团队所控制的,这其中自然也隐藏着风险。为了找出项目的所有前提、假设和制约因素,应当对项目其他方面的管理计划进行审查。例如,

(1)范围管理计划中的范围说明书能揭示出项目的成本、进度目标是否定得太高.而审查其中的工作分解结构,可以发现以前或别人未曾注意到的机会或威胁。

(2)审查人力资源与沟通管理计划中的人员安排计划,会发现哪些人员对项目的顺利进展有重大影响。例如,某个软件开发项目的项目经理参与系统设计的某人员最近身体状况出现问题,而此人掌握着其他人不懂的技术。这样一审查就会发现该项目潜在的威胁。

(3)项目采购与合同管理计划中有关采取何种计价形式的合同的说明。不同形式的合同,将使项目管理班子承担不同的风险。一般情况下,成本加酬金合同有利于承包商,而不利于项目业主。但是,如果预测表明,项目所在地经济不景气将继续下去,则由于人工、材料等价格的下降,成本加酬金合同也会给业主项目管理团队带来机会。

2. 可与本项目类比的先例

以前做过的同本项目类似的项目及其经验教训对于识别本项目的风险非常有用。甚至以前的项目财务资料,如费用估算、会计账目等都有助于识别本项目的风险。项目管理团队还可以翻阅过去项目的档案。向曾参与该项目的有关各方征集有关资料。例如,在上一个项目中由于忽略了性能测试并在项目后期才发现产品性能出现重大问题,从而不得不延迟项目的发布时间。那么,在这个项目中,就可以将性能列为产品的潜在风险之一。

6.3.2 风险分析和评估

在进行风险识别并整理之后,必须就各项风险对整个项目的影响程度做一些分析和评价,通常这些评价建立在以特性为依据的判断和以数据统计为依据的研究上。风险估计的对象是项目的单个风险,而非项目整体风险。风险估计有如下几方面的目的。

(1)加深对项目自身和环境的理解。

（2）进一步寻找实现项目目标的可行方案。

（3）使项目所有的不确定性和风险都经过充分、系统而又有条理的考虑。

（4）明确不确定性对项目其他各个方面的影响，估计和比较项目各种方案或行动路线的风险大小，从中选择出威胁最少，机会最多的方案或行动路线。

许多分析技术可以用来识别与评价风险事件的影响，下面简要说明了4种常用的分析方法，但没包括需要复杂和严谨数学分析的技术，因为这样的技术需要专门的学习和培训。

（1）情景分析。这是最容易和最常用的技术。通过主观判断识别什么地方可能会出错，出错的可能性有多大。给定这些变量的主观判断，使用主观的成本—收益思考过程，由接受或降低、分担或转移风险这些选项构成一种评价。尽管风险没有被量化，但它们基于经验判断，这在绝大多数情况下是可靠的。不过，当"专家"的经验和知识不同时，对风险的评价也可能是不一致的。

（2）比率/范围分析。比率/范围分析在项目管理中也得到广泛使用，它主要分析以往类似项目的数据。它假设在旧项目和新项目之间存在一种比率，以便做出关于时间、成本和技术的估计，并得到估计的低限和高限。比率一般用作一个常数。例如，如果假定项目中每行计算机代码需要10分钟，由于新项目比以往项目更难一些，所以，对于所考察的项目时间估计可使用常数1.10（代表着有10%的增长），从而确定项目时间的低限和高限。

（3）概率分析。项目经理可以使用许多统计技术来帮助进行项目风险评价。决策树被用来根据期望价值来评估替代性行动过程。净现值（NPV）的统计偏差被用来评价项目的现金流风险。以往项目现金流和S曲线（累积项目成本曲线，项目生命周期上的基准线）之间的相关关系也用来评价现金流风险。最后，可以用项目评审技术（program evaluation review technique，PERT）和PERT仿真来检查活动和项目风险。

（4）敏感性分析。这一方法可以包含从非常简单到高度复杂的技术。本质上，项目变量被赋予不同的值来区别每一个值的不同后果与严重性。它类似于情景分析，但一般使用了非常详尽的数值导向建模方法。

风险评价的方法一般不是主观的就是量化的。例如，"专家意见"或者"纯属直觉"的估计就最常得到采用，但它们依赖于做出判断的人的技能，可能带有严重的错误。量化方法通常需要对事实进行更详细的分析，往往更为可靠。典型的量化方法有比率分析、概率分析和敏感性分析。然而，量化方法需要极为严格的数据收集，经常在范围上受到限制，可行性也受到一定的影响。今天，更多的是将专家意见和量化数据混合使用，共同导出风险评估结果，如表6-4所示。

表 6-4   风险评估矩阵

风 险 事 件	可 能 性	严 重 性	发 现 难 度
系统崩溃	低	高	高
硬件故障	低	高	高
不易操作	高	中	中

风险识别和风险分析的目的就是要让决策者能够在问题发生之前就准备好深思熟虑地应对措施。风险应对总的指导原则是，参加项目的各方应该尽可能地互相合作以得到有用

的风险分担。对于已经确认的风险通常可做出以下几种反应,保留风险、减小风险、转移风险和避免风险。

如果在项目的各方之间分摊风险的话,那么就要考虑以下因素。

(1)避免风险的最好方法是不继续执行项目。一定要判断是否值得承担这么多风险来取得项目的收益。

(2)让最有能力控制风险的一方负责承担风险是比较明智的。

(3)应该尽量把风险分配给那些受风险影响最小的方面。

(4)虽然对承担特殊的项目风险要给予一定的奖励,但是如果一旦发生不幸事件,应该允许负责一方去避免风险后果的发生,或者使其最小化。

6.4　制定项目计划

在软件项目管理中,计划编制是最复杂的阶段,然而却经常不受重视。软件项目计划的主要目的是指导项目的具体实施。为了指导项目的具体实施,计划必须具有现实性和有用性。为了做出一个具有现实性和有用性的计划书,需要在计划编制过程中投入大量的时间和精力,而且还需要有计划经验的人员来进行计划编制工作。多娜·迪普罗丝在《项目管理》一书中将项目计划归纳为如下几个问题,为什么做? 做什么? 怎么做? 什么时候做? 谁来做? 通常,在项目说明书里已经阐述了前面的两个问题,因此在项目计划阶段需要解决的就是后面的三个问题。

(1)怎么做? 项目计划必须描述你如何去完成目标。这包括取得最终结果之前的所有交付,以及完成每个交付所需要完成的工作。项目里通常还需要包含项目风险,预测哪里会出现问题并提供可能的应对措施。

(2)什么时候做? 把项目工作排序,估计每项工作需要多少时间完成,确定出阶段交付日期,并最终制定一个日程表。

(3)谁来做? 所有的任务都需要人来做。根据技术和能力将人员分配到具体的任务上。

6.4.1　工作分解结构表(WBS)

完成项目计划的第一个问题是怎么做。因此,首先需要完成的是工作分解结构表,它在项目管理中扮演着很重要的地位。有的人可能很不喜欢编写计划,他会说:"我不会编写计划。"实际上计划只是将头脑里的东西整理到文档中而已。在完成 WBS 时,你只要将你想到的事情都一一列出来就行了。

例如,当需要开发一个新项目时,可以列出如下需要完成的任务。

(1)编写需求说明书。

(2)编写设计文档。

(3)编码。

(4)测试。

(5)验收。

然后再对每个任务进行进一步细分。例如,针对测试,可以将该任务又划分为如下更多的任务。

(1)阅读和分析产品规格说明书。

(2)准备测试用例。

(3)执行测试用例。

(4)缺陷分析和跟踪。

当然,上面的任务根据实际情况还可以进一步细分。列出需要完成的所有任务之后,根据任务的层次给任务进行编号。然后形成完整的工作分解结构表,如表 6-5 所示。

表 6-5　工作分解结构

1	项目范围规划
1.1	确定项目范围
1.2	获得项目所需资金
1.3	定义预备资源
1.4	获得核心资源
1.5	项目范围规划完成
2	分析/软件需求
2.1	行为需求分析
2.2	起草初步的软件规范
2.3	制定初步预算
2.4	工作组共同审阅软件规范/预算
2.5	根据反馈修改软件规范
2.6	确定交付期限
2.7	获得开展后续工作的批准(概念、期限和预算)
2.8	获得所需资源
2.9	分析工作完成
3	设计
3.1	审阅初步的软件规范
3.2	制定功能规范
3.3	根据功能规范开发原型
3.4	审阅功能规范
3.5	根据反馈修改功能规范
3.6	获得开展后续工作的批准
3.7	设计工作完成
4	开发
4.1	审阅功能规范
4.2	确定模块化/分层设计参数
4.3	分派任务给开发人员
4.4	编写代码
4.5	开发人员测试(初步调试)
4.6	开发工作完毕

WBS 除了用表格方式来表达之外,还可以采用结构图的方式,这种更直观更方便。如图 6-6 所示。

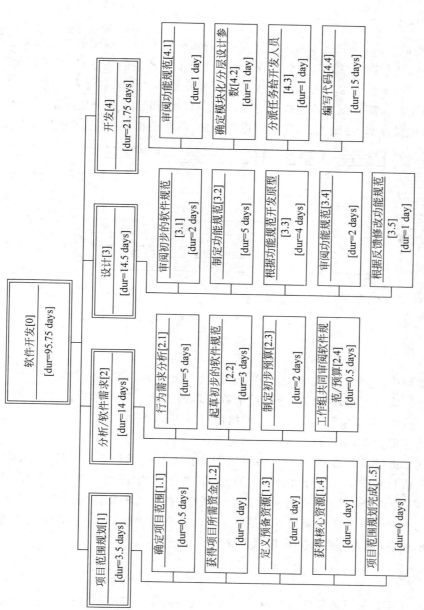

图 6-6 工作分解结构图

6.4.2　日程和人员安排

1. 任务排序

当 WBS 完成之后，就拥有了制定日程安排、资源分配和预算编制的基础信息。接下来要做的事情是将任务进行排序。因为在 WBS 上列出了非常多的任务，如果不仔细计划，就不知道什么时候应该做什么样的事情。这里必须要介绍的一个工具是网络图，一个非常有用的项目管理工具。网络图用箭头连接方框，从左至右时间顺序把所有任务排成序列，一眼就能看出应该先做什么，后做什么，哪些可以同时做，哪些是相互依赖的，如图 6-7 所示。

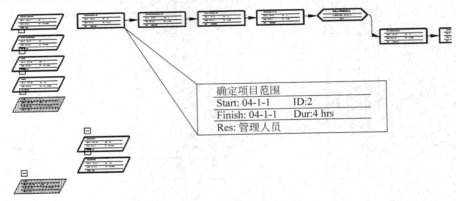

确定项目范围	
Start: 04-1-1	ID:2
Finish: 04-1-1	Dur:4 hrs
Res: 管理人员	

图 6-7　网络图

在项目管理中，一个必须先完成才能接着做后面工作的任务叫做先期工作。一个只有在另一个任务完成后才能开始的任务叫做依赖前者的工作。例如，编写设计文档就是编码的先期工作，编码依赖于编写设计文档。网络图可以表示出这些先期工作和依赖工作，反映出任务之间的逻辑关系，所以网络图也叫做逻辑图。

网络图为后面的日程表制定做好了准备，因为只有知道了任务的先后顺序、依赖关系，才能基于此完成日程安排。另外，网络图还可以帮助发现 WBS 中的缺陷。例如，当绘制网络图时，发现某个 WBS 分解时所遗漏的任务。所以，在绘制网络图时应该多思考，为什么这个任务和前一个任务存在依赖关系？是不是真的存在依赖性？如果一项任务与其他任务不存在任何依赖性，是否有必要完成这项任务？

2. 时间安排

接下来的任务是为每项任务分配时间。每个任务的负责人需要对负责的项目进行详细分析，并估计该任务可能花费的时间。并根据分配的时间绘制任务的时间线。

图 6-8 所示的是项目管理中非常盛行的甘特图，因为它非常容易绘制。实际上，甘特图只是一种条形表，活动列在左边，时间排在上面。附有时间的横条表示工作序列及每个活动的开始和结束时间。如果绘制的图表包含了计划时间和实际时间，甘特图还能清晰地展示项目完成的情况。如果计划和实际不吻合，就需要作出适当的调整措施。

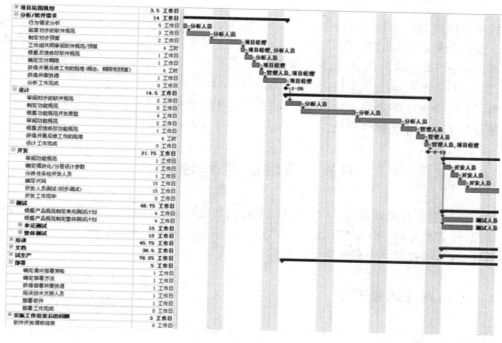

图 6-8　甘特图

3. 人员分配

项目计划的最后一项是为每个项目分配具体的人员。很多项目管理人士认为应该根据每个人的技能而不是按是否空闲来分配工作。但是,这经常是不现实的,除非资源非常多。因此,在进行人员分配时,最好考虑如下几项。

(1) 谁最有能力来完成这项任务。

(2) 谁愿意来完成这项任务。

(3) 谁有时间来完成这项任务。

综合考虑上面的几个问题,然后挑选出最适合的人选来完成任务。当所有的人选都确定之后,可以得到一个任务分配矩阵,如表 6-6 所示。

表 6-6　任务分配矩阵

任 务		管理人员	项目经理	分析人员
项目范围规划	1.1　确定项目范围	A		
	1.2　获得项目所需资金	A		
	1.3　定义预备资源		A	
	1.4　获得核心资源		A	
分析/软件需求	2.1　行为需求分析			A
	2.2　起草初步的软件规范			A
	2.3　制定初步预算		A	
	2.4　工作组共同审阅软件规范/预算		A	P
	2.5　根据反馈修改软件规范			A
	2.6　确定交付期限		A	
	2.7　获得开展后续工作的批准	A	P	
	2.8　获得所需资源		A	

任务分配矩阵把任务竖着列在左边,把人员写在最上面,矩阵中间是每个人需要完成的任务。在稍微复杂一点的项目中都存在不同的角色,因此,项目人员在项目中的参与度也有所区别。从表 6-6 中也可以看到,任务分配分为了 P 和 A。一般项目中的任务分配可以有负责、参与、检查和批准 4 个类别,分别用 A,P,R 和 S 来表示。

有了任务分配矩阵之后,项目管理组就可以非常清楚地知道每个人分配在什么任务上,在这个任务上处于什么样的角色。

6.5 项目跟踪和监督

项目跟踪主要针对计划,以了解项目的实际进展情况而采取的活动。如,了解成员工作完成情况,了解整个项目计划完成情况等内容。跟踪主要是为了及时了解项目中的问题,并及时解决问题,不使问题淤积而酿成严重后果。

6.5.1 项目跟踪的重要性

项目跟踪是必要的,因为它可以证明计划是否可以被完成。跟踪可以对计划进行检验,如果把计划和跟踪看做一个工作循环,那么计划将得到适时的改进,因为跟踪过程中会发现计划的不当之处。详细的计划可以提高跟踪的准确性,提高跟踪的效率和效果。粗糙的计划则会加大跟踪的工作量,并降低跟踪的效果。这是循环所必然导致的结果。

项目跟踪主要包含了如下几方面的内容。

1. 了解成员的工作情况

一个任务分配下来后,项目经理应该知道工作的进展情况,那么就必须去跟项目成员进行交流,了解这个成员的情况。所以他要得到的信息是“能不能按时并保质保量地完成? 如果不能按时完成,需要什么样的帮助呢?”这是项目经理最关心的。而且需要随时地收集。如果这个信息没有被收集上来,那么项目经理就失去了对项目的了解,也就失去了可适时调整的时机,如此下去,后果就可想而知了。

2. 调整工作安排,合理利用资源

如果项目组中有几个或者几十个人的时候,就可能出现完成任务早晚的不同,完成早的不能闲着,完成晚的不能拖后腿。也可能发现某人更适合某项工作,某人不适合某项工作。这时就需要项目经理进行工作的调整。那么,这个跟踪结果和数据就可以帮助项目经理完成项目调整。

3. 促进计划内容的完善

项目人员多了,又去跟踪,这就必然要求项目经理做出详细的计划,这个计划必须要明确任务,明确任务的负责人,明确任务的开始和结束时间,明确产物的标准(至少是项目经理和制作人双方可以接受且明确的内容)。这就要求项目经理把整个项目分成若干部分。详细地考虑分工。项目经理的跟踪必然促使项目组成员更加详细、合理地制定自

己工作计划,最终形成一种良好的氛围,那就是计划展现出的层次结构(项目大计划、中计划和个人计划)。

4. 促进项目经理对人员的认识

工作分解后,应该按照个人的特长分配工作,因为特长就是效率。所以项目经理必须了解每个项目成员的具体情况。即使在开始时不了解这种情况,这种信息在跟踪中也会很快地被体现出来。也就是说,跟踪促使项目经理对成员进行准确的评估,并且这个评估是可以找到根据的(项目跟踪的结果)。

5. 促进对项目工作量的估计

在一个好的跟踪工具中应该有对工作量的估计。工作量的估计总是很不准确,这个问题在跟踪中表现为完不成任务/计划,或者工作超前。在这种情况发生后,也必然促使项目组去考虑工作量的评估问题,包括整个项目的工作量,各个任务的工作量,还有可能导致整个计划的修改。

6. 统计并了解项目总体进度

经常会遇到这种情况,项目组在同一时间进行不同阶段的工作。这时对于工作进度的把握,尤其是总体进度的把握就比较困难。如果项目经理把阶段划分得很清楚,阶段工作量很明确,而且项目成员也对自己的工作量进行评估的话,那么项目的总体进度可以由工具自动生成(完成的百分比)。这可能不是很准确,但却可以作为一个参考,而且是一个比较好的参考。

7. 有利于人员考核

项目成员的工作能力,例如"是否按时完成任务,完成工作量的大小,工作内容的难易……",很多信息都可以在跟踪工具中体现出来。使项目考核有理有据,人人信服。

6.5.2 项目过程的跟踪和控制

跟踪项目非常重要的一点是项目信息的收集,因为只有收集了足够的信息,才能做出较准确的判断,判断项目目前是否与计划有所出入,并采取相应的措施。

1. 信息的收集

对于信息的收集主要有两种方式,被动接收和主动收集。

(1) 被动接受

被动接受是指项目成员自动发出项目的相关信息,项目经理在接收到之后,进行整理、分析。目前,各软件企业比较常用的方式是日报(daily report)或周报(weekly report)。日报制度要求每个工程师每天的工作完成之后,将自己相关的项目信息进行整理,然后发送给项目负责人。报告的内容通常包括了下面几项。

- 分配给自己的任务的完成情况。

- 如果存在需要解决的问题,则列出在日报中。
- 如果存在潜在的风险,也列出在日报中。

（2）主动收集

主动收集的意思是项目经理通过各种手段主动地收集项目信息。项目经理主动收集信息主要分为两个方面,一个是即时地和项目成员进行沟通,掌握项目状况;另一个是查看缺陷跟踪系统中记录的缺陷信息。在大多数的软件企业中,都有着固有的沟通渠道,而最常用的就是 Email 和即时通信工具,项目组成员之间也大多通过这两个方式进行相互交流。所以,项目经理为了收集信息,每天都会和组员之间进行沟通,询问目前的任务状态和存在的问题。而缺陷跟踪系统由于记录了大量的缺陷信息而成为收集项目信息的一个重要来源。项目经理会从这个系统中提出自己需要的信息,如目前为解决的缺陷数量和严重级别等。

2. 问题分析和处理

在实际工作中经常是同时使用被动接受和主动收集两种方式来掌握项目状态。不管采用怎样的方式来收集信息。在得到信息之后,项目经理都需要对目前的状态进行分析,然后采取相应的措施。通常会遇到如下几类问题。

（1）需求变动

在前面的章节中已经提过,在软件项目中经常会遇到需求的变动。这时,项目经理就需要跟踪该需求的变动是否遵循了需求变动控制的流程。如果没有遵循定义的需求变动机制,那么就需要向更高的管理层提出这个问题。

（2）任务的实际进度落后于计划进度

这个问题在项目管理中也是经常遇到的。当发现这样的问题存在时,则需要和相关方讨论解决方案。一般来说解决方案主要有 3 种,调整工作策略、增加资源和延长项目时间。调整工作策略是考虑是否有其他办法可以缩短后面的工作时间,例如在回归测试阶段采用自动测试代替手工测试。增加资源顾名思义是通过增加项目人员来追赶落后的时间。当然在项目管理中有一条非常著名的理论是"向延迟的项目中增加人员将导致项目更加延迟"。然而这也是有各种前提条件,如果其他人对这个项目同样熟悉,那么通过增加人员在一定程度上是可以弥补损失的时间的。例如,公司的测试人员可能对公司内的所有大部分产品都非常熟悉,因为他们总是根据需要被分配到不同的项目中进行测试。这样,如果在某个项目中增加了测试人员,是可以缩短测试时间的。最后一个方法是延长项目时间,这也是最简单的,也是最后的一种解决办法,但是当无法通过其他途径解决项目延迟问题时,就只有延长项目的时间。

（3）项目难题

项目经理在信息的收集过程中,项目成员一般都会提出一些问题,而这些问题项目成员无法解决。例如,某个开发人员发现存在某个技术问题,如果不及时解决,必然会影响项目的进度。这时,项目经理也许需要在整个公司范围内寻找这个问题的技术专家,如果仍然无法解决,则需要报告给更高一级的管理层并寻求他们的帮助。例如,某个测试人员发现了一个严重的缺陷,而这个缺陷阻碍了测试组后面的测试。这样的缺陷如果不能解决,测试人员就无法进行下面的工作,自然会造成项目延迟。当项目经理知道这样的情况存在时,就需要和开发人员进行沟通,询问解决这个缺陷是否存在困难,以期尽快修订这样的缺陷,使测试任务能够顺利完成。

总之,项目跟踪在整个项目管理过程中是非常重要的,项目经理需要及时掌握项目中存在的问题,并寻求解决方案,使项目能够按照计划顺利地进行。当然,如何高效地发现和解决项目过程中的问题,是一个经验积累的过程,来自于实践工作中不断总结。

6.6　小　　结

项目管理一章介绍了基线、配置项和版本控制等配置管理中的基本概念和方法。同时说明了项目启动和项目实施过程中要解决的各种问题。例如,如何估算项目规模和资源,如何进行项目风险分析和控制,如何进行项目进度的跟踪和控制等。

软件配置管理始终贯穿于软件生命周期中,其主要功能是控制软件生命周期中软件的变更,减小因变更所造成的影响,确保软件产品的质量。配置管理的任务主要包含了基线控制、版本控制以及变更控制等内容。

软件项目管理过程从一组称为项目计划的活动开始,这些活动中的第一个就是估算。工作分解结构表估算法采用“分而治之”的策略进行软件项目估算。将项目分解成若干主要的功能及相关的软件工程活动,通过逐步求精的方式进行成本及工作量估算。

任何一个项目都不可能完全规避风险,因此,提前识别风险对项目成功起着重要的作用。项目风险的来源很多,在进行风险分析和识别需要考虑各方面的因素,如过程风险、技术风险和商业风险等。

6.7　习　　题

1. 为什么需要进行项目管理?
2. 简述成本的基本估算方法。
3. 资源管理的主要内容包括哪些?
4. 说明在项目跟踪中应注意哪些方面?

第7章

软件过程的质量管理

　　ISO 9000"质量管理和质量保证"标准规定："质量管理是指全部管理职能的一个方面。该管理职能负责质量方针的制定与实施。"ISO 8402"质量管理和质量保证术语"标准中,将质量管理的含义进行了扩展,规定："质量管理是指确定质量方针、目标和职责,并通过质量体系中的质量策划、质量控制、质量保证和质量改进来使其实现的所有管理职能的全部活动。"

　　质量管理是各级管理者的职责,它由最高管理层来推动,并在实施中则会涉及到组织的全体成员。软件开发需要历经多个生产环节,产生大量的中间产品,而每个环节都可能带来产品的质量问题,因此,如何有效地管理软件产品的质量一直是软件企业所面临的问题。

7.1　质量管理概述

　　有一个关于医生的小故事很好地诠释了质量管理的思想。在中国古代,有一家三兄弟全是郎中,其中老三是名医,人们问他："你们兄弟三人谁的医术最高?"他回答说："我常用猛药给病危者医治,偶尔有些病危者被我救活,于是我的医术远近闻名并成了名医。我二哥通常在人们刚刚生病的时候马上就治愈他们,临近村庄的人说他是好郎中。我大哥不外出治病,他深知人们生病的原因,所以能够预防家里人生病,他的医术只有我们家里才知道。"

　　这个故事实际比喻了三种不同的质量管理方式。

　　(1) 老大治病的方式最高明,如果人们能够预防生病的话,那么没病就用不着看医生了。

　　提高软件质量最好的办法是:在开发过程中有效地防止工作成果产生缺陷,将高质量内建于开发过程之中。主要措施是"不断地提高技术水平,不断地提高规范化水平",也称为"软件过程改进"。

　　(2) 老二治病的方式就是医院的模式,病人越早看病,就越早治好,治病的代价就越低。

　　同理,在开发软件的时候,即使人们的技术水平很高,并且严格遵守规范,但是人非机器,总是会犯错误的,因此无法完全避免软件中的缺陷。为了更早地发现缺陷,可以采用技术评审、软件测试和过程检查等手段。现在,已经有很多企业都采取了这样的质量控制方式。

　　(3) 老三治病的方式代价最高,只能是不得已而为之。

　　在现实之中,还有一些软件企业仍然采用老三的方式来对付质量问题。典型现象是:在软件交付之前,没有及时消除缺陷。当软件交付给用户后,用户在操作过程中发现了缺陷或故障,不得不临时安排开发人员进行补救。

从这个故事也可以看出,缺陷的消除并不能真正保证软件的质量,更重要的是缺陷的预防和管理。

软件的质量是软件开发各个阶段质量的综合反映,因此软件的质量管理贯穿了整个软件开发周期,如图 7-1 所示。为了更好地管理软件产品质量,首先需要制定项目的质量计划。然后,在软件开发的过程中,需要进行技术评审和软件测试,并进行缺陷跟踪。最后,对整个过程进行检查,并进行有效的过程改进,以便在以后的项目中进一步提高软件质量。在随后的小节中将对各个阶段进行更详细的介绍。

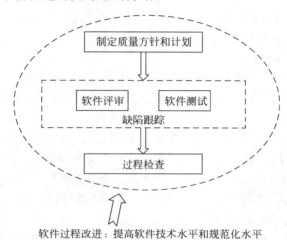

软件过程改进:提高软件技术水平和规范化水平

图 7-1　软件过程的质量管理

7.2　软件质量方针和计划

质量方针是由组织的最高管理者正式发布的该组织总的质量宗旨和质量方向。它体现了组织对质量总的追求,对顾客的承诺,是该组织质量工作指导思想和行动指南。

质量计划是针对特定的产品、项目或合同,规定专门的质量措施、资源和活动顺序的文件。它通常参照质量手册中适用于特定情况的有关部分。质量计划的内容是专门的质量措施、资源和活动顺序,具体如下。

(1) 应达到的质量目标,该项目各阶段中职责和职权的分配。

应采用的特定程序、方法和作业指导书。

(2) 有关阶段的试验、检验和审核大纲。

随项目进展而修改和完善质量计划的方法。

(3) 为达到质量目标必须采取的其他措施。

7.2.1　软件质量方针

软件质量方针是指导项目人员更好地开展软件项目工作的指导性文件和约束性文件,是隶属于公司年度工作目标和方针政策之下的一份旨在针对软件工作的政策性文件,对企业软件过程改进、工作质量提升等具有非常重要的战略意义和指导价值。

之所以需要制定软件质量方针，是因为对于规模较大、业务种类较多的企业，不太可能也不合适在企业年度工作目标和方针政策文件中对每一块业务都做出详尽的规定，这时就需要单独制定一份文件，对软件质量工作给出明确、清晰的规定和要求。这样，一方面保证了企业年度工作目标和方针政策清晰明了，重点突出；另一方面也便于软件业务部门和人员专注于自己相关的目标、政策和执行方法。同时，由于软件质量管理是一项复杂、可控性低的活动，因此，制定一套大家理解一致、执行一致的行为规范，也是非常必要的。

作为软件质量管理的指导性文件，软件质量方针主要包含了如下内容。

（1）软件质量工作中长期目标。细化公司对业务发展的中、长期目标，一般可以提出3～5年的企业业务发展规划。

（2）软件质量工作年度目标。围绕实现公司年度总目标的要求，细化业务的年度目标。

（3）文件覆盖范围。明确该文件的覆盖范围，即指明哪些部门、哪些人员必须执行该文件。

（4）相关部门、人员的责任和义务。明确各相关部门、相关人员的责任和义务。如明确公司的 MSG、SEPG 成员及其在软件质量保障工作方面的职责（对于实施了 CMM（I）的软件企业适用），明确各部门负责人在软件质量保障工作方面的职责等。

（5）过程改进和过程回顾活动事宜。明确过程改进和过程回顾活动的时间、责任人等，为制定企业过程改进行动计划提供依据。

（6）过程培训活动。明确什么人员需要参加什么方面的过程培训以及培训时机等，确保活动执行者掌握该活动所要求掌握的过程知识。

（7）过程裁剪审批流程。明确过程裁剪的审核、审批流程，规范过程执行行为。

（8）文件的监督执行部门。明确文件的监督执行部门，为文件体系真正能落实到位提供组织保障。

在制定质量方针的时候，还需要注意如下事项。

（1）质量方针是组织建立质量目标的框架和基础。质量方针指出了组织的质量方向，而质量目标是对这一方向的落实、展开。质量方针也是质量管理体系有效性的评价参照，不能空洞而不切实际。

（2）为使质量方针得到实现，最高管理者应在组织内对质量方针予以沟通，并使相关人员意识到所从事活动的重要性以及如何为实现本岗位的质量目标作出贡献。

（3）质量管理的 8 项原则可作为制定质量方针的基础。

（4）必要时，组织应对质量方针进行适宜性方面的评审和修订，以反映不断变化的内外部条件和环境。

7.2.2　质量计划

质量计划是进行项目质量管理、实现项目质量方针和目标的具体规划。它是项目管理规划的重要组成部分，也是项目质量方针和质量目标的分解和具体体现。质量计划是针对具体的软件开发制定的，总体过程包括了 4 个阶段，计划的编制、实施、检查调整和总结。

　　质量计划的主要目的是确保项目的质量标准能够得以满意的实现,其关键是在项目的计划期内确保项目按期完成,同时要处理与其他项目计划之间的关系。编制项目的质量计划,首先必须确定项目的范围、中间产品和最终产品,然后明确关于中间产品和最终产品的有关规定、标准,确定可能影响产品质量的技术要点,并找出能够确保高效满足相关规定、标准的过程方法。

　　质量计划是保证组织质量体系有效运行的纽带,因为一个组织的质量体系运行的好坏,应反映在具体的产品上,通过质量计划能够把具体产品与组织质量体系联接起来。质量计划可作为评定、监控产品是否符合质量要求的依据。由于质量计划规定了专门的质量措施、资源和活动顺序,它对有关质量活动提出了具体要求。因此,可以根据这些要求,对质量活动的执行过程和结果进行监控和评定。

1. 质量计划的输入因素

　　质量计划是质量策划的交付成果,所以项目质量计划在制定时应考虑以下几个因素。

　　(1) 质量方针。质量方针是由项目决策者对项目的整个质量目标和方向所做出的一个指导性的文件。在项目的质量策划过程中,质量方针是重要的依据之一。当然,在项目实施中质量方针并非一成不变,而应根据项目实际情况对质量方针进行适当的调整。随着质量方针的调整,质量计划同样需要做出相应的调整。

　　(2) 项目范围陈述。项目的范围陈述明确了项目需求方的要求和目标,因此,范围陈述也是项目质量计划编制的主要依据和基础,它界定了重要的项目相关人员的需求。

　　(3) 产品说明。虽然产品说明可以在项目范围陈述中加以具体化,但是产品说明通常仍需阐明其技术要点的细节和其他可能影响质量计划的因素。

　　(4) 标准和规则。项目质量计划的制定必须考虑到与项目相关的标准和规则,这些都将影响质量计划的制定。

　　(5) 其他工作的输出。项目管理方面的其他工作的输出也会对项目计划的制定产生影响。比如,采购计划就要说明承包人的质量要求。

2. 质量计划的制定步骤

　　(1) 了解项目的基本概况,收集项目有关资料。质量管理计划编制阶段应重点了解项目的组成、项目的质量目标以及项目实施方案等具体内容。所需收集的资料主要有项目质量策划结果、实施规范、质量评定标准和类似的项目资料等。

　　(2) 确定项目质量目标树,明确项目质量管理组织机构。在了解项目的基本情况并收集大量的相关资料之后,所要做的工作就是确定项目质量目标树,绘制项目质量管理组织机构图。

　　首先按照项目质量总目标和项目的组成与划分,进行逐级分解,建立本项目的质量目标树。

　　其次,根据项目的规模、项目特点、项目组织、项目总进度计划和已建立的项目质量目标树,配备各级质量管理人员、设备和器具。确定各级人员的角色和质量责任,建立项目的质量管理机构,绘制项目质量管理组织机构图。例如,一个普通的软件开发项目,项目各级人员所扮演的角色和承担的责任如表 7-1 所示。

表 7-1　项目质量责任表

角　色	质　量　责　任
项目经理	进行整个项目内部的控制、管理和协调，是项目对外联络人
系统分析员	开发组负责人
编程人员	详细设计、编程和单元测试
测试组组长	准备测试计划、组织设计测试用例、实施测试计划和准备测试报告
测试人员	编写测试用例，执行测试用例
文档编写人员	编制相关文档
质量保证人员	对整个开发和测试过程进行质量控制

（3）制定项目质量控制程序。项目的质量控制程序主要有项目质量控制工作程序、初始的检查实验和标识程序、项目实施过程中的质量检查程序、不合格项目产品的控制程序、各类项目实施质量记录的控制程序和交验程序等。

在制定好项目的质量控制程序之后，还应该把单独编制成册的项目质量计划，根据项目总的进度计划，相应地编制项目的质量工作计划表、质量管理人员计划表和质量管理设备计划表等。

（4）项目质量计划的审定与实施。项目质量计划编制后，经相关部门审阅，并经项目负责人（或技术负责人）审定和项目经理批准后颁布实施。当项目的规模较大、子项目较多或某部分的质量比较关键时，也可按照子项目或关键项目，根据项目进度分阶段编制项目的质量计划。

3. 制定质量计划的方法和技术

（1）利益/成本分析

质量计划必须综合考虑利益/成本的交换，满足质量需求的主要的利益是减少重复性工作。这就意味着高产出、低支出以及增加投资者的满意度。满足质量要求的基本费用是辅助项目质量管理活动的付出。质量管理的基本原则是效益与成本之比尽可能的大。

（2）基准

基准主要是通过比较实际或计划项目的实施与其他同类项目的实施过程，为改进项目实施过程提供思路和提供一个实施的标准。

（3）流程图

流程图是一个由任何箭线联系的若干因素关系图，流程图在质量管理中的应用主要包括如下两个方面。

- 原因结果图。主要用来分析和说明各种因素和原因如何导致或者产生各种各样潜在的问题和后果。
- 系统流程图或处理流程图。主要用来说明系统各种要素之间存在的相互关系，通过流程图可以帮助项目组提出解决所遇质量问题的相关方法。

（4）试验设计

试验设计对于分析辨明对整个项目输出结果最有影响的因素是有效的。

由于影响项目实施的因素非常多，如设计的变更、意外情况的发生和项目环境的变化。而且这些因素均能够对项目质量计划的顺利实施起到阻碍限制作用,因而在项目质量计划实施的过程中,必须不断加强对质量计划执行情况的检查,发现问题,及时调整。例如,在项目实施的过程中,由于受主客观因素的影响,偶尔会发生某部分项目的实施质量经检验后未能达到原质量计划规定的要求,从而对项目质量目标带来不同程度的影响。此时在项目总体目标不变的前提下,应根据原质量计划和实际情况进行比较分析,及时发现,及时调整。并制定出相应的技术保证措施,对原计划做出适当的调整,以确保项目质量总目标的圆满实现,满足顾客对项目产品或服务的质量要求。

综上所述,项目质量计划工作在项目管理,特别是项目质量管理中具有非常重要的地位和指导作用。加强项目的质量计划,可以充分体现项目质量管理的目的性。有利于克服质量管理工作中的盲目性和随意性,从而增加工作的主动性、针对性和积极性,对确保项目工期、降低项目成本和圆满实现项目质量目标将会产生积极的促进作用。

7.3　软件评审过程和方法

卡尔·威格(Karl E. Wiegers)在《同级评审》一书中提到"不管你有没有发现他们,缺陷总是存在,问题只是你最终发现它们时,需要多少纠正成本。评审的投入把质量成本从昂贵的、后期返工转变为早期的缺陷发现。"软件评审的重要目的就是在评审中发现产品的缺陷,因此在评审上的投入可以减少大量的后期返工。通过评审,还可以将问题记录下来,使得问题具有可追溯性。

7.3.1　角色和责任

在评审过程中涉及到多个角色,分别是评审组长、作者、评审员、读者和记录者等。虽然评审员是一个独立的角色,但实际上,所有的参与者除了自身担任的特定角色外,都在评审中充当评审员的角色。有时候,由于人员的限制,一个人可能充当多个角色,如小组组长也可以是读者和记录者。不同的角色承担着不同的责任,其主要的职责分配如表 7-2 所示。

表 7-2　软件评审中的角色和责任

角　色	责　任
作者	(1) 被评审的工作产品的创建者或维护者请求同行评审协调者分配一位评审负责人,从而发起评审过程。 (2) 陈述评审目标。 (3) 提交工作产品及其规范或以往的文档给评审负责人。 (4) 与评审负责人一起选择检查者,并分配角色。 (5) 对应问题日志和错误清单上的项目。 (6) 向评审负责人报告返工时间和缺陷数

角　色	责　任
小组组长	(1) 使用评审负责人检查表作为工作辅助。 (2) 计划、安排和组织评审活动。 (3) 与创建者一起选择检查者,并分配角色。 (4) 在评审会议 3 天前,将评审项目打包并发送给检查者。 (5) 确定会议准备是否充分。如果不充分,重新安排会议时间。 (6) 协调评审会议进行。纠正任何不适当的行为。随着阅读人展现工作产品的各部分,引导检查者提出问题。记录评审过程中提出的行动决议或问题。 (7) 领导评审小组确定工作产品的评估结果。 (8) 作为审核者或指派其他人承担该责任。 (9) 提交完成的评审总结报告给组织的同行评审协调者
读者	向评审小组展示工作产品的各部分,引导检查者进行评论,提出问题或疑问
记录者	记录并分类评审会议中提出的问题
评审员	在评审会议之前检查工作产品,发现其缺陷,为参加评审会议做准备。记录其评审准备时间。参加评审、识别缺陷、提出问题以及给出改进建议
审核者	进行跟踪,确认返工工作被正确执行
协调者	项目评审度量数据库的拥有者。维护每次评审的评审记录及来自评审总结报告中的数据。根据评审数据形成报告,提交给管理层、过程改进组及同行评审过程的拥有者

7.3.2　软件评审过程

按 IEEE 的说法,软件评审时软件开发组以外的人员或小组对软件需求、设计或代码进行详细审查的一种正式评价方法。其目的在于发现软件中的缺陷,找出违背执行标准的情况以及其他问题。事实上,大量的实践已经证明了软件评审是使产品达到用户要求的一项十分有意义的活动,的确是软件过程中软件质量保证的一个重要手段。然而,在进入正式的评审流程之前,需要进行是否准入的判断,只有满足评审的入口条件时,才能进入软件评审过程。评审的入口条件包含了如下内容。

(1) 创建者为待评审的工作产品选择了评审方法。

(2) 准备好所有必需的支持文档。

(3) 创建者陈述了该次评审的目标。

(4) 评审者接受了同行评审过程的培训。

(5) 为待评审的文档分配了版本号。所有页面都标明了页号和行号。文档经过了拼写错误检查。

(6) 为待评审的源代码分配了版本号。代码清单标明了行号和页码。代码已经使用项目标准编译转换器编译过,并且没有错误和警告信息。使用代码分析器发现的错误已经被改正。

(7) 对于二次评审,前一次评审中发现的所有问题都已经解决。

(8) 满足所有针对特定的工作产品定义的附加入口条件。

进入评审流程后,主要分计划、总体会议、准备会议、审核会议、返工和跟踪 6 个步骤,其流程如图 7-2 所示。

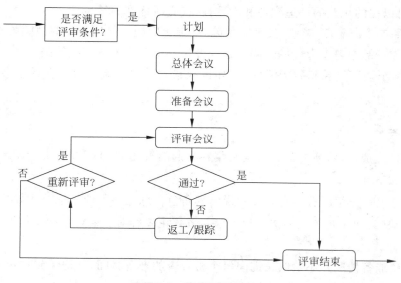

图 7-2 软件评审流程

1. 计划

计划主要是确定即将送审的工作产品,并做好评审时间表,这一阶段有如下几个主要任务。

(1) 将需要评审的工作产品和支持文档,如规范、以往文档和相关测试文档交给评审负责人。

(2) 确定工作产品是否满足评审入口条件。

(3) 根据工作产品的规模和复杂度确定需要多少次评审会议。

(4) 选择检查者,并为其分配角色。确认评审员同意参加评审。

(5) 确定是否需要一次评审总体会议。

(6) 安排评审会议或者还有评审说明会议的时间,并发出会议通知。

2. 总体会议

总体会议根据实际情况是可选择的。如果评审员对于即将评审的工作产品已经比较熟悉,那么可以省略总体会议,直接开始准备正式的评审会议。如果之前评审员不是十分熟悉工作产品,可以召开总体会议以便对产品有一个总体介绍。在总体会议上,作者需要向评审小组的其他成员描述工作产品的重要特征,并陈述评审目标。同时,评审人员评估工作产品的前提条件、历史记录及背景。

3. 会议准备

为了保证评审质量,要求在评审会议开始前至少 3 天向所有的评审员发送评审包。同时,评审员需要在评审会议开始前独立、认真地阅读需要评审包的内容,保证在评审会议开始时,已经熟悉评审的内容。在这期间,需要完成主要工作如下所述。

(1)要求每个检查者以特定的角度准备评审。例如,检查交叉引用的一致性,检查接口错误,检查对以往的规范的可追溯性和一致性,检查对标准的符合性。

(2)检查工作产品,理解它,发现其缺陷,并提出问题。使用适当的缺陷检查表,集中于发现这类工作产品中普遍存在的缺陷。适当使用其他分析方法查找缺陷。

(3)将微小缺陷记录到微错清单上,如排版错误或风格不一致。在评审会议上或之前交给创建者。

4. 评审会议

准备工作完成后,将所有的评审员召集在一起召开正式的评审会议。评审会议的主要工作主要有如下几点。

(1)小组组长介绍所有与会人员并说明其角色。陈述评审的目标。指导检查者将精力集中于发现缺陷,而不是解决方法。提醒参与者评论要针对正在评审的工作产品,而不是创建者。

(2)确认准备情况。小组组长询问每个检查者的准备时间,并记录到评审总结报告上。如果准备不充分,则需要中止评审会议并重新安排会议时间。

(3)展示工作产品。作者或读者向评审小组描述工作产品的各部分。

(4)提出缺陷和问题。每当阅读人展示完工作产品的一部分,评审员应该指出关心的、潜在的缺陷、疑问或改进建议。

(5)记录问题。对每个提出的问题,记录者都需要记录到问题日志上,确保所有的问题都被正确地记录。

(6)解答问题。当有评审员提出问题时,作者需要简短回答提出的问题,使检查者进一步了解工作产品,从而帮助发现缺陷。

在会议最后,评审小组应该就评审内容进行最后讨论,形成评审结果。可能的评审结果有如下4种。

(1)接受。评审内容不存在大的缺陷,可以通过。

(2)有条件接受。评审内容不存在大的缺陷,修订其中的一些小缺陷后,可以通过。

(3)不能接受。评审内容中有较多的缺陷,作者需要进行返工,并在返工之后重新进行评审。

(4)评审未完成。由于某种原因,评审未能完成,还需要后续会议。

会议结束之后,评审小组还需要一系列的评审结果。评审结果包含了如下几项。

(1)问题列表。

(2)评审总结报告(会议记录)。

(3)评审决议。

(4)签名表。

(5)问题列表说明了项目或产品中存在的问题,并需要后期跟踪。评审总结报告包含了评审的内容、评审人和会议总结等基本信息。

5. 返工和跟踪

评审会议结束时并不意味着评审已经结束了。评审会议的一个主要输出就是问题列表,发现的大部分缺陷是需要作者进行修订和返工的。因此,需要对作者的修订情况进行跟踪,其目的就是验证作者是否恰当地解决了评审会上所列出的问题,并使所有的问题都得到妥善解决。

在前面提到了评审的最后决议有接受、有条件接受、不接受和未完成4种情况。其中接受和未完成基本不存在返工和缺陷的跟踪,因此返工和跟踪主要针对有条件接受和不接受。

（1）有条件接受的缺陷跟踪

对于有条件接受的情况,被评审产品的作者在评审会后需要对产品进行修改,修改期限一般为3~5个工作日。修改完成后,被评审产品的作者将修改后的被评审产品提交给所有的评审组成员。

评审组对修改后的被评审产品进行确认,在1~2个工作日内提出反馈意见。如有反馈意见,被评审产品作者应立即修改并重新发给评审组。

评审组长做好评审会后的问题跟踪工作,确定评审决议中的问题是否最终被全部解决。如全部解决,则认为可以结束此次评审过程;如仍有未解决的问题,则评审组长应督促被评审产品的作者尽快处理。

在满足结束此次评审过程的条件后,评审组长要将评审报告发给所有的评审组成员、被评审产品作者和SQA人员。评审报告可以看做是评审会结束的标志。

（2）不接受的缺陷跟踪

对于不接受的评审结果,被评审产品的作者在评审会后需要根据问题列表对产品进行返工,并将返工后的结果提交给所有的评审组成员。

评审组长检查修改后的产品,如果认为返工后的结果满足评审入口条件,则重新组织和召开评审会议对产品进行审查。

7.3.3 软件评审方法

评审的方法很多,有正式,非正式的。如图7-3所示就是从非正式到正式的各种评审方法。

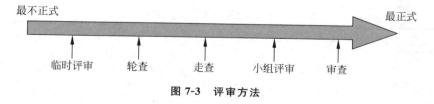

图7-3 评审方法

1. 临时评审（ad hoc review）

临时评审是最不正式的一种评审方法。通常应用于小组合作。

2. 轮查(passroud)

轮查又称为分配审查方法。作者将需要评审的内容发送给各位评审员,并收集他们的反馈意见,但轮查的反馈往往不太及时。

3. 走查(walkthrough)

走查也属于一种非正式的评审方法,它在软件企业中被广泛使用。产品的作者将产品向一组同事介绍,并收集他们的意见。在走查中,作者占有主导地位,由作者描述产品有怎样的功能、结构如何以及怎样完成任务等。走查的目的是希望参与评审的其他同事可以发现产品中的错误、对产品了解、并对模块的功能和实现等达成一致意见。

然而,由于作者的主导性也使得缺陷发现的效果并不理想。因为评审者事先对产品的了解性不够,导致在走查过程中可能曲解作者提供的信息,并假设作者是正确的。评审员对于作者实现方法的合理性等很容易保持沉默,因为并不确信作者的方法存在问题。

4. 小组评审(group review)

评审是有计划的和结构化的,非常接近于最正式的评审技术。评审的参与者在评审会议之前几天就拿到了评审材料,并对该材料独立研究。同时,评审还定义了评审会议中的各种角色和相应的责任。然而,评审的过程还不够完善,特别是评审后期的问题跟踪和分析往往被简化和忽略。

5. 审查(inspection)

审查和评审很相似,比评审更严格,是最系统化、最严密的评审方法。普通的审查过程包含了制定计划、准备和组织会议、跟踪和分析审查结果等。

审查具有其他非正式评审所不具有的重要地位,在 IEEE 中提到

(1)通过审查可以验证产品是否满足功能规格说明、质量特性以及用户需求等。

(2)通过审查可以验证产品是否符合相关标准、规则、计划和过程。

(3)提供缺陷和审查工作的度量,以改进审查过程和组织的软件工程过程。

在软件企业中,广泛采用的评审方法为审查、评审和走查。作为重要的评审技术,它们之间的异同点表 7-3 所示。

表 7-3　审查、评审和走查异同点比较表

角色/职责	审查	评审	走查
主持者	评审组长	评审组长或作者	作者
材料陈述者	评审者	评审组长	作者
记录员	是	是	可能
专门的评审角色	是	是	否
检查表	是	是	否
问题跟踪和分析	是	可能	否
产品评估	是	是	否

续表

评审方法	计划	准备	会议	修正	确认
审查	有	有	有	有	有
小组评审	有	有	有	有	有
走查	是	无	有	有	无

通常,在软件开发的过程中,各种评审方法都是交替使用的。在不同的开发阶段和不同场合要选择适宜的评审方法。例如,程序员在工作过程中会自发地进行临时评审,而轮查用于需求阶段的评审则可以发挥不错的效果。要找到最合适评审方法的有效途径是在每次评审结束时,对选择的评审方法的有效性进行分析,并最终形成适合组织的最优评审方法。

对于最可能产生风险的工作成果,要采用最正式的评审方法。对于需求分析报告,因为它的不准确和不完善会给软件的后期开发带来极大的风险,所以必须要采用最正式的评审方法,如审查或者小组评审。又如,核心代码的失效也会带来很严重的后果,所以也应该采用检视或者小组评审的方法进行评审。而一般的代码,采用同行检查或者特别检查就可以满足要求了。

7.4　缺陷分析和预防

软件缺陷不仅仅是常说中程序或功能的缺陷,任何与用户需求不符合的地方都是缺陷。而且需求说明、设计文档和测试用例等文档中也同样存在着缺陷。作为衡量软件质量的重要指标,人们总是希望缺陷越少越好。然而,人总是会犯错,因此软件不可能没有缺陷,软件测试也不可能发现所有缺陷。那么,如何最大程度地避免缺陷也显得尤为重要。

7.4.1　缺陷分析

缺陷分析是将软件开发、运行过程中产生的缺陷进行必要的收集,对缺陷的信息进行分类和汇总统计。通过缺陷分析,可以发现各种类型缺陷发生的概率,掌握缺陷集中的区域,明晰缺陷的发展趋势、了解缺陷产生的主要原因。以便有针对性地提出遏制缺陷发生的措施、降低缺陷数量。

为了分析软件的缺陷,首要的前提是所有的缺陷都有相应的记录,而且便于过滤出需要的数据。换言之,进行缺陷分析的必备条件是缺陷的收集。

进行缺陷收集最好的方式是在软件开发的过程中使用缺陷管理工具。虽然不同的缺陷管理系统有不同的优点和特点,然而,一个好的缺陷管理系统应该具有如下几个特点。

(1) 安装简易,操作简易。

(2) 支持开发、构建、测试和验收多重迭代。

(3) 支持项目经理全程追踪督促。

（4）支持开发组长、测试组长多级指派。

（5）完整的追踪信息展现。

（6）支持发布版本的缺陷关联。

（7）Mail 实时通知缺陷任务。

当缺陷跟踪和管理系统搭建完成之后，就需要对项目中的缺陷进行分析。项目中的缺陷分析主要针对如下几个方面进行。

1. 缺陷发展趋势

分析缺陷发展趋势，需要统计每天的缺陷发现和修订情况，如表 7-4 所示。

表 7-4　每日缺陷跟踪表

日期	新发现缺陷	修订的缺陷	关闭的缺陷	发现的总缺陷数	修订的总缺陷数	关闭的总缺陷数
05/09/2006	5			5	0	0
05/10/2006	11			16	0	0
05/11/2006	9	2	2	25	2	2
05/12/2006	8	19	16	33	21	18
05/13/2006				33	21	18
05/14/2006				33	21	18
05/15/2006	6	1		39	22	18
05/16/2006	2	5	2	41	27	20
05/17/2006	6	6	9	47	33	29
05/18/2006	1	10	10	48	43	39

根据表 7-4 的缺陷跟踪表，可以得到如图 7-4 所示的缺陷发展趋势图。

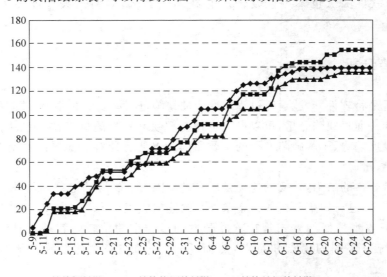

图 7-4　缺陷发展趋势图

总的发展趋势图用来分析总的项目情况非常有效。例如,从图7-43所示的趋势图中发现缺陷趋势中的关闭的总缺陷数具有明显的阶梯状。那么,可以设想是不是测试人员集中在每周的头两天对缺陷进行验证,或者是不是由于构建的周期性造成这样的趋势? 通过分析,可以发现测试或开发过程中存在的问题,从而及时地采取措施进行调整。

2. 缺陷分布

缺陷分布顾名思义是查看缺陷的分布状况。缺陷分布状况主要分析不同模块、不同阶段和不同级别的缺陷分布状况,如图7-5所示。

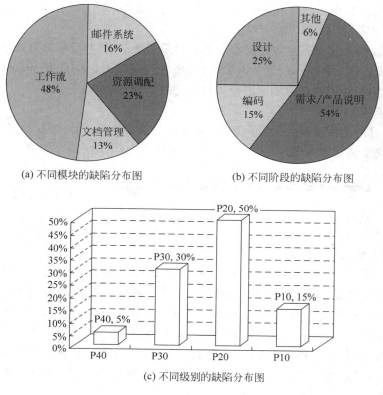

(a) 不同模块的缺陷分布图　　　　(b) 不同阶段的缺陷分布图

(c) 不同级别的缺陷分布图

图 7-5　缺陷分布图

缺陷分布图直观地反映了缺陷在不同地方的分布密度,有利于对缺陷进行进一步的深入分析。例如,从图7-5(a)中可以看出工作流模块集中了约50%的缺陷,因此该模块的质量直接影响着整个项目的质量情况。而图7-5(b)则表明缺陷主要来源于软件的需求和功能说明。通过缺陷分布可以很容易地找出缺陷主要集中在什么地方,从而可以对该区域的缺陷仔细分析,在以后的项目中采取相应的措施来避免类似的缺陷。

采用缺陷分布只是分析的第一步。它只不过提供了主要影响产品质量的是哪些模块,其信息不足以给出更深层次的原因。需要针对这些高危模块进行进一步地分析,识别缺陷的产生根源。

当然,也有人认为绝对数去衡量缺陷严重级别的分布并不合适,所以有些人也会把缺陷按照严重程度对应一定的权重系数折算成分析意义上的标准故障。如P1乘以10,P2乘以6,P3乘以上3,P4乘以1。

7.4.2 鱼骨图

为了更好地分析缺陷的根本原因,需要对上一小节的数据进行更详细的分析,这时经常采用鱼骨图法。鱼骨图又称为因果分析图,它是分析和影响事物质量形成的诸要素间因果关系的一种分析图,因为其形状像鱼骨所以称为鱼骨图。使用鱼骨图主要有如下 3 个优点。

(1) 允许探讨各种类别的原因。

(2) 鼓励通过自由讨论发挥创造性。

(3) 提供问题与各类原因的直观图。

鱼骨分析法是从主刺到小刺的思维。先找出最主要的问题,分析导致此问题的因素后,再逐层递推,分析导致各个小问题的因素,对最小的问题提出解决方案,从而使主要的问题得到解决。采用鱼骨图进行根本原因分析时,主要的分析步骤如下所述。

(1) 确定问题或特性

在绘制鱼骨图的时候首先需要问题点,问题点可能是一个实际问题,也可能是一个征兆(这时还不能完全确定的问题)。如"大部分的缺陷来源于需求阶段",如图 7-6 所示。

大部分缺陷来源
于需求阶段

图 7-6 鱼骨图—确定问题

(2) 确定主要问题原因的类别

确定了问题之后,需要寻找问题产生的可能原因。沿着鱼骨图的"骨干"将它们分类作为原因的主要类别,这通常通过进行自由讨论确定。对主要问题原因的分类可以运用 5M 方法,如图 7-7 所示。所谓 5M 是指 Manpower(人力)、Machinery(机械)、Materials(物料)、Methods(方法)和 Mother-nature(环境)。"人力"指的是造成问题产生人为的因素有哪些;"机械"通指软、硬件条件对于事件的影响;"物料"指基础的准备以及原材料;"方法"与事件相关的方式与方法问题是否正确有效;"环境"指的是内外部环境因素的影响。

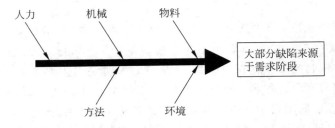

图 7-7 鱼骨图—主要问题分类

(3) 根据问题类别,确定细节原因

针对列出的每个主要问题,进行进一步的讨论,列出造成该问题的根本原因,如表 7-5 所示,则得到如图 7-8 所示的根本原因分析图。

表 7-5　根本中间原因分析

问 题 类 别	原　　　因
人力	需求评审人员不够认真,准备不够充分;没有和客户进行充分沟通
机械	沟通设备有限、交通不方便
物料	需求规格说明书质量不高
方法	没有采用正式的评审方法
环境	对需求分析没有给予足够的重视

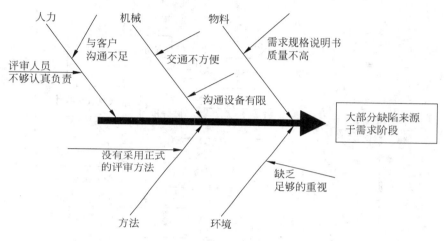

图 7-8　根本原因分析图

7.4.3　缺陷预防

其实缺陷分析的一个主要目的就是缺陷预防。通过对缺陷的深入分析可以找到缺陷产生的根本原因,从而针对具体的原因采取相应的预防措施。接下来介绍两种比较常见的缺陷预防方法,一是从流程上进行控制,避免缺陷的引入,二是采用有效的工作方法和技巧来减少缺陷。

1. 加强流程控制

从流程上控制缺陷的注入,主要是说通过制定规范的开发流程来减少缺陷。因此,定义一个行之有效的开发流程非常重要。而在流程控制中,评审又起着至关重要的作用。图 7-5 是包含了评审的流程控制图。

在软件工程的相关理论中,对软件流程已经有相当详细的介绍。在这里需要重点指出的是,从图 7-9 可以看出,开发过程的每一个阶段都需要进行评审来保证产品质量。需求定义之后需要对需求规格说明书进行评审,设计完成之后需要对设计说明书进行评审……因此,只有对每一个环节都进行把关,保证每一个环节的质量,才能最后保证整体产品的质量。

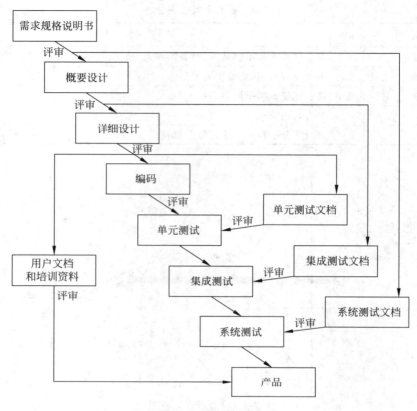

图 7-9   流程控制图

换言之,为了从根本上避免缺陷的引入,一定要制定一个合适的开发流程,如图 7-9 所示,并要求所有项目人员都能够切实地遵守这个流程。同时,流程的准入和准出规则也非常重要,只有定义了清楚的准入、准出规则并严格控制流程的实施,才能够保证每个阶段结束时都达到了即定的要求。

2. 有效的工作方法和技巧

所谓有效的工作方法和技巧是通过软件个体本身能力的提高来提高产品质量。为什么同一个模块,有的工程师写的代码缺陷少,而有的工程师写的代码缺陷却比较多呢?实际上,这就是因为两个工程师的能力有所差别。当然,为了提高工程师的编码能力,实践经验是必不可少的,然而适当地采用工作方法和技巧则能更快地提高工作能力,从而提高代码的质量。可以参考第 3 章中介绍的 PSP、TSP 软件过程,它们可以有效地提供个体和团队的工作质量。同时,下面还介绍一些常用的工作方法和技巧。

(1)编码技术

主要分为如下几个方面的问题。

- 代码风格。不同的程序员在开发程序的时候,所产生的代码基本上都属于创造性的工作,代码里常含有其个人的使用思路和习惯,另外一个程序员就不一定能够完全看懂和理解。但现在个人英雄时代已经过去,几乎没有一个软件在整个生命周期内是由其原始作者来维护的,如果要提高整体产品质量,就必须要考虑到整个团队的效率和以后的维护过程,因此团队中使用相同的代码风格的益处就十分明显了。代码风格主要包含了 Windows 命名规则、GNU 命名规则和习惯以及函数处理规则等。

- 编码规范。好的代码风格虽然使程序员看上去更加"老练",然而其本身并不能覆盖团队中的整体编程技术方面的缺陷。为了使程序的质量和创造代码效率有更大的提高,需要应用相应的编码规范,例如 C++ 规范、Java 规范等。

（2）单元测试

单元测试是一个非常有效的控制缺陷引入的方法。在实际的软件项目中,约 50%～80% 的缺陷都可以通过单元测试避免。因此,单元测试对于提高代码质量是非常重要的一环。虽然在流程中一般都定义了单元测试过程,但是如何切实地做好单元更加重要。单元测试的有效性也直接反映了工程师的能力,因此工程师应该思考如何更好地完成单元测试,提高单元测试技巧。

7.5 质 量 度 量

度量在软件开发中扮演着非常重要的角色,并且为软件工程提供了数学基础。随着软件系统的规模、复杂度等的不断增加,有效的软件管理的需求也相应地增加。度量可以帮助更好地了解产品状况,发现产品的潜在问题,从而进行更有效的管理。质量的主要作用如下:

（1）有效的沟通和改进可见性。度量支持跨越组织所有级别的涉众之间的沟通。目标的度量也可以减少不明确性。度量提供了一种有效的方法以在软件供应者及其客户之间进行有效沟通。

（2）尽早地发现和更正问题。度量可以帮助积极地管理项目。它允许在软件生命周期的早期发现并管理潜在的问题。问题发现得越晚将越难管理,并且要花费更多的成本来修复问题。使用度量,不必等待问题的出现;相反,他们能够预期并快速地解决问题。

（3）作出关键的权衡。在一个域中的决定常常会影响其他的域。度量能够帮助客观地评定影响,以便能够作出合理的权衡决策,从而最好地符合项目的目标。

（4）跟踪特定的项目目标。度量能够帮助回答特定的问题,比如:"项目是按时间计划进行的吗?"或者"质量有所改进吗?"通过跟踪项目计划的实际测量情况,能够针对项目和组织的目标评估项目的进展情况。

（5）管理风险。风险管理是一个广泛被接受的最佳实践,它包括在项目周期中尽早地识别和分析风险。较晚地发现风险将使处理风险更加困难,并要花费更多的成本来处理风险。通过使用高质量的客观数据,能够获得对风险区域的可见性,比如需求的蔓延。通过度量和监视需求的变更,他们能够确定一个风险是否被减轻了。

（6）有助于决策。度量提供了客观的历史执行或者趋势数据,比如当前的执行数据。它也提供了有关时间、项目、发布和其他方面的视角。这允许决策者理解度量结果,并决定采取适当的动作。

（7）计划未来的项目。在项目计划中,必须设定现实的目标和时间计划,而没有提及预算。

对过去的项目记录时间期限和花费提供了为相似项目经理需要的预计时间表和成本的数据。

7.5.1 度量要素

获得准确的项目进展的测量是一个永恒的挑战。通常,当依靠团队成员所提供的状态数据时,得到的结果往往是不一致、不准确和难以比较的。此外,不同的管理人员和客户也许会要求以各种格式的包含被选定数据的状态报告。绝大多数情况是,团队发现将要花费比开发方案更多的时间来产生状态的报告。

度量提供了对项目进度评估、演进项目质量的洞察力和用于目标决定的数据。虽然度量不能担保一个项目的成功,但是可以帮助决策者通过积极的方法来管理软件项目中与生俱来的关键问题。

软件度量主要包括了3部分的度量,项目度量、产品度量和过程度量。项目度量的度量内容有规模、成本、工作量、进度、生产力、风险和顾客满意度等。产品度量以质量度量为中心,包括对功能性、可靠性、易用性、效率性、可维护性和可移植性等的度量。过程度量则主要针对成熟度、管理、生命周期、生产率和缺陷植入率等进行度量。在这一节中主要讨论的是产品度量。

实施软件度量,主要运用了如下的几个基本要素。

1. 数据

数据是关于事物或事项的记录,是科学研究最重要的基础。由于数据的客观性,它被用于许多场合。研究数据就是对数据进行采集、分类、录入、储存、统计分析和统计检验等一系列活动的统称。数据分析是在大量试验数据的基础上,也可在正交试验设计的基础上,通过数学处理和计算,揭示产品质量和性能指标与众多影响因素之间的内在关系。拥有阅读数据的能力以及在决策中尊重数据,这是经营管理者的必备素质。应该认识到,数据是现状的最佳表达者,是项目控制的中心,是理性导向的载体。

2. 图表

仅仅拥有数据还不能直观地进行表现和沟通,而图表可以清晰地反映出复杂的逻辑关系,具有直观清晰的特点。能用图表进行思考,就能有效地工作。图表的作用如下。

(1) 图表有助于培养思考的习惯。图表可以直观地弥补文字解释可能存在的差异。

(2) 图表有助于沟通交流。项目管理者需要和顾客、企业和项目组成员沟通,需要阐述项目的目标、资源、限制、要求、作用、日程和问题点等,在这种沟通过程中,如果能娴熟地使用图表,将降低沟通成本,提升沟通绩效。

(3) 图表有助于明确清晰地说明和阐述内容。软件过程中的用例、作业流程和概要设计等经常以图表的方式加以说明和阐述,原因就在于图表一目了然。

3. 度量模型

模型是为了某种特定的目的而对研究对象和认识对象所作的一种简化的描述或模拟,表示对现实的一种假设,说明相关变量之间的关系,可作为分析、评估和预测的工具。数据模型通过高度抽象与概括,建立起稳定的、高档次的数据环境。相对于活生生的现实,"模型都是错误的,但有些模型却是有用的"、"模型可以澄清相互间的关系,识别出关键元素,有意识地减少可能引起的混淆"。模型的作用就是使复杂的信息变得简单易懂,容易洞察复杂的原始数据背后的规律,并能有效地将系统需求映射到软件结构上去,如可靠性增长模型等。

7.5.2 基于缺陷的质量度量

使用分解方法的软件质量度量需要花费大量的时间和精力来进行数据的收集。而实际上在很多情况下,仅仅需要对软件的总体质量有一个粗略的度量。所以,许多工程师采用一种简易的方法来度量软件质量,这就是基于缺陷的质量度量。因为在软件周期中,缺陷信息一般都是实时记录的数据,如果通过缺陷来狭义地定义质量,那么工程师只需要花费很少的时间和资源就可以粗略度量产品质量。

通过缺陷来度量产品质量的标准如下。

1. 代码质量

代码质量度量计算公式如下:

$$\frac{W_{TP} + W_F}{KCSI}$$

W_{TP}是在测试过程中(正式发布产品之前)发现的缺陷的权重(weight),它不仅包含了由测试小组发现的缺陷,还包括了由其他小组发现的缺陷。W_F是产品发布之后发现的缺陷的权重。在测试过程中,根据缺陷的重要性和严重性,测试人员会给发现的缺陷定义相应的级别。缺陷的重要性或严重性越高,那么它的权重就越大。例如,可以将级别分为$1\sim4$这4个等级,从$1\sim4$软件的重要性/严重性逐渐降低。那么,可以设定级别和权重的对应关系如表7-6所示。

表7-6 缺陷级别和权重对应表

级 别	权 重
1	10
2	6
3	3
4	1

KCSI表示新增加的和修改的千行代码数。这里不使用所有的代码行数,是因为很多的软件产品都是在之前的版本上进行开发,而在当前的版本中,很多的代码是不需要改动的。

这个质量指标的值越低,说明发现的缺陷越少或严重性更低,同时说明开发小组完成的代码质量越高。

2. 产品质量

产品质量度量公式如下:

$$\frac{W_F}{KCSI}$$

W_F 是产品法制后发现的缺陷的权重。KCSI 是新增加的和修改的千行代码数。

这个指标说明了遗留给客户的缺陷权重和产品规模之间的关系。该指标的值越低,说明遗留给客户的缺陷越少或严重性更低,同时说明发布的产品的质量越高。

3. 测试改进

测试改进度量公式如下:

$$\frac{W_{TTP}}{KCSI}$$

W_{TTP} 是在产品的测试过程中由测试小组发现的缺陷的权重。KCSI 是新增加的和修改的千行代码数。

这个指标表明了测试小组发现的缺陷权重和产品规模之间的关系。该指标越高,说明测试小组发现的缺陷越多或严重性更高。由于这个指标计算的是测试小组发现的缺陷权重,因此也可以用来衡量测试小组的工作是否得到改进。因为在代码质量不变的前提下,如果该指标升高,则说明测试工作得到了有效改进。

4. 测试效率

测试效率度量公式如下:

$$\frac{W_T}{(W_{TP} + W_F)} \times 100\%$$

W_T 是在整个产品中由测试小组发现的所有缺陷的权重,它不仅包含了在测试阶段由测试小组发现的缺陷,同时包含了产品发布之后由测试小组发现的缺陷。W_{TP} 是在测试过程中(正式发布产品之前)发现的缺陷的权重。W_F 是产品发布之后发现的缺陷的权重。这个指标说明了测试小组发现的缺陷和产品总缺陷的关系。该指标越高,说明在产品发布之前发现的缺陷越多或越重要,同时说明测试小组的工组效率越高。

7.6 PSP 过程质量管理

随着开发的软件系统变得越来越复杂,越来越庞大,潜在的缺陷也越来越多。实际上,大项目的软件质量依赖于这个项目中更小的单元的质量。所以,每个软件工程师个人的工作质量与整个项目的软件质量息息相关。PSP 指导软件工程师如何有效地跟踪和管理缺陷,从而提高软件开发效率和质量。为了以正确的方法完成分配的任务,软件工程师应该事先按照定义的流程做好工作计划。为了衡量每个工程师的工作表现,应该有效地记录工程师每天的时间分配、缺陷的产生和移出等。最后,工程师还需要分析这些数据并根据结果改进个人过程。

根据 PSP 过程,工程师必须计划、度量和跟踪产品状况,从而保证整个项目的产品质量。PSP 原则实际上是质量管理实施中的一些经验和基本法则,瓦茨·汉弗莱(Watts S. Humphrey)提到的 PSP 原则如下。

(1) 每个人都是不同的,为了更有效地工作,工程师必须在各自的数据基础上安排各自的工作计划。

（2）为了保持持续改进，工程师必须遵需各自定义的过程。

（3）为了保证产品质量，工程师必须保证各自开发部分的产品质量。

（4）缺陷发现得越早，修复的花费越高。

（5）避免缺陷比发现和修复缺陷更有效。

（6）最正确的方法是用最快最省的方法完成任务。

PSP 首要的原则就是工程师对各自开发的程序质量负有责任，因为工程师最熟悉自己所写的代码，因此也能更有效地发现、修复和避免缺陷。PSP 提供了一系列的实践和度量方法来帮助工程师评估代码质量并指导他们如何尽可能快地修复缺陷。PSP 的质量原则就是更早地移出缺陷以及避免缺陷。有数据表明经过 PSP 培训的工程师在代码评审阶段每小时平均发现 2.96 个缺陷，而单元测试阶段每小时仅能发现平均 2.21 个缺陷，这说明PSP 不仅节约了开发时间，而且提高了产品质量。

7.6.1　过程质量度量

产品的质量在一定程度上依赖于过程的质量，而过程质量则依赖于工作的方法和方式。那么如何找到最好的工作方法呢？这就需要过程度量。软件过程质量的度量是对软件开发过程中各个方面质量指标进行度量，目的在于预测过程的未来性能，减少过程结果的偏差，对软件过程的行为进行目标管理，为过程控制、过程评价和持续改善建立量化管理的基础。软件过程质量的好坏会直接影响软件产品质量的好坏，软件过程质量的度量，其最终目的是提高软件产品的质量。

1. 缺陷发现率

缺陷发现率是指缺陷发现的频率，通用的计量单位有 bug/KLOC，KLOC 是指千行代码，而 bug/KLOC 的意思是每千行代码平均产生的缺陷数量。这个数据不仅可以用来衡量产品的质量，也可以用来衡量过程的质量。实际上，产品的质量越差，缺陷率越高。而过程质量恰恰相反，质量越差，缺陷率越低。因此，当统计的缺陷发现率较低时，需要从多方面考虑原因，可能是产品质量很好以致难以发现产品中的缺陷，从而造成缺陷率偏低。也可能是因为工作的方法和策略不当，造成不能发现产品中的缺陷。如果发现主要是工作方法的问题，就需要对流程进行仔细分析，看是否存在可以改进的地方。

2. 质量成本

质量成本是产品成本的一部分。它的定义是将产品质量保持在规定的水平上所需的费用。它包括预防成本、鉴定成本、内部损失成本和外部损失成本等，特殊情况下还需增加外部质量保证成本（参见 GB/T13339—91《质量成本管理导则》）。为什么要提到质量成本呢？其实通过对质量成本的分析可以很快发现软件过程存在的问题。在《个人软件过程》一书，Watts S. Humphrey 对质量成本做了如下解释。

质量成本包含三个主要元素，过失成本、质检成本和预防成本。

过失成本包含修复产品中缺陷的所有费用。当修复一个缺陷时，就增加过失成本。类似的，当运行调试器来查找有缺陷的语句时，也会增加过失成本。任何与修复缺陷有关的工作都记入过失成本,这甚至包括重新设计、重新编译或者重新测试等。

质检成本包含评估产品以确定在产品中是否仍然留有缺陷的所有工作,但不包含修复缺陷花费的时间,这包括对无缺陷产品的代码复查时间、编译时间和测试时间。因此,质检成本不包含修复缺陷的费用。质检成本是确保产品无缺陷的保障费用。

预防成本是指修改过程以避免缺陷引入所带来的费用。例如,包括对理解缺陷所作的分析以及改进需求,设计或编码过程所花费的时间。重新设计和测试一个新的过程所花费的时间也属于预防成本。

从上面的描述可以看出,为了更好地统计和分析质量成本,各种时间/数据的记录是必不可少的。其实,作为 PSP 重要组成部分的日志已经记录相当多的信息。从里面提取所需要的数据,如代码评审花费的时间、设计时间、修复缺陷的时间和缺陷数量等,然后对数据进行分析。例如,如果发现评审时间很长,而发现的缺陷却不多,则需要检查是不是评审方法或技术适用不当造成了评审效率低下,在评审过程中存在什么问题需要改进? 分析之后可以根据具体的问题制定相应的措施和改进方案,以便在以后的工作中有所提高。

在 PSP 中,质检成本和过失成本计算如下。

(1) 质检成本是所有复查时间的总和。

(2) 过失质量成本是所有编译和测试时间的总和。

除了上面提到的两种度量外,还有很多其他的度量方法,如下面的方法。

(1) 过程效益。100 * (编译前排除的缺陷个数)/(编译前引入的缺陷个数)

(2) Hour/Bug。产生一个缺陷平均花费的时间。

3. 过程缺陷密度

无论是从测试进展的观点,还是从用户重新发现(customer rediscoveries)的观点来看,缺陷的过程跟踪是非常重要的,开发周期里大量的严重缺陷将有可能阻止测试的进展,也必然直接影响软件过程的质量和性能。

过程缺陷密度(Density In Process Faults,DIPF)是一种度量标准,可以用来判定过程产品的质量以及检验过程的执行程度。DIPF 可以表示如下。

$$DIPF = D_n/S_p$$

其中 D_n 是被发现的缺陷数,S_p 是指被测试的软件产品规模(如代码行数、功能点数或对象数等)。

4. 缺陷到达模式

产品的缺陷密度、或者测试阶段的缺陷率是一个概括性指标,缺陷到达模式可以提供更多的过程信息。例如,两个正在开发的软件产品,其缺陷密度是一样的,但其质量差异可能较大,原因就是缺陷到达的模式不一样。测试团队越成熟,峰值到达得越早,有时可以在第一周末或第二周就达到峰值。这个峰值的数值取决于代码质量、测试用例的设计质量和测试执行的策略、水平等,多数情况下,可以根据基线(或历史数据)推得。从一个峰值达到一个低而稳定的水平,需要长得多的时间,至少是达到峰值所用的时间的 4～5 倍。这个时间取决于峰值、缺陷移除效率等。

在可能的情况下,缺陷到达模式还可以用于不同版本或项目之间的比较,或通过建立基线或者理想曲线,进行过程改进的跟踪和比较。缺陷到达模式不仅仅是一个重要的过程状态或过程改进的度量,还是进度预测或缺陷预测的数据源和有利工具。

为了消除不同的程序规模等其他因素影响,即消除可能产生的错误倾向或误导,需要对缺陷到达图表进行规格化。使用缺陷到达模式,还需要遵守下列原则。

(1) 尽量将比较基线的数据在缺陷到达模式的同一个图表中表示出来。

(2) 如果不能获得比较基线,就应该为缺陷到达的关键点设置期望值。

(3) 时间(X)轴的单位为星期,如果开发周期很短或很长,也可以选择天或月。Y轴就是单位时间内到达的软件缺陷数目。

缺陷到达模式,一方面可以用于整个软件开发周期或某个特定的开发阶段(如单元测试阶段、集成测试阶段和系统测试阶段等);另一方面,缺陷到达模式还可以扩展到对于修正的和关闭的缺陷,可以获取有关开发人员工作效率、缺陷修正进程和质量进程等方面的信息。

7.6.2 缺陷移除和预防

PSP 的首要质量目标就是在编译和单元测试前发现和修复缺陷,正是为了达到这样的目标,PSP 过程中包含了设计和代码评审步骤,工程师需要在编译和测试之前对所编写的代码进行评审。之所以需要 PSP 评审过程,是基于人总是容易犯同样的错误这个常理,而工程师也不例外。因此,创建常见错误检查表是一个很不错的方法,但需要说明的是,这里的检查表并不是通用的检查表,而是根据不同的工程师的个人习惯和缺陷数据完成的个人缺陷检查表。为了创建个人检查表,工程师需要对以前的缺陷数据进行分析和总结,找出最典型和常见的错误类型,将如何预防和发现他们的方法写入列表中。

关于如何有效地创建检查表,Watts S. Humphrey 在《个体软件过程》一书中有详细的说明。

(1) 根据在软件开发过程中每个阶段发现的缺陷类型和数目制作一个表(阶段可以分为设计、编码、评审、编译和测试等)。这样可以很容易地检查出是否所有的缺陷都已统计。

(2) 按缺陷类型降序排列在编译和测试阶段发现的各种类型缺陷的数目。

(3) 找出缺陷最多的那几个缺陷类型,分析是什么原因导致了这些缺陷。

(4) 对于导致严重错误的缺陷,要找出如何在代码评审阶段发现它们的方法。例如,对于语法错误,可能最经常出现的问题就是少了分号或者分号位置错误。这样就可以在检查表中加入如下一项——对于源程序逐行进行分号检查。

(5) 如果检查表在发现这些最重要类型的缺陷很有效,那么增加另一类型再继续使用它。

(6) 如果检查表在发现某些类型的缺陷时无效,那么尽量修改检查表以便它能更好地找出这些缺陷。

(7) 开发完每个新程序后,用同样的方法简要检查一下缺陷数据和检查表,并标识出有用的更改和增加部分。

(8) 思考有没有方法可以在以后预防类似错误的发生。

经常查看缺陷数据并更新缺陷检查表是一个非常好的习惯。当发现什么地方做得好就保持,发现什么地方做得不好就思考如何改进并更新检查表。这样,检查表就变成了个人经验的总结。

然而缺陷移出毕竟是事后的处理办法,为了从根本上提高产品质量则需要缺陷预防。在 PSP 中,有三种相互支持的方法来预防缺陷。

1. 数据记录和分析

工程师在发现和修订缺陷时,记录下相关的数据。此后对这些数据进行检查并找出缺陷的产生原因,然后制定相应的流程来消除这些产生缺陷的因素。通过度量这些缺陷,工程师能更明确地知道他们的错误,在以后的工作中也会更加注意,以免发生同样的错误。

2. 有效的设计

为了完成一个设计,工程师必须对产品彻底的理解。这不仅能达到更好地设计,而且能产生更少的错误。

3. 彻底的设计

这实际上是第二种预防方法的结果。有了更完善彻底的设计,可以减少编码时间,而且还可以减少缺陷的引入。对 298 个有经验的工程师的数据统计表明工程师在设计阶段平均每天引入 1.76 个缺陷,而在代码阶段平均每天引入 4.2 个缺陷,因此设计的好坏直接影响到了产品质量。

7.7　小　　结

清晰、明确的软件质量方针和计划是质量控制和管理的基础,而过程质量的提高是保证产品质量的根本。本章首先介绍了从不正式到正式的各种软件评审方法,并详细介绍了正式评审的过程,共分为计划、总体会议、准备会议、审核会议、返工和跟踪 6 个步骤。缺陷分析和预防是本章的重点内容,主要通过缺陷分析和预防方法的介绍说明"防范胜于治疗"观念。质量度量主要介绍了质量度量的基本要素和指标,包括测试效率、产品质量等。PSP过程质量度量则为读者提供了一些切实可行的方法。

7.8　习　　题

1. 请简要说明评审的基本流程。
2. 有哪些指标可以用来测量软件过程质量?
3. 试通过鱼骨图对目前的项目中的问题进行分析,找出其根本原因。

第8章

软件过程的集成管理

存在一种明显的趋势,软件产品或系统越来越复杂,由多个子产品或子系统组成,产品的开发可以看做对多个子产品开发管理的集成过程,所以需要引入产品工程概念——进行产品集成管理。另一方面,大型软件组织要面临同一时间开发多个产品、管理多个项目,这时就需要引入软件项目过程的综合管理。

软件过程的项目综合管理和软件产品的集成管理,是两个不同的概念,项目综合管理焦点在于组织单元之间关系的协调和处理,产品集成管理焦点在于产品构件接口标准、约定和验证。但是它们之间有密切的关系,难以把它们隔离开来,而应该系统地认识它们,构成完整的集成管理体系。软件过程的集成管理,是建立在组织标准过程经剪裁而形成的项目已定义过程的集合之上,它包括如下几项内容。

(1) 集成项目管理的定义和流程。

(2) 制定集成项目管理的合成计划。

(3) 运用项目已定义过程。

(4) 产品集成的管理——产品工程。

(5) 与相关利益者(也称共利益者)协调和合作。

8.1 集成项目管理

集成项目管理的目的是将软件工程方面的工作和软件管理方面的工作结合起来,形成一套完整、联系密切的以及明确定义的软件过程。集成项目管理,也就是对已定义的组织标准软件过程进行剪裁以符合项目的特性,吸收相关软件过程财富,制定集成的项目自定义过程来管理多个项目,并且满足相关利益者的要求,到达平衡。

8.1.1 项目过程的集成管理

从软件项目管理看,工作集中在软件项目计划的制定、执行、跟踪和监督。而从软件开发过程看,管理的工作则集中在需求分析与定义、软件与系统设计、测试和维护等配置管理、变更控制之上。软件项目的集成管理所涉及的实践工作是建立于软件项目策划和软件项目跟踪与监督之上,而且可以共享各软件项目之间过程数据(工作度量数据)和得到的经验教训。但集成软件管理所强调的工作重点转移到预料可能会发生的问题,以及采取行动预防或降低问题的危害。

对单个项目的工作量、成本、进度、资源、风险以及其他因素进行管理，这是项目已定义过程的基本任务。而在软件项目的集成管理中，要面对如何在多个项目之间协调进度、平衡资源、降低总体风险和成本，将是新的任务。软件项目的集成管理，也必然涉及相关过程域，如质量保证计划、验证策略、风险管理策略以及配置管理计划等，如何合成这些策略和计划，将是更大的挑战。

软件项目的集成管理，正是将上述这些内容很好地集成起来，根据已定义的软件过程来制定计划和进行管理，其主要内容如下。

（1）根据多个项目的需求对组织标准过程的剪裁，构造完整的、集成的过程规范。

（2）根据相关利益者的要求和计划，实现产品和产品构件的设计目标。

（3）对项目进度进行安排、对资源进行分配和调度。

（4）识别、跟踪和解决问题。

（5）综合运用上述集成的过程规范来管理项目。

（6）协调各相关利益者的关系，并使之积极、主动参与到项目管理中来。

（7）其他必要的项目管理内容，如风险管理、质量管理和配置管理等。

（8）其他必要的技术活动，如需求开发、设计和验证等。

每个新项目在开始时要利用机构标准软件过程，并进行恰当的剪裁。而每个项目根据该项目已定义的软件过程开展各项软件工作，并根据组织标准软件过程收集并存储适当的项目工作度量数据，供以后项目参考和使用。因为每个项目的已定义过程都是剪裁于组织的标准过程集合，所以，项目之间活动的多变性一般比较小，并且各个项目更容易共享过程财富。

使用标准软件过程中遇到的问题，必须通过软件过程改进来解决，以防止再次发生或降低问题再次发生的概率。

事先策划好项目内部和外部的相关利益者之间的工作界面和服务协议，以确保整个项目的质量和完整性。在适当的时候，相关利益者参加制定项目计划和规范过程的活动。定期与这些相关利益者一起对有关开发活动进行审查或评估，以确保介入该项目的每一个人及时地了解所有活动的状态和计划，确保该项目的协调问题得到较早的关注。在制定项目已定义过程时，必要时要确定正式的界面，以确保适当的协调和合作。

8.1.2 集成管理流程

集成项目管理的流程，可以被分为 3 个基本的子阶段，如下所示。

（1）制定集成项目管理计划。

（2）运用项目已定义过程。

（3）与相关利益者协调和合作。

如果进一步对各个子阶段要完成的任务进行分析，就要清楚集成项目管理的具体流程，主要有 10 项步骤组成，如图 8-1 所示。

（1）根据组织总体方针、组织已定义过程、项目计划和相应的计划模板等，制定集成项目管理计划。

（2）建立适合本项目的自定义过程。

（3）利用组织过程财富策划项目活动。

（4）在每个项目自定义过程和项目管理计划的基础上，合成计划。

（5）运用合成的计划管理项目。

（6）在实际管理活动中，积累下来的新经验、新数据，提交给组织 SEPG，为组织过程财富做贡献。

（7）管理相关利益者的介入，包括让相关利益者能及时参加计划的评审、对集成管理活动提供建议或反馈。

（8）管理依存关系（dependency）。由于正在进行的项目比较多，它们之间可能存在相互依赖的关系，例如某个项目的编程依赖于另外一个项目的接口定义。

（9）解决协调问题等。集成项目管理中，存在更多的相关利益者和依存关系，管理不善，会产生更多的冲突和矛盾，需要协调处理。

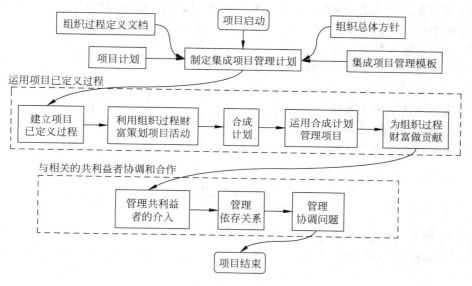

图 8-1 集成项目管理的流程

1. 项目已定义过程

项目已定义过程是已定义的过程和子过程的集合，这些已定义的过程和子过程形成该项目的一个相关的、综合性的生命周期。对于项目而言，项目已定义过程要满足项目合同和操作需求、适应限制条件和及时响应市场机会。项目自定义过程是建立在如下基础上。

（1）顾客需求。

（2）产品和产品构件需求。

（3）承诺。

（4）组织的过程需求和目标。

（5）操作环境。

（6）业务环境。

2. 集成项目管理的核心和工具

在集成项目管理中,重要的是建立并维护集成项目管理的组织方针,确定组织的策略,综合运用项目已定义过程并且与相关利益者协调和合作。然后确定集成项目管理需要使用的资源,如在集成项目管理活动所使用的主要工具如下。

(1) 问题跟踪和报告软件包。

(2) 群件系统,如 IBM－Lotus Domino/Notes,微软的 Exchanger Server。

(3) 基于互联网的实时会议(通信)平台。

(4) 综合决策数据库。

(5) 集成产品支持环境。

3. 培训

为了更好地发挥人力资源作用,需要提供很好的培训服务,针对项目进行充分而必要的培训,其培训的主要专题如下。

(1) 组织标准过程集合的剪裁标准和方法。

(2) 基于项目已定义过程的项目管理规范。

(3) 组织过程的度量数据库的使用。

(4) 项目团队的组织以及组间协调。

(5) 问题分析和解决的有效途径和方法。

(6) 项目集成管理的其他问题。

8.2 集成项目的合成计划

合成计划涉及非常广泛的管理内容,包括项目计划、组织过程、过程度量和风险管理等,这些单项内容在第 4～7 章已做了充分讨论。这里主要讨论如何综合运用各项内容,完成合成计划。

8.2.1 合成项目计划

合成项目计划时,要考虑本组织、顾客以及最终用户的当前的和预计的需求和目标,需纳入项目已定义过程、与相关利益者协调和融合评审/审查计划,包括各个阶段的进入/进出的评判准则。

1. 合成项目计划的范围

要完成合成项目计划,首先要清楚合成计划所涵盖的范围。合成计划涉及项目的各类策略和计划。

(1) 质量保证计划。

(2) 配置管理计划。

(3) 风险管理策略。

（4）验证策略。

（5）确认策略。

（6）产品集成计划。

（7）文件编制计划。

2. 合成计划的具体步骤

（1）识别和分析产品接口风险和项目界面风险，以便项目在后期能顺利进行。

（2）结合关键开发因素和项目风险，按优先级安排软件开发进度。在进度安排中，主要考虑的因素如下所列。

* 作业的规模和复杂程度，包括各个作业的工作量。
* 集成和测试问题，如项目的依赖关系、项目之间的接口等具有高优先级。
* 顾客和最终用户的需求。
* 关键资源（人员、设备等）的可用性。
* 项目潜在风险对进度的影响。

（3）复审和同级审查的计划，即要吸收关于对项目已定义过程的工作产品进行同级审查的计划，然后做出对各个项目关键内容的综合评审。

（4）浏览项目培训计划中所需的各项培训，确定共性培训和特性培训。对于共性培训，可以集中起来实施。对于某些特性培训，可以交叉进行，即甲项目的某项培训内容，可以由乙项目的资深人员来讲授，而乙项目的某项培训内容，可以由甲项目或丙项目的资深人员来讲授。

（5）建立客观的准入和准出准则，以便授权启动和结束各个阶段的开发任务。准入/准出准则的客观性很重要，这样可以保证所依赖的项目不受影响。项目某个阶段是否达到所定义的准出标准，可以由多方评审做出结论，保证其准确性和客观性。

（6）确保项目计划与相关利益者的计划有适当的兼容性。项目计划的独立性和依赖性是并存的，而要降低项目的依赖性，需要提高项目计划间的兼容性，包括进度、资源、技术和工具等方面的兼容性。

（7）确定如何解决介入本项目的相关利益者之间出现矛盾。事先要有预测，制定一些有效的防范措施和解决办法。

（8）完成和签发合成计划。

8.2.2　合成项目计划的管理

合成项目计划的管理和实施，和一般项目计划的管理和实施比较接近，多数内容是相通的。这里列出合成项目计划管理的具有自身特点的工作。

（1）利用组织过程财富库实施项目已定义过程。在每个具体项目中，适当地利用过程财富库里的资源容易找到相类似的、成功完成的项目，这样就比较容易为当前项目定义过程。或者吸取过程财富库里的经验和教训，对原有项目的定义过程进行修改，形成新项目的自定义过程。

（2）运用项目已定义过程、项目计划和从属计划，监督和控制项目的活动和工作产品。其中，

- 运用规定的准入、准出标准,来审查各个(子)里程碑的启动条件、状态和结束的标志(工作成果或产品等),所有计划是否圆满地完成。
- 对那些明显或严重影响项目策划参数的实际结果的活动进行监督。事先为项目策划参数设定阀值,一旦项目策划参数的实际值超出其对应的阀值,就要调查分析、找出根本原因,并采取措施,使项目策划参数的实际值慢慢进入控制范围之内(低于阀值)。
- 监督产品和项目接口风险。
- 根据项目已定义过程和计划来管理内部和外部的承诺。要了解项目中各任务之间、各子流程之间和各产品组件之间等的关系,了解相关利益者所担当的角色,并有效地设置控制机制(如复审、同级评审等),有助于更好地控制项目的进展、风险和质量。

(3) 为管理项目和支持组织的需求,收集并分析有关的度量项目。

(4) 定期审查环境(如过程管理工具、网络环境、培训和后勤支持等)是否可以满足项目和团队间合作的需求。

(5) 定期审查项目的绩效(如投入/产出比)和状态,并根据审查结果,结合本组织、顾客和最终用户的(当前的和潜在的)需求和目标性能,进行适当调整、协调。为实现协调所采取的措施主要如下。

- 通过适当地调整其他策划条目(因素),采取一些预防措施来降低、控制项目风险,从而加快项目的开发进度。
- 改变要求,以响应市场机会、客户或最终用户需求的变化。
- 终止某个项目。

8.2.3　合成项目计划的实施

一旦合成项目计划被制定和签发之后,就进入实施阶段。在实施阶段,通过努力管理好相关利益者介入项目事宜,满足相关利益者的需求和期望,其要点如下。

(1) 与那些应该参加本项目活动的相关利益者进行协调。当然,事先应在项目计划中标识出这些相关利益者。

(2) 确保所产生的工作产品满足组织所做的承诺和项目验收的要求。对所开发的每个工作产品进行验证,如复审、评审或测试。

(3) 解决所发现的有关问题,包括产品(构件)需求设计、产品体系结构等各方面的问题。

1. 管理依存关系

合成计划所涉及的各个项目组、相关利益者等,存在于不同层次的组织中,其对应的需求和为完成需求的任务都是不同的,但是相互之间是有关系的,包括时间先后、任务依赖等关联关系,从而形成较复杂的依存关系。这种依存关系需要得到良好的管理,才可以保证合成计划顺利实施。

(1) 与相关利益者一起进行审查,以便协调工作。

（2）确定关键依存关系，以便进行有效的分析、控制和协调。

（3）根据项目进度安排，针对每个关键依存关系确定获得需求日期和计划完成日期。

（4）对每个关键依存关系的承诺进行审查并达成一致，包括兑现承诺的负责人、准则和时间。

（5）跟踪关键依存关系并且在适当时采取纠正措施。如关键依存关系的承诺兑现的时间变化（推迟或提前结束）所产生的风险、对将来的活动和里程碑的影响，要进行充分评估。尽可能与直接负责的人一起分析、解决实际问题，如果确实解决不了，应及时上报。

（6）成果。审查中发现的缺陷和问题以及相应的解决措施、关键的依存关系和承诺、承诺的按时兑现。

2. 解决依存关系上的问题

在合成计划实施过程中，常常存在一些问题，这些问题往往是协调不力造成的，如下所示。

（1）推迟结束的关键依存关系和承诺。

（2）产品和产品构件需求和设计缺陷。

（3）项目组相互沟通和合作上的问题。

（4）得不到关键的资源或人员。

为了解决上述各类问题，可以采用下列方法或措施。

（1）识别问题并将其形成文字记录、备忘录或文件，以便共同研究其解决办法。

（2）向相关利益者及时通报问题。

（3）与相关利益者保持联系、充分沟通以及密切合作，一起解决问题。

（4）对于那些不能由相关利益者解决的问题，逐级上报到更高层的经理（escalation）。

（5）跟踪问题，直到这些问题解决为止。

（6）就问题的状态和解决情况向相关利益者通报。

8.2.4 组间协调

当一个软件项目必须由多个团队（也称工程组）共同参与来完成时，其软件组织或者项目的管理者就要考虑如何保证团队之间的良好合作并不断提高团队之间的合作效率。当被开发的软件系统越来越庞大之时，团队之间的合作和协调就越来越引起大家的重视，如CMM定义了一个关键过程域——组间协调（intergroup coordination），它描述了各个工程组之间在进行协同工作时，应当执行的关键实践。

1. 组间协调的目标和作用

组间协调的目的是建立一种软件工程组之间相互协作的、积极有效的方式，使一个软件工程小组积极地和其他软件工程小组进行协作，从而使得项目能够有效并快速地满足客户的需求。

组间协作可以是一个软件工程小组同本项目其他软件工程小组的协作，可以是同组织内其他部门之间的协作，也可以是一个软件工程小组同客户/用户之间的协作。这种协作集中表现在各组织单元对软件系统/产品需求和目标等的讨论并达成协议。例如，一个软件工程小组的代表与最终用户共同参与系统需求、系统目标以及项目计划的制定。

组别之间的技术工作接口及互动被计划和被管理,旨在确保整个系统的质量和完整性。项目软件工程小组代表之间的技术互查和沟通定期进行,旨在促使所有的软件工程小组之间了解项目进展状态和计划,互相协作出现的问题也能够得以恰当地关注和解决。

在组间协调过程中,要在组织、流程和项目操作等各个方面形成一致性,各个组织运作和谐。概括起来,要实现具体的目标如下。

(1) 对客户需求的理解和定义上,受影响的各组织单元(工程组)之间达成一致。

(2) 工程组之间的约定要得到所有相关的组织单元的认同和执行。

(3) 建立有关组间协作的工作流程和相互服务的约定,使得组织单元之间能有效地开展协作。

(4) SEPG 要识别、跟踪和解决组织单元之间出现的问题。

2. 组间协调的约定和方法

组间协调活动,是贯穿整个项目生命周期,从项目启动直至项目结束。组间协调活动的关键是达成高水准的约定,称之为服务水准约定(Service Level Agreement,SLA)。例如,约定邮件响应时间在 8 小时之内、需要审查的文档应提前一周发给有关人员等。

在具体实施时,应根据项目自身的特点和项目的组织结构,将组间协调过程分阶段进行,适应各阶段的特定需求。

(1) 在需求获取和分析阶段,各相关的软件工程组共同参与,从各自角度识别对象和明确阐述问题,最终确认用户需求。客户或/和最终用户也被邀请参与建立系统层的需求和目标的有关工作,这些需求和目标将成为项目中全部工程活动的基础。

(2) 在项目的计划阶段,识别和确定组间的技术接口和相互的关键依赖关系,以保证整个系统的一致性、兼容性和可靠性。

(3) 在项目执行过程中,各工程组的代表参与定期的技术评审和内部交流,以保证所有工程组都清楚各组的状态和计划,各组代表共同管理和评审组间协调活动,保证系统和组间的问题受到恰当的关注,并协商解决组间协调中存在的问题。

3. 组间协调的最佳实践

组间协调是日常活动,在软件过程的每一时刻和每一个方面都是存在的,要不断积累成功的实践,让整个组织分享。这里,列出一些常用的组间协调的最佳实践。

(1) 团队文化的建立,如在工作环境醒目的位置张贴宣传画或口号,并通过一些具体的实例在各种团队会议上进行讲解,不仅使每个人认识到团队合作的重要性,而且每个人能掌握团队合作的正确方式和有效途径。

(2) 一切从客户出发,建立组织内所有团体的共同目标和共同愿景,形成更强的凝聚力。每个团队可以开会检讨自己的工作,是否做到百分之百地满足客户需求,并形成会议纪要。

(3) 每个组织单元指定一位代表(如开发经理、测试经理等)与其他组织单元进行交流,组内的意见尽量汇总到组织单元的代表那里。这就是接口的单一性,大大降低沟通成本,又有清晰的沟通途径。

(4) 不同组织单元的人员之间讨论所提出的问题或事项,应该及时让相关组织单元获知,从而建立各个团队之间的信任关系。

(5) 软件过程改进小组应经常了解、检查组间协作的开展情况,及时处理软件过程引起的问题,确保有适当和足够的流程来服务于组间协作。

8.3　产品集成的过程管理

软件产品的生产过程直接影响着软件产品的质量,软件产品集成的过程往往被视为复杂的、庞大的工程过程,对产品的质量影响更大。因此,软件产品集成过程对管理要求更高。在这个意义上,要着重强调软件产品工程和软件产品集成过程的管理流程。

产品集成的目的是把产品构件组装成产品,确保作为一个整体的产品能发挥正确的功用,并交付产品。产品集成一般经历3个阶段。

(1) 制定和管理产品集成策略。这种集成策略和产品开发的整个计划会融合在一起,并依赖于产品的集成环境。为保证集成策略的有效执行,需定义详细的集成规范和标准。

(2) 确保待集成的各个组件、单元或构件之间接口的兼容性。可以通过评审来保证这一目的的实现,包括评审接口的覆盖范围、规范性和完整性。并在后期严格控制接口的变更,维护接口的一致性。

(3) 把产品组件、单元或构件组装起来,生成满足需求的、可交付的产品供用户使用。这是一个持续集成的过程,集成要按照合成计划、接口规范等进行,每一集成的结果都需要得到测试或验证。集成后的产品需要得到系统的测试和验证。

8.3.1　软件产品工程

软件产品工程的目的是一致性地执行已定义的软件基本过程及其支持过程。利用恰当的方法和工具来完成各项软件作业,旨在有效地开发出正确的、一致的软件产品和稳定地维护软件产品或服务。

1. 传统产业的启示

软件产品工程过程作为软件产品开发的核心过程,定义和集成了全部软件工程活动,包括产品的需求管理、配置管理和变更管理等基本活动。产品集成的管理,更强调把产品的开发活动更系统地纳入工程管理之中。或者说,对于复杂的产品集成管理,有必要运用系统工程方法和吸收传统行业所积累下来的产品工程经验。

在传统产业中,产品工程更强调一个循序渐进的过程管理,从小试(试验室环境的研究开发)到中试(工厂环境的产品开发生产),只有在原理、技术和工艺等成熟之后,才投入工厂,开始大批量的生产。更重要的是,传统产业形成了完整的产品规范,对作为最终产品的各类配件有明确的规定,包括材料、形状和尺寸等的每一个细节。不管是哪个企业生产的配件,都遵守行业的标准,有统一的型号,到了某个总厂的组装车间结果是一样的,能集成到一起。传统产业在产品工程上的启示,至少有4点。

(1) 每一个构件的接口统一,事先有明确定义。

(2) 产品集成的过程是循序渐进的过程管理。

（3）分工明确，有专业生产配件的，也有专门从事组装的。

（4）每一个环节都得到严格的质量控制，保证构件的质量合格。

2. 软件产品集成的策略

那么对于软件产品工程，究竟又如何操作呢？

在软件产品工程过程，目的是完成一个定义完善、集成所有软件工程活动的过程，此过程可以高效地开发软件产品。其集成策略可以被确定为下列内容。

（1）组织内要有一套符合国内或国际标准/规范的接口设计规格，包括 WAPI、XML 应用接口、数据库接口、数据结构、函数参数和自定义应用接口等。

（2）工作产品及其相关文档源自软件需求，而且按照应有的顺序被建立起来，从而确保完全满足客户需求。

（3）每个新项目需要按照组织标准软件过程来制定软件项目计划，包括软件项目生命周期所描述的所有软件工程活动，更重要的是清楚地描述了接口定义和产品集成的流程和方法。

（4）接口设计先行。接口定义的好坏直接影响到其他各个部分或构件的设计，所以先外部，后内部，即先设计构件的接口，再设计构件内部的实现。

（5）根据已制定的软件项目计划来执行各项软件工程活动。项目必须使用组织定义的、统一的软件方法和工具来实现软件计划，并能逐步追踪到具体的软件系统需求。

（6）持续集成，做到每日构建集成的软件包，保证接口及时得到验证。

3. 软件产品工程的任务

基于上述讨论的软件产品集成要求和策略，可以确定软件产品工程的任务。概括起来，软件产品工程的任务，包括所受到的、来自需求和标准的约束，如图 8-2 所示。

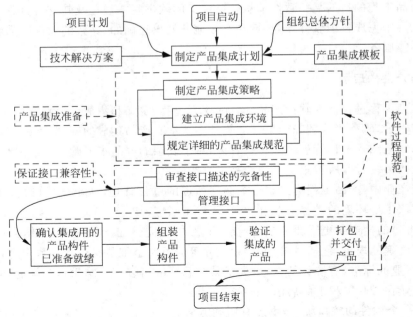

图 8-2　软件产品工程的任务和约束

（1）制定软件产品集成计划，它是基于组织总体方针、产品集成模板、项目计划和软件产品的技术解决方案制定出来的，对软件产品集成过程的具体描述。

（2）产品集成的准备工作，包括制定产品集成的策略、建立产品集成环境和规定详细的产品集成规范。在这过程中，受到组织已定义的软件过程规范的指导和约束。

（3）保证产品集成接口的兼容性，审查接口描述的完备性，并能很好地管理这些接口，包括配置项管理、变更管理，确保接口变更的一致性。

（4）实施阶段，包括一系列的软件活动，确认产品集成构件已准备就绪（进行了充分的单元测试并通过测试标准）、组装构件、验证已集成的产品和打包并交付完整的产品。

8.3.2　产品集成的管理流程

产品集成管理过程涉及到把产品构件集成为复杂的、完备的构件体系——软件产品。产品集成的一个关键是产品和产品构件的内部和外部接口管理，如何确保接口之间的兼容性。所以，接口管理成为整个产品集成项目进程中的一个中心，产品集成的流程就是围绕这个中心来制定。

1. 产品集成流程

（1）制定产品集成的策略和计划。
（2）建立产品集成的过程和准则。
（3）建立产品集成的环境。
（4）审查接口描述的完备性并管理接口的变更。
（5）确认集成用的产品构件已经就绪（完成测试）。
（6）产品构件的持续集成。
（7）验证或测试组装之后的集成产品。
（8）交付或部署产品。

2. 制定产品集成的策略和计划

（1）建立并维护产品集成的策略和组织方针，集成策略主要是确定要使用产品构件间接口定义、集成顺序规则，选择最佳集成顺序，并支持产品构件的渐进式集成和测试、协调产品（构件）的设计技术解决方案和选择。对于复杂的企业级产品，集成策略运用"集成—验证/测试—集成"的不断迭代模式。

（2）进一步完善产品集成策略和环境、产品构件接口的兼容性、集成次序和方法以及集成验证标准和方法。

（3）确定产品集成需要使用的资源，执行产品集成活动的工具主要如下。
- 仿真工具。
- 原型设计工具。
- 分析工具。
- 接口管理工具。
- 组装工具。

（4）确定产品集成相关角色的责任、权限和人选。

（5）培训计划，包括专题培训。

- 应用领域。
- 产品集成的准则和环境。
- 产品集成的方法。
- 构建软件包标准和每日构建的实施规则。

（6）确定产品集成的相关利益者，并确定其介入时机。相关利益者介入的主要活动如下。

- 审查接口描述的完备性。
- 审查产品集成的准则和环境。
- 组装并交付产品和产品构件。
- 通告核查结果。
- 通报新的有效的产品集成实践，以便有关方面有机会改善其性能。

（7）建立和维护产品集成过程的描述。

（8）制定关于《产品集成计划》的审批规程。

3. 建立和维护产品构件集成过程和准则

随着产品集成策略的成熟，就需要详细的规程、输入、输出、预期的结果和判定进展的准则。产品构件集成用的详细规范，可能包括所要执行的迭代次数、预期的测试要求以及不同阶段的评估标准，即用于判断供集成的产品构件的可接受性的准则。例如，常见的产品集成准则如下。

（1）构件的测试要求，包括允许替代的构件。

（2）接口验证，包括外部接口的需求和标准。

（3）每类构件的性能指标。

（4）集成测试环境参数和条件（限制）。如果是模拟、仿真环境，应该有更细的准则

（5）集成操作的质量成本权衡。

（6）验证产品构件预期功能的方法和要求。

（7）产品交付标准。

（8）人力资源和硬件、网络环境资源等的可用性。

4. 从组织和工作环境支撑上来实施集成管理

（1）组织制定一个统一的框架，包括目标、任务、期望的行为和标准，提供最大化人员的生产效率。

（2）创建一个集成化工作环境，该环境能满足协作和并行开发的需要，实现集成所需要的、灵活的和快速的协作平台。

（3）基于集成化工作环境，管理人员在组织内培育一体化协作行为，标识惟一的支持产品集成化环境所需要的各项技能。

（4）组织建设，包括领导机制、激励机制等，使及时协作成为可能，如减少组织的层次，尽量实行平面化的组织和项目管理。

8.3.3　软件产品工程的实践

规范地执行软件产品工程过程的关键在于不断总结过去的实践,在整个组织内形成共识,从而造就一个自然的产品集成化的环境。产品集成化的环境拥有的实践,被概括为以下9点。

(1) 按照项目自定义的软件过程开展软件工程活动。软件工程活动,包括软件开发活动和软件测试活动,是贯穿软件生命周期中所有技术、支持和管理的活动。根据组织制定的裁剪指南,基于已确定的软件生命周期模型对组织标准软件过程进行裁剪,形成项目自定义的软件过程,并根据这个自定义的软件过程来指导项目策划活动、配置活动等的开展。

(2) 前提条件。提供充足的资源、资金和工具来完成软件工程任务。软件工程的技术人员要接受必要的培训,接受软件项目的技术指导和相关软件工程原则指导,对软件规范熟悉、铭记在心。

(3) 抓住需求。制定、维护、记录和验证软件需求,包括对软件设计的充分讨论,特别是接口设计的评审,使之适应软件需求并形成编码框架。

(4) 在软件过程管理中,加强对项目计划活动的质量控制。项目的管理者是按照计划确定的内容对项目进行管理的,所以计划的合理性将直接关系到项目的成败。项目计划活动的质量保证,是产品集成成功的关键要素之一。软件项目策划是在项目的早期进行,以用户确认的需求为基础,以组织内部的软件标准为依据,以组织内部类似项目的成功经验为参考,包括软件配置管理计划、各类评审工作计划等,配置管理和评审在软件产品工程中具有举足轻重的地位。

(5) 选择并运用合适的软件工程方法和工具来构造和维护软件产品。每个软件组织都应根据组织标准软件过程来定义一套相适应的软件工程方法和工具。而对于每一个具体项目,又必须根据项目的特点,从组织已定义的方法和工具库中选择适合本项目的方法和工具。

(6) 项目实施过程中保证软件计划、软件活动和产品之间的一致性。一般情况下,可通过对需求的跟踪和阶段的评审来保证这种一致性关系。软件产品工程集中于工程技术活动中,通过规范技术活动的执行可以保证在项目执行过程中组织行为的渗透,以达到开发出高质量产品的目的。每一阶段的软件工作产品都要进行相应的同行评审或技术评审,并置于软件基准库中完成相应层次的配置管理。

(7) 加强同行评审。同行评审的对象一般是部分软件工作产品,其重点在于发现软件工作产品中的缺陷。通过加强同行评审,在软件开发前期奠定了工作产品质量的保证力度,如需求分析和定义、系统架构设计和详细设计、测试计划、测试设计用例和编程等,都是同行评审的重点。对前期产品的质量保证明显地降低了软件产品的成本,提高了软件产品的整体质量。

(8) 有效的度量体系和充分的度量分析工作,通过度量来判定产品工程活动的状态、软件产品的功能和质量。

(9) 验证。高层管理者要定期的审查软件产品工程的活动。项目经理要定期采用事件驱动的方法审查软件产品工程活动。软件质量保证组要检查审核软件产品工程的活动并报告结果。

8.4　集成产品开发模式

集成产品开发模式(Integrated Product Development,IPD)是一套针对集成化产品而研制出来的产品开发过程的管理体系,包括过程管理的思想、模式和方法。SEI 给出了 IPD 的标准定义——IPD 是一种面向客户需求、贯穿产品生命周期的活动,能及时进行协同的、产品开发的系统方法。

8.4.1　IPD 产生的背景

IPD 的思想来源于美国 PRTM(Pittiglio Rabin and McGrath)公司开发的产品及周期优化法(Product And Cycle-time Excellence,PACE),而最先将 IPD 付诸实践的是 IBM 公司。1992 年 IBM 在激烈的市场竞争下,遭遇到了严重的财政困难,公司销售收入停止增长,利润急剧下降。经过分析,IBM 发现在研发费用、研发损失费用和产品上市时间等几个方面远远落后于业界最佳者。为了重新获得市场竞争优势,IBM 提出了将产品上市时间压缩一半,在不影响产品开发结果的情况下,将研发费用减少一半的目标。为了达到这个目标,IBM 公司率先应用了集成产品开发(IPD)的方法,在综合了许多业界最佳实践要素的框架指导下,从流程重整和产品重整两个方面来达到缩短产品上市时间、提高产品利润、有效地进行产品开发、为顾客和股东提供更大价值的目标。

IBM 公司实施 IPD 的效果不管在财务指标还是质量指标上都得到了验证,最显著的改进如下。

(1) 产品研发周期显著缩短。

(2) 产品整体开发成本降低。

(3) 研发费用占总收入的比率降低,人均产出率大幅提高。

(4) 产品质量普遍提高。

(5) 在中途废止项目上的费用明显减少。

在 IBM 成功经验的影响下,许多高科技公司采用了集成产品开发(IPD)模式,如美国波音公司和国内华为公司等,都取得了较大的成功。

8.4.2　产品及周期优化方法

由美国 PRTM 公司开发的产品及周期优化法(PACE),是一种适合集成的新产品开发的分阶段方法。PACE 倡导项目由一个跨职能的核心团队来管理,而项目被划分为一系列不同的阶段,每个阶段结束前,要进行阶段性评审,并将通过阶段性评审作为阶段结束的标准之一。阶段性评审,也就是项目必须越过的一个个门槛。

在这样集成产品开发的过程管理方法中,首先要设定一个"产品审批委员会"。这个委员会,一般由产品研发、质量保证和市场等资深经理们组成,负责阶段性评审的最后签发工作,有时也参与具体的评审活动,并检查项目的进度。由于这些人都来自软件组织各个业务单元和部门,能从不同的角度去审查阶段性结果,能保证产品开发计划的实现。

和阶段性评审所对应的是结构化的研发流程,它被用于实施产品研发的各项具体活动。结构化的研发流程要求在每项任务的标准时间周期内记录过程数据并存储在公共数据库之中。随着软件组织对结构化的研发流程越来越熟悉,这个公共数据库积累起来的知识,可以被广泛地用来规划完成某个特定的任务所必需的时间和资源。这样,组织就逐步有能力根据时间周期来估计、安排项目进展,保证项目各个构件的开发按计划进行,从而产品的集成过程能有条不紊地进行,无论在效率和质量上都得到提高。图 8-3 就描述了 PACE 的框架。

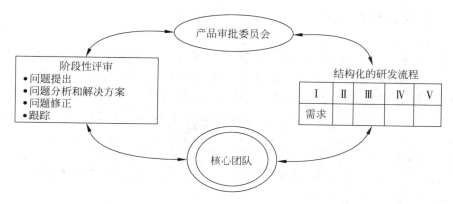

图 8-3　产品及周期优化法的框架

8.4.3　IPD 核心思想

思想决定行动,行动决定结果。集成产品开发模式(IPD),首先是一种管理思想。IPD 作为先进的集成产品开发理念,所具有的核心思想如下。

(1) 产品开发是一项投资决策。IPD 强调对产品开发进行有效的投资组合分析和管理,优化投资组合,将资源用于最有前途的市场机会和产品组合上。在开发过程设置检查点,通过阶段性的投资决策评审来决定项目是继续、暂停、终止还是改变方向。

(2) 基于市场的创新和开发。IPD 强调产品创新一定是基于市场需求、定位和竞争分析的创新,而不是基于技术或者功能上的创新。为此,IPD 强调把正确定义产品概念、市场需求作为流程的第一步,一开始就把事情做对,并将产品开发的流程与市场管理流程有机地集成起来。

(3) 跨部门、跨系统的协同。产品开发是一个跨部门的流程,必须有一个跨部门的小组对最终结果负责,协同各项活动,确保沟通、协调和决策的高效,达到尽快将产品推向市场的目的。

(4) 异步开发模式,也称并行工程。通过严密的计划、准确的接口设计,将产品开发按照最终产品、平台、子系统和技术分解为不同层次的任务,并行开发所有层次的任务。通过对每个层次的关注和面向市场的开发,快速、高效以及不断地推出具有竞争力的产品。

(5) 重用。采用公用构建模块(Common Building Block,CBB)提高产品开发的效率。CBB 是实现异步开发的基础和手段。当产品的集成是基于许多成熟的、共享的 CBB 和技术,产品的质量、进度和成本无疑会得到更好的控制和保证。

（6）结构化的流程。产品开发项目的相对不确定性，要求开发流程在非结构化与过于结构化之间找到平衡。产品开发是复杂的，因为产品开发人员必须完成成千上万项活动，而这些活动涉及到方方面面、各个部门，如何协调这些活动便成为极其复杂的工作。为了能管理好这些庞大而复杂的活动，产品开发过程必须成为结构合理、定义清楚的过程。但产品开发流程不同于生产流程，具有相对的不确定性，理想的生产是复制，但产品开发是有限度的创新，IPD流程也应该是有限度的结构化，不能规定得太机械、太细。

8.4.4   IPD 的过程框架模式

IPD 提供了一套较完整的、可操作的过程管理模式，有效地使软件开发过程中各要素有机地组合起来。IPD 按照如下框架对这些要素进行组合。

IPD 的框架由两大流程、两个跨部门团队和一系列过程要素组成，如图 8-4 所示。

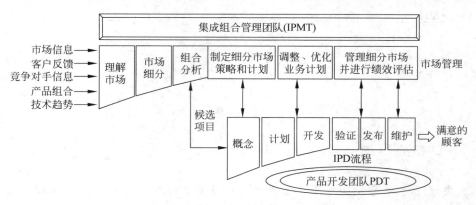

图 8-4   IPD 开发框架示意图

1. IPD 两大流程

（1）市场管理流程。从理解、细分市场到管理、评估市场的全过程。

（2）IPD 流程。涉及产品概念形成、产品开发计划、开发、验证、发布和维护等软件开发生命周期。

2. IPD 两个跨部门团队

（1）集成组合管理团队（Integrated Portfolio Management Team，IPMT），是决策部门，负责整个产品的运作，包括市场分析、定义、管理和软件产品开发的管理。

（2）产品开发团队（Product Development Team，PDT），是执行部门，集中在软件产品的开发计划、实施和评估。

3. IPD 过程要素

IPD 框架所包含的过程要素比较多，可以归纳为跨部门团队、结构化流程、一流的子流程、过程性能评估和 IPD 工具等几个方面。其主要的子流程有项目管理、阶段决策、以用户为中心的设计、技术评审、系统工程、CBB-重用、文档管理、质量控制、采购管理、软硬件设计、技术管理和管道管理等。过程性能的评估方法采用平衡计分卡,对团队和个人绩效考核。基于产品开发团队的指标有上市时间、盈利时间和公用构建模块等,而基于个人的指标有进度或计划完成率、质量和关键行为等。

IPD 框架提供了一整套运作机制(如 IPMT 决策机制、PDT 组织运作机制),定义了各层次的业务流程,并细化为操作指南和模板。所以,IPD 作为一种产品开发模式是完整的、具有很强的可操作性的。

平衡计分卡(balanced scorecard)

平衡计分卡是一套非常有效的目标管理模式的工具。它将企业战略目标逐层分解转化为各种具体的相互平衡的绩效考核指标体系,并对这些指标的实现进行周期性的考核,从而为企业战略目标的实现建立起可靠的执行基础。平衡计分卡将战略分成 4 个不同维度的运作目标,并以此 4 个维度分别设计适量的衡量指标。因此,它不但为组织提供了有效运作所必需的各种信息,克服了信息的庞杂性和不对称性,而且所提供的指标具有可量化、可测度和可评估性,从而更有利于对企业的战略执行进行全面系统的监控,促进企业战略与远景的目标达成。

平衡计分卡完全可以用于企业质量目标的管理,包括软件企业质量目标的管理。平衡计分卡从企业的长期目标开始,逐步分解到企业的短期目标,使组织的长期战略目标和近期目标很好地结合起来,达到结果性指标与动因性指标之间的平衡。长期目标是质量文化、质量方针所要达到的目标,如"软件程序的零缺陷"这个长期目标的实现,需要很多个短期目标的实现。同时,平衡计分卡实现企业组织内部与外部客户的平衡,从而提高客户的满意度,即诠释了质量的真谛。

8.5　IPD 方法应用和实践

IPD 方法的应用,不仅取决于其自身体系的建立,还取决于市场过程的管理(业务重整)、流程的管理(流程重整)和产品工程的管理(产品重整)等。

8.5.1　IPD 的方法体系

IPD 集成了多个最佳实践(best practice)的方法,构成了一套有效而完整的方法体系,主要涵盖了 7 个方面,如图 8-5 所示。

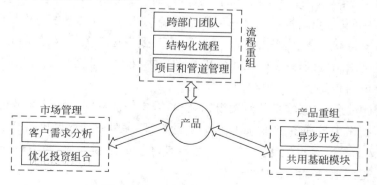

图 8-5　IPD 方法体系结构示意图

（1）客户需求分析。从 8 个方面（＄APPEALS）对产品进行客户需求定义和产品定位。

（2）投资组合分析。如战略定位分析（Strategy Position Analysis Network,SPAN）和财务分析（Financial Analysis Network,FAN）。

（3）衡量标准。一套从商业（市场）角度来看的衡量指标,如投资效率、新产品收入比率、被废弃的项目数、TTM（进入市场平均时间）、TTP（产品盈利时间）和 CBB 等。

（4）跨部门团队。如集成组合管理团队（IPMT）和产品开发团队（PDT）。

（5）结构化流程。IPD 流程是分层的、分阶段的并由子流程支撑的结构化流程,如图 8-4 所示。

（6）项目和管道管理。对单个项目的管理以跨部门的团队和结构化的流程为基础,并通过制定一个全面的计划来实施、协调和监控。管道管理是根据公司业务策略对项目及其所需资源进行优先排序及动态平衡的过程。

（7）异步开发及 CBB。产品开发的各种方法集成到异步开发模式中,在 CBB 的基础上实现产品开发的快速和高效。

8.5.2　IPD 的方法启动和建立

IPD 方法体系是由市场管理、流程重组和产品重组等 3 部分组成,以市场为导向、以市场管理为基础,可以从产品重组开始,然后实施流程重组。也可以先完成流程重组,等流程稳定后,再进行产品重组。如果组织过程成熟度高、过程能力强,流程重组和产品重组可以同时进行。IPD 方法的启动和具体应用,经过下列 8 个步骤。

（1）调研诊断需求分析及总体方案。顾问组或专家组,经过深入细致的调研和反复的内部研讨,了解市场需求和变化趋势,完成研发体系调研诊断报告、研发管理需求分析及框架方案。

（2）产品战略及规划。包括公司核心战略愿景、平台战略、产品线规划和新产品开发战略。可以通过顾问组来帮助管理层举行价值管理体系研讨会和产品战略研讨会,来决定产品战略、定位及规划,包括组织的关键成果领域（Key Results Area,KRA）、关键绩效指标（Key Performance Indicator,KPI）等。

（3）研发组织结构。组织结构的扁平化管理,研发组织结构、角色及职责划分、职位体系和运作规范。研发组织结构设计是一项非常重要的工作,不仅考虑与市场、销售、技术操作与维护、客户支持和服务、财务等部门的关系,而且要考虑业务需求、产品开发平台和产品线的规划等,使组织结构既体现了 IPD 的思想和要求又符合业务特点,最终形成一个适应集成管理的、有效的和灵活的组织结构。

（4）研发组织切换。实施新的研发组织结构,需要保证从旧组织结构平稳地切换过来。所以在切换前,要做大量准备工作,如职位职责的培训、薪酬政策的明确、任职者的选拔以及调整人员谈话沟通等。在组织切换中,在办公物理环境的重新布置,也有一定的帮助,如打破部门的界限,更好地实现跨部门的运作。

（5）研发业务流程。基于 IPD 模式的产品开发流程设计,是工作量最大、涉及面最广的一项工作,并直接影响到研发体系的效益和效率,所以要对每个流程、每一个模板/表单都经过反复的讨论和修改,使之尽量满足 IPD 模式的要求,既能反映产品和技术特点,又具有实际的可操作性。开发流程涉及主要研发阶段和支持性子流程。

- 主要研发阶段。概念阶段、计划阶段、开发阶段、验证阶段和发布阶段等流程的任务描述及模板/表单。
- 8 个支持性子流程。如业务决策评审、技术评审、项目管理、需求管理、配置管理、质量管理、采购管理和文档管理等。

(6) 研发流程切换。从贯彻 IPD 的思想、有效操作性、形成密切协作出发,研发流程切换可以按阶段分步进行,从概念阶段开始,逐步深入到其他各个阶段,先从主要研发阶段入手,再向支撑性子流程实施。

(7) 薪酬及绩效管理,包括职位评估、薪酬结构及工资管理、制定奖金评定办法、部门及员工绩效管理制定、整套绩效考核表格、年终评定办法和非经济激励办法等。如将开发项目奖的激励办法改为年终奖,在集成管理中能发挥很好的作用。进行 KPI 指标体系的设计、公司的 KRA 及 KPI 层层分解筛选和论证最终形成了研发系统各部门的 KPI 指标体系。

(8) 培训开发体系。管理者任职资格制度、技术任职资格制度和培训开发管理制度等。

8.5.3　市场过程管理

产品特性定义和开发过程是受客户、投资和市场等产品生存的外部客观环境因素的影响,所以对这些外部环境因素的管理,是市场过程管理的主要任务,其方法主要有客户需求分析、产品投资组合分析和投资效益的衡量指标。

1. 客户需求分析

没有需求就没有软件,不能满足客户需求的软件就不是好的软件,及时地、准确地把握市场需求是项目和产品开发成功的关键活动之一。IPD 使用一种用于了解客户需求、确定产品市场定位的工具—— $ APPEALS 进行需求分析。$ APPEALS 从 8 个方面衡量客户对产品的关注,确定产品的哪一方面对客户是最重要的。$ APPEALS 中的每个字符正好代表一个方面。

(1) 产品价格(Price, $)。

(2) 可用性(Availability, A)。

(3) 包装(Packaging, P)。

(4) 性能(Performance, P)。

(5) 易用性(Easy to use, E)。

(6) 保证程度(Assurances, A)。

(7) 生命周期成本(Life cycle of cost, L)。

(8) 社会接受程度(Social acceptance, S)。

2. 投资组合分析

如何正确评价、决定软件组织是否开发一个新产品,以及正确地决定如何对各个新产品的资金分配额,就需要测定新产品的投资利润率。只有明确了投资利润率的各种静态和动态的决定因素和计算方法,软件组织才能对产品战略做出正确的判断和决策,进而确定产品开发的投资。IPD强调对产品开发进行有效的投资组合分析。

投资组合分析的主要任务,就是正确地制定投资对策,提高运营效率,取得满意的软件产品销售或软件服务的收益。当一个软件企业,经营多种软件产品的时候,其投资组合分析的需求就更为迫切,需要考虑服务方向、竞争对手、市场需求、企业优势、资源条件以及收益目标等更多因素,还必须研究产品结构,研究各种产品的投入、产出、创利与市场占有率、市场成长率的关系,然后才能对众多产品如何分配资金决定对策。

投资组合分析要贯穿整个产品生命周期,在开发过程设置检查点,通过阶段性评审来决定项目是继续、暂停、终止还是改变方向。通常在各个阶段完成之后,必须在"通过"或"不通过"做出抉择,以决定下一步是否继续,从而可以最大地减少资源浪费,避免后续资源的无谓投入。

3. 衡量指标

投资分析和评审的依据是事先设定的衡量指标,包括对产品开发过程性能、不同层次人员或部门的工作绩效进行衡量的一系列指标。产品开发过程的衡量标准有硬指标(如财务指标、产品开发周期等)和软指标(如产品开发过程的成熟度)。衡量标准有投资效率、新产品收入比率、被废弃的项目数、产品上市时间、产品盈利时间和CBB重用情况等。

8.5.4 流程重整

IPD中的流程重整,主要关注于跨部门的团队、结构化的流程、项目和管道管理。在结构化流程的每一个阶段及决策点,由不同功能部门人员组成的跨部门团队协同工作,完成产品开发战略的决策和产品的设计开发,通过项目管理和管道管理来保证项目顺利地进行。

1. 跨部门团队

组织结构是流程运作的基本保证。IPMT和PDT都是由跨职能部门的人组成,包含了开发、市场、销售、财务以及技术支持等不同部门的人员,其人员层次和工作重点都有所不同。IPMT由组织决策层人员组成,其工作是确保在市场上有正确的产品定位,保证项目资源、控制投资。IPMT同时管理多个PDT,并从市场的角度考察各个PDT所开发的盈利,适时终止前景不好的项目,保证将有限的资源投到高回报的项目上。

PDT是具体的产品开发团队,其工作是制定具体产品策略和业务计划,按照项目计划执行并保证及时完成,确保小组将按计划及时地将产品投放到市场。PDT是一个动态的组织单元,其成员在产品开发期间一起工作,由项目经理组织,可以是项目经理负责的项目单列式组织结构,产品开发结束时 PDT 就解散。

2. 结构化流程

IPD 产品开发流程被明确地划分为概念、计划、开发、验证、发布和生命周期 6 个阶段,并且在流程中有定义清晰的决策评审点。这些评审点上的评审不只是技术评审,更多的成分是业务评审——关注产品的市场定位及盈利情况。决策评审点有一致的衡量标准,只有完成了规定的工作才能够由一个决策点进入下一个决策点。

下面是典型的产品开发流程。

(1) 在概念阶段初期,一旦 IPMT 认为新产品、新服务和新市场的思想有价值,将组建并任命 PDT 成员。

(2) PDT 了解未来市场、收集信息和制定业务计划。业务计划主要包括市场分析、产品概述、竞争分析、市场计划、客户服务支持计划、项目进度和资源计划、风险评估和管理计划以及财务计划等方面信息,所有这些信息都要从业务的角度来思考和确定,保证组织最终能够盈利。

(3) 业务计划完成之后,进行概念决策评审。IPMT 审视这些项目并决定哪些项目可以进入计划阶段。

(4) 在计划阶段,PDT 综合考虑资源、时间和成本等因素,形成一个总体、详细和具有可操作性的业务计划。

(5) 完成详细业务计划以后,PDT 提交该计划给 IPMT 评审。如果评审通过,项目进入开发阶段。PDT 负责管理从计划评审点直到将产品推向市场的整个开发过程,PDT 小组成员负责落实相关部门的支持。

(6) 在产品开发全过程中,就每一活动所需要的时间及费用,不同层次人员、部门之间依次做出承诺。

3. 项目和管道管理

项目管理促进跨部门团队有效配合、紧密合作完成任务的关键。首先要有一个共同的目标——项目所预期达到的成果。一旦将客户的需求转换为对产品的需求时,就可以制定详细的项目计划。项目计划中将各部分任务分配到各个有关职能部门的工作,即这个计划不只是研发部门的计划,也是组织中多个相关部门共同的计划。一个产品从概念形成到上市期间会涉及到许多不同的但密切相关的活动,这就决定了不同职能部门彼此之间存在相互合作、依赖的关系。同样,在一个项目中不同职能部门之间的活动也是相互影响、制约的,所有的活动有机地结合起来就构成了整个产品的开发活动。

确定了各职能部门的任务及其关系之后,就可以安排各项活动的预算、进度和资源,包括在各职能部门之间的资源调配。在项目实施过程中,还需要监控计划的执行,不断地将实际状态与计划中预期结果进行对比分析。如果有偏离,要么采取措施加快进度,要么对计划进行调整。虽然没有任何一个计划是完善的,常常需要在细的层面上对计划进行一定的调整,但是 PDT 做出的承诺不能改变。整个项目的进行过程都需要 PDT 的参与,因此,PDT 在产品开发全过程中自始至终发挥作用。

管道管理类似于多任务处理系统中的资源调度和管理,指根据业务策略对开发项目及其所需资源进行优先排序及动态平衡的过程。

8.5.5 产品重整

IPD 提高开发效率的手段是产品重整,而产品重整主要关注于异步开发和共用基础模块(CBB)。建立可重用的共用基础模块,是实现异步开发的基础。

1. 异步开发

异步开发模式的基本思想是在纵向将产品开发分为不同的层次,如业务层、逻辑层和平台层等。不同层次工作由不同的团队异步开发完成,从而减少下层对上层工作的制约。

在产品开发过程中,由于上层构件或子系统通常依赖于下层的平台或子系统,因此,不同的开发层次之间具有相互依赖性。如果一个层次的工作延迟了,将会造成整个时间的延长,这是导致产品开发延误的主要原因。通过定义各层次的标准接口和规范,减弱各开发层次间的依赖关系,可以实现所有层次任务的异步开发。

2. 共用基础模块

共用基础模块(CBB)指那些可以在不同产品、系统之间共用的构件、数据块、技术及其他相关的设计成果。如果部门之间共享已有成果的程度很低,随着产品种类的不断增长,构件、支持系统和供应商也在持续增长,可能会导致一系列问题。事实上,不同产品、系统之间,存在许多可以共用的构件、数据块和技术,如果产品在开发中尽可能多地采用了这些成熟的共用基础模块和技术,则产品的质量、进度和成本会得到很好的控制和保证,产品开发中的技术风险也将极大地降低。因此,通过产品重整,构造 CBB 数据库,实现构件、数据块和技术等在不同产品之间的重用和共享,可以缩短产品开发周期、降低产品成本。

不管是异步开发还是共用基础模块的实现,都需要高水平的系统划分和接口标准定义,需要企业级的构架师进行科学规划。

8.5.6 新产品开发

产品开发对企业越来越重要但产品开发的现状却不容乐观。一些资料显示,在产品开发中 7 个概念中只有一个概念可以转化为产品,而新产品中 50% 会失败,66% 的 CEO 对在新产品开发上的表现感到失望。

新产品失败的典型原因包括如下。

(1) 没有准确的市场调研及市场预测,开发出来后根本没有市场。

（2）没有按照顾客需求设计，也没有充分考虑好竞争定位，所以设计开发出来的产品没有竞争优势，导致被淘汰出局。

（3）技术上存在障碍，关键技术无法突破。

（4）成本太高，不可能商品化。

（5）更多的情况是产品开发过程管理本身的问题。如在产品概念和计划阶段未经过充分考虑就急忙投入详细设计，导致后期频繁修改。其他的管理问题有技术重用度差、开发效率低下、各部门之间协作混乱以及产品迟迟推不向市场等。

IPD 正是为了解决以上问题，据统计，IPD 的有效采用和实施将给组织新产品的开发带来如下好处。

（1）产品投入市场时间缩短 40%～60%。

（2）产品开发浪费减少 50%～80%。

（3）产品开发生产力提高 25%～30%。

（4）新产品收益百分比增加 100%。

8.6 小　　结

集成项目管理，也就是对已定义的组织标准软件过程进行剪裁以符合项目的特性，吸收相关软件过程财富，制定集成的项目自定义过程来管理多个项目，并且满足相关利益者的要求，到达平衡。而集成项目管理的流程，可以被分为 3 个基本的子阶段，即如下所示。

（1）制定集成项目管理计划。

（2）运用项目已定义过程。

（3）与相关利益者协调和合作。

进一步可划分为 8 个具体步骤，然后介绍了集成项目管理的核心、内容、工具和培训等。在介绍合成项目计划的范围、步骤、管理和实施中，强调了如下几点。

（1）识别和分析产品接口风险和项目界面风险。

（2）建立客观的准入和准出准则。

（3）定期审查，同行评审。

（4）管理依存关系、做好组间协调。

而在产品集成的过程管理中，介绍了软件产品工程及其任务、产品集成管理的策略和流程、软件产品工程的实践等，着重讨论了下列几点。

（1）传统产业的启示。

（2）制定产品集成的策略和计划。

（3）建立和维护产品构件集成过程和准则。

（4）从组织和工作环境支撑上来实施集成管理。

最后用较大篇幅介绍了集成产品开发模式（IPD），包括其产生的背景、核心思想、方法和过程框架，以及如何启动和应用这种开发模式。

（1）产品开发是一项投资决策，强调有效的投资组合分析和管理。

（2）基于市场的创新和开发,IPD强调把正确定义产品概念、市场需求作为流程的第一步,一开始就把事情做对,采用 $APPEALS方法。

（3）跨部门、跨系统的协同,建立两大部门,集成组合管理团队（IPMT）和产品开发团队（PDT）。

（4）异步开发模式,也称并行工程。

（5）CBB 重用。

（6）结构化的流程,创建两大流程,市场管理流程和 IPD 流程,以及一系列的子流程,包括阶段决策、以用户为中心的设计、技术评审、系统工程和管道管理等。

8.7 习　　题

1. 将项目过程的集成管理和产品集成的过程管理进行对比,找出它们的共同点和不同点。

2. IPD 中两个跨部门团队的责任是有什么? 两者之间会有经常性的冲突吗?

3. 举出一个例子,如何运用 IPD 提高产品集成的质量。

第 9 章

软件过程的评估和改进

如果不知道当前的软件过程状态,就不知道软件过程中所存在的问题以及产生这些问题的因素,也就无法实施软件过程改进。在软件过程评估之后,问题被揭示出来,迫使着人们更快地解决这些问题。要根本解决这些问题,并使之不再发生,过程改进是最有效的方法。所以说,软件过程评估不仅是软件过程改进的基础,而且还是软件过程改进的催化剂。

在讨论软件过程改进(SPI)之前,先要讨论软件过程评估,软件过程评估不是我们的目的,而是一种手段,目的是为了改进软件过程,提高软件过程能力,改善软件过程的性能和软件产品的质量。

9.1　过程模型的剪裁

为了更好地优化、管理软件开发过程,软件组织要引入一些国际标准、国内标准或业界标准(如 CMMI 等),但是不能直接照搬过来,而是要根据组织自身实际情况进行调整来量身定做,这就是软件过程剪裁。软件过程剪裁就是去掉不合适的流程、方法和规则,增加一些新的内容,形成自定义的、更适合组织自身需要的或当前项目需要的过程。

即使在软件组织内部,由于每个软件项目的情况的不一样,如规模大小不同、开发类型多样,所以,不同的软件项目需要采用不同的开发过程管理和流程,也不能全盘采用一套流程。软件组织的标准过程,需要经过剪裁,以适应不同的、特定的软件项目的过程需要。

9.1.1　软件开发组织的类型

软件组织直接销售软件产品的模式会逐渐减少,而提供软件服务的模式会逐渐增强,但有关软件过程管理的研究成果(如 CMM/CMMI、ISO 12207 或 15504)主要是针对"直接销售软件产品的模式"展开的,和当今软件开发的发展趋势会出现越来越大的差距。在没有制定新的过程标准之前,这种差距决定了软件过程剪裁活动的经常性。

使用软件产品或服务的客户是另外一个不容忽视的影响因素。如果软件产品是一些关键需求的大型复杂软件系统(如应用于国防、航天等),则软件过程的剪裁不多,客户往往要求组织采用非常严格的、规范的软件开发过程。

除此之外,软件开发组织从事不同类型的业务,其过程的剪裁也是不同的,可以归为如下 3 种类型。

(1) 组织独立承担某项新产品的全程开发和维护,开发过程不受外部因素影响。这种类型组织的软件过程具有如下特点。

- 软件组织承担的软件产品的开发任务来源于组织内部,虽然需求还是来源于客户,但是需求的定义、系统设计、编程和测试等全过程都在组织内部进行。所以,一般不需要供应商合同管理。
- 多数情况下,该组织所开发的产品相对比较稳定,各系列的软件产品会形成一个相当长的生命周期。其需求的定义和开发、配置管理、计划制定和跟踪等是关键的过程域。
- 由于开发环境稳定、项目周期长,一般能够支持在一系列业务活动之上的集成化过程改进工作。由于项目的长期性为过程改进提供了充裕的时间,因而组织可以严格贯彻模型中所描述的过程域中的各项实践活动,包括可以从组织过程财富中获得支持,进行持续的过程改进。

建议选择 ISO 12207 标准或 IBM 统一过程(RUP)为过程基础,吸收敏捷过程思想等,进行组织或项目过程剪裁。

(2) 组织完成所开发的软件产品的主体部分,但要将次要部分交给第三者完成或集成第三方的软件产品。这一类型是目前比较常见的,因为软件系统要求越来越高、功能越来越多,单个软件组织很难有能力或很难有全方位的人才来覆盖系统的产品集合,不得不借助某些专业领域的软件厂商,包括转让部分产品开发任务给第三方或需要集成已经发布的第三方的产品(开源产品或商业产品)。对于这一类型组织的软件过程具有如下特点。

- 开发过程肯定受到外部某些影响,但影响的范围和程度是有限的,其管理风险容易被控制。
- 增加软件产品集成工作,包括供应商合同的管理、项目群组的管理、接口的定义和设计等。
- 供应商的选择和监督、集成化管理过程、供应商合同管理、组织基础设施以及不同组织或部门的协调。
- 多学科的问题分析、解决或决策过程的要求。

建议选择 CMMI SW/SE/IPPD,在此基础上进行过程剪裁。

(3) 组织缺乏独立完成软件产品开发的能力,从软件承包商接受软件产品开发的子项目,接受指导下完成项目。这类组织具有如下特点。

- 开发过程受到外部严重的制约,所以处理好和外部的关系成为过程管理的关键要素之一。
- 组织面对一个快速发展的软件开发环境,所承接的项目多是短期的、按进度驱动的软件开发过程,所以应考虑只集中于一个特定的领域或方面进行过程改进,甚至可以只选择单一学科规范中的少数过程域进行改进,这样可以在不影响项目进度的前提下,尽快得到过程改进投资的效益回报。
- 获得短期改进计划和长期改进计划的平衡。如果由于受到项目进度的压力只有短期的过程改进而没有长期的过程改进,则是比较危险的。

- 需求由软件承包商提供,但软件设计是关键过程之一,使软件设计的结果和需求保持一致。
- 质量保证过程、组织基础设施、支持过程等是帮助组织获得信任的重要手段,应成为过程管理的核心。

建议选择 CMM SW/SE,在此基础上进行过程剪裁。

9.1.2 CMMI 表示方法

CMMI 是集成了 CMM、系统工程能力模型与集成产品开发 IPD-CMM 三种模型,而这三种源模型的表示方法是不同的。

(1) CMM 是"阶段式"模型。

(2) 系统工程能力模型是"连续式"模型。

(3) 集成产品开发 IPD-CMM 是一个混合模型。

CMMI 模型为了保持兼容性以获得更多的支持,没有选择单一的结构表示法,而是采用了两种表示法——连续式表示法和阶段式表示法,如图 9-1 所示。

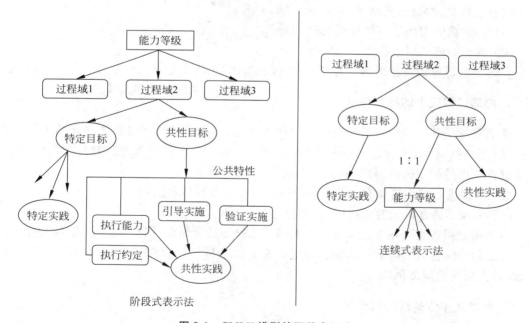

图 9-1 CMMI 模型的两种表示法

(1) 阶段式表示法强调的是组织的成熟度,从过程域集合的角度考察整个组织的过程成熟度阶段,其核心是"成熟"。阶段式表示法模型主要用于组织的整体软件过程能力的改进,目的是促进软件组织的整体过程能力的跳跃式提高。

(2) 连续式表示法强调的是单个过程域的能力,从过程域的角度考察基线和度量结果的改善,其核心是"能力"。所以连续式表示法模型主要用于单个的过程域的改进,目的是促进过程能力的连续改进和提高。

虽然两种表示法的模型在结构上有所不同,但在逻辑上是一致的,构成模型的元素(模型的组成成分)基本上是一样的,包括过程域、目标。特定实践和共性实践在两种表示法中也不存在根本区别,因此,两种表示法并不存在本质上的不同。组织在进行集成化过程改进时,可以从实用角度出发选择合适的或偏爱的其中一种。但对于上述第 3 类组织类型,建议选用连续式表示法模型,每一次只对单个过程域进行改进。

9.1.3　模型剪裁的用途

模型是评估中的一个重要因素。在进行具体的评估之前,需要对选定的模型进行剪裁。这样,可以减少评估的工作量,更主要的是建立起适合组织实际情况的有效模型,将标准模型中的角色、活动等元素映射到组织结构中对应的单元。

对软件过程评估模型或方法的剪裁,其基本目的就是使模型或方法适合组织特定的情况,或者说,组织可以针对具体的评估活动,从一般性的评估方法中选择适合自己的模型或方法。最常见的就是对 CMM/CMMI 模型的剪裁。对于大多数过程模型,都附有剪裁指南,帮助各个特定的组织对该模型的剪裁。而对于组织标准过程集合的剪裁,同样按照本组织规定的剪裁指导原则来进行。

对过程模型的剪裁,其基本用途不外乎如下两类。

(1) 将剪裁模型用于内部过程改进。

(2) 将剪裁模型用于建立评估基线。

有的组织将剪裁模型用于两者,既用于过程改进,也用于建立评估基线。

1. 内部过程改进的模型剪裁

模型剪裁是基于组织自身的业务目标和特点,从解决目前软件过程所存在的关键或主要问题(不清晰、低效率、低质量等)出发,构建适合组织内部过程改进的特定模型的活动。内部过程改进的模型剪裁,就是确认过程改进的范围,即:

(1) 选择满足组织需要和支持组织的商业目标的过程域和实践。

(2) 去掉不适合组织的过程域、实践。

由于模型中各组件相互之间存在的关系,"去掉不适合组织的过程域、实践"这种操作是具有较大的风险性,在做出决定之前,应进行充分的分析,对所存在的关系和影响做到心中有数,最大程度地降低风险。

2. 为建立评估基线的模型剪裁

为建立评估基线的模型剪裁,目的是能通过过程的评估来了解组织当前的开发过程水平,和所处行业总体水平或竞争对手水平进行比较。在这种情况下,模型的剪裁受到外部限制比较多,通过剪裁后的模型对过程进行评估的结果,应具有一致性。

对于某个具体模型的剪裁,可以参照对应模型所给出的、详细的剪裁指南。在进行过程剪裁时,组织应参照模型的规范和标准,综合考虑自身的商业目标、核心业务过程以及过程改进的资源约束等因素,全面衡量剪裁在减少评估工作量和带来的相应风险之间的利害关系,从而建立适合组织有效的过程评估模型。

9.1.4　连续式表示模型的剪裁

连续式表示法强调的是单个过程域的能力,从过程域的角度考察基线和度量结果的改善,其核心是"能力"。针对连续式表示模型的剪裁,就是针对单个过程域或有限的几个过程域进行,而且关注点是如何评估和改进组织的过程能力。

1. 内部过程改进的模型剪裁准则

内部过程改进时,连续式表示模型的剪裁要点如下。

(1) 模型的剪裁应侧重于那些支持核心业务目标的过程域和实践。

(2) 作为基础的过程域和实践(如组织培训、质量保证和配置管理等过程)应该要保留下来,不能舍弃。

(3) 过程改进是一种自主行为,所以过程改进的模型剪裁基本可以由组织自行确定,相对灵活。一个组织或项目,从单个过程域或有限的几个过程域实施评估和改进,可以获得过程能力的提高,虽然其提高的程度要低于全面实施整个模型的结果,因为我们知道,各个过程域之间是相辅相成的。

(4) 从执行评估的角度看,模型剪裁的程度将直接影响评估结果的可比较程度,所以,一般要求使用相对稳定的几个剪裁版本。

2. 为建立评估基线的模型剪裁准则

为了建立组织软件过程能力的衡量基准,和所处行业总体水平或竞争对手水平进行比较,从而获得组织自身实际的、具有可比的过程能力水平。出于这种用途,应保证评估项目或结果的可比性、一致性,其相应模型剪裁活动受到更为严格的限制。因此,有必要建立评估基线的模型剪裁准则。评估基线的模型剪裁准则可以概括为以下 5 点。

(1) 过程域应包含必要的模型组件,而只剪裁掉评估范围以外的过程域。例如,进行 CMMI 成熟度第 3 级评估时,只可以删除成熟度第 4 级和第 5 级中的过程域,而必须全部保留第 2 级和第 3 级的全部过程域。

(2) 在某些特殊环境里,可以判定某些过程域"不适用"——如果某个过程域确实不在该组织的工作范围之内,就可以做出这种判定。例如,在不需要组织以外的供方提供必要的产品或服务的情况下,可能会把"供应商合同管理"过程域作为不适用的过程域剔除。在这种情况下仍然可以确定成熟度等级,但是要注明"不适用"的过程域。

(3) 如果某个过程域没有被安排在评估范围之内,或没有足够的数据来支持或满足某个过程域所要求的数据覆盖准则,这个过程域被认定为"不予定级"的过程域。如果某个等级中的或这个等级以下等级中的过程域处于"不予定级"状态,就不能认定这个成熟度等级。

(4) 在过程改进或评估工作范围内的那些过程域的目标都是必需的,不能被剔除。目标反映了这一过程域在其规定的能力等级上的最低要求。如果某个过程域适用,那么,每个目标在规定的能力等级上都适用。一个过程域在规定能力等级上的目标合在一起支持该过程域,不可以从中指定某个或某些目标为"不适用"。

(5) 特定实践和共性实践是期望实施的、是实现相应过程的目标并对该过程加以制度化或者达到某能力等级所必需的典型活动。不过,如果存在其他的、能有效地实现同样的目标并使过程制度化的实践,那么这些实践可以用于替代规定的特定实践和共性实践。至于在评估期间把某个特定实践判定为"不适用"并且把它排除在评估范围之外,这种情况还是很少的。

9.2 软件过程度量

软件过程度量是收集、分析和解释关于过程的定量信息,是软件过程评估和改进的基础。只有在一组基线度量建立后,才能评估过程及其产品改进的成效。基于度量,可以更好地用数据来描述软件过程的能力、效率和质量等。对于软件过程本身的度量,目的是形成适合软件组织应用的、被剪裁后的过程模型,用于标识过程的优缺点,支持过程实现和变更的评价、控制和管理,确保软件过程的持续改进,不断提高软件开发的生产力和软件产品的质量。

9.2.1 过程度量的内容

软件过程度量贯穿整个软件生命周期,包括需求度量、设计度量、编程和测试度量、维护度量等,其度量工作要求能覆盖过程评估和改进标准(ISO 12207、ISO 15504 和 CMMI 等)中的各个条目,涵盖软件过程能力和软件过程性能两大方面,涉及工程过程、支持过程、管理过程、组织过程和客户-供应商的过程。

1. 软件过程能力度量

CMM/CMMI 是对软件过程能力最好的诠释,软件过程能力通过 CMM 的 18 个关键过程域或 CMMI 的 24 个过程域体现出来。以 CMMI 为例,要对软件过程能力的度量,就意味着对下列对象实行度量。

(1) 需求管理和需求开发能力。

(2) 技术解决能力、因果分析能力和决策分析能力。

(3) 项目计划能力、项目监督和控制能力、合同管理能力和集成化项目管理能力。

(4) 质量管理能力、配置管理能力和风险管理能力。

(5) 组织级过程定义能力、组织级培训能力、组织级改革能力和产品集成能力。

2. 软件过程性能的度量

软件过程性能的度量分为 4 部分:过程质量度量、过程效率度量、过程成本度量和过程稳定性度量。进一步划分后,软件过程性能的度量包括软件产品和服务质量、过程依赖性、过程稳定性、过程生产率、时间和进度、资源和费用、技术水平等,如图 9-2 所示。

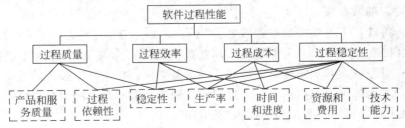

图 9-2 软件过程度量的分类

3. 过程效率度量和质量度量的有机结合

把度量的范围缩小到我们最关心的部分——软件基本过程，即对软件开发过程的度量，往往将过程效率和过程质量结合起来进行度量及其度量分析，以获得过程性能的最优平衡。这种有机的结合，意味着从下面两个角度出发进行度量。

（1）衡量过程效率和过程工作量——工作量指标，如软件过程生产率度量、测试效率评价、测试进度 S 曲线等。

（2）从质量的角度来表明测试的结果——结果指标，如累计缺陷数量、峰值到达时间、平均失效时间（MTTF）等。

例如，在实际测试过程度量工作中，就定义了测试效率和缺陷数量的矩阵模型，就是将过程度量值和测试结果的缺陷度量一起来研究，如图 9-3 所示。

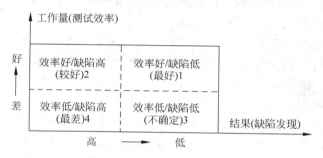

图 9-3　测试效率和缺陷数量的矩阵模型

（1）情形 1 是最好情况，显示了软件良好的内在质量——开发过程中的错误量低，并通过有效测试验证。

（2）情形 2 是一个较好的场景，潜伏的、较多的缺陷通过有效的测试发现。

（3）情形 3 是不确定的场景，我们可能无法确定低缺陷率是由于代码质量好还是测试效率不高而造成的结果。通常如果测试效率没有显著恶化，低缺陷率是一个好的征兆。

（4）情形 4 是最坏的场景，代码有很多问题，但测试效率低，很难及时发现它们。

9.2.2　过程度量的流程

软件过程质量度量主要涉及过程 3 要素——过程的服务质量、依赖性和稳定性，而软件过程质量度量的流程遵守一般过程度量的流程，如图 9-4 所示。

图中粗箭头表示流程的主要流动方向，即从确认过程问题到实施过程行动的全过程，细实箭头表示和过程强关联、过程度量受过程控制性的影响，虚线表示弱关联，相互参考。软件过程的度量，需要按照已经明确定义的度量流程加以实施，这样能使软件过程度量获得充分的数据，并具有可控制性和可跟踪性，保证过程度量的准确性和有效性。

为了说明度量的过程，这里以目标驱动的度量活动为例，度量过程被定义为下面 5 个阶段。

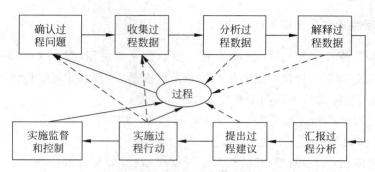

图 9-4　软件过程度量的流程

（1）识别目标和度量描述。根据管理者的不同要求，分析出度量的工作目标，并根据其优先级和可行性，得到度量活动的工作目标列表，并由管理者审核确认。根据度量的目标，通过文字、流程图或计算公式等来描述度量活动。

（2）定义度量过程。根据各个度量目标，分别定义其要素、度量活动的角色、数据收集过程、数据格式和存储方式、度量数据分析反馈过程、环境支持体系等。

（3）搜集数据。根据度量过程的定义，接受有关方提供的数据、主动采集数据，或通过信息系统自动收集数据，并按指定的方式审查和存储。

（4）数据分析与反馈。根据数据收集结果，按照已定义的分析方法、有效的数学工具进行数据分析，并能做出合理的解释，完成规定格式的图表，将分析报告反馈给相关的管理者和数据提供者。

（5）过程改进。对于软件开发过程而言，根据度量的分析报告，可以获得对软件过程改进的建设性建议，管理者基于度量数据做出决策。

其中，"识别目标"和"定义度量过程"是保证成功搜集数据和分析数据的先决条件，是度量过程最重要的阶段。

对于软件度量过程而言，过程的可视化或者搜集可归属因素以求改进过程时，经常需要对所获得的信息彻底分类和理解，包括组织数据以及寻找模式、趋势关系等。在改进过程中也评估度量过程自身的完备性。度量核心小组根据本次度量活动所发现的问题，将对度量过程做出变革，以提高度量活动的效率，或者使之更加符合组织的商业目标。

9.2.3　过程度量的方法

为了软件过程度量的有效实施，首先需要建立软件开发过程的基线，然后将获得的实际测量值与基线进行比较，可以找出哪些度量指标高于上限、哪些低于下限以及哪些处在控制条件之内。同时，需要获得度量值的平均值和分布情况，平均值反映了组织的整体水平或程度，而分布情况反映了组织的过程能力和执行的稳定性。

（1）指定界限，即上限（Upper Limit，UL）和下限（Lower Limit，LL）。

（2）平均期望值，即均值（Average Value，AV）。

在统计学上用 σ（Sigma）来表示标准偏差，即表示数据的分散程度，可以度量待测量对象在总体上相对目标值的偏离程度。常用下面的计算公式表示 σ 的大小。

$$\sigma = \sqrt{\sum_{i=1}^{n}(X_i - X_v)^2/(n-1)}$$

其中　X_i 为样本观测值

　　　　X_v 为样本平均值

　　　　n 为样本容量

　　在正态曲线中,均值 $\pm$ 1σ 只能给出 68.26% 的覆盖程度,而使用均值 $\pm$ 2σ、$\pm$ 3σ 则可以界定正态曲线中 95.44%、99.73% 的覆盖程度。6σ 则说明样本观测值非常集中,过程能力很强,所以被用来表示高质量的生产水平,如图 9-5 所示。

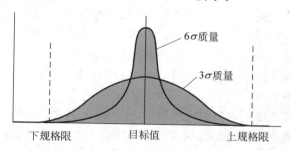

图 9-5　样本测量值分布特征

　　人们已经建立了众多的连续分布数学模型来帮助各类过程的度量和分析,这些模型可以在软件过程度量中得到应用,例如常用的 S 曲线模型来度量软件项目测试进度的变化,用缺陷到达模式和累积预测模型度量软件产品质量在过程中的变化。

　　(1) S 曲线模型,用于度量测试进度,而进度的跟踪是通过对计划中的进度、尝试的进度与实际的进度三者对比来实现的。其数据一般采用当前累计的测试用例(test cases)或者测试点(test points)数量。由于测试过程 3 个阶段中前后两个阶段(初始阶段和成熟阶段)所执行的测试数量(强度)远小于中间的阶段(紧张阶段),即累计数据关于时间的曲线形状很像一个扁扁的 S 形,所以被称为 S 曲线模型。

　　(2) 缺陷到达模式和累积预测模型。缺陷到达模式是通过测试过程中每天或每周所发现的缺陷数来描述测试过程,早期到达的缺陷数高,后期到达的缺陷数低。一开始不会出现峰值,而是经过一段时间后才会出现,然后开始下降,逐渐趋于零。累积预测模型,是建立在累积缺陷数上,刚开始曲线的切线斜率大,逐渐趋于零(到达稳定期),这都是理想情况。实际情况和理想曲线偏离越大,显示软件过程中的问题越多。

9.2.4　过程度量技术

　　过程度量技术分为两大基本类型——分析性技术和基准性技术。由于它们基于不同类型的数据度量,两类技术可以结合起来应用。

1. 分析性技术

　　分析性技术特征是依赖"量化证据以确定什么地方需要改进和改进工作是否成功"。分析性类型的样板是质量改进范例(Quality Improvement Paradigm,QIP),关于 QIP 的详细讨论,见 9.5.1 节。下面主要是介绍其他分析性技术。

(1) 对比实验研究。通过在组织中建立受控的实验来评价过程。通常将新过程与当前过程比较,确定新过程是否具有更好的过程结果。

(2) 模拟实验研究。用于分析过程行为的过程模拟,对某种方式变更后可能会产生的过程结果进行预测,以探索过程改进的潜在性,从而实现对过程实施的有效控制。这种方法需要收集当前过程性能的初始数据,以作为模拟的基础。

(3) 过程定义评审。一种评审(描述性或说明性)过程定义、标识缺陷和潜在的过程改进的手段。其分析过程是一种容易操作的方式,一般将现行过程与国家、国际或行业标准比较,如 IEEE/EIA 12207,来决定什么过程变更可能潜在地导致期望的过程结果。使用这个方法,在过程中一般不收集定量数据,即使收集数据,也只作为参考。

(4) 正交缺陷分类。在错误与发现的潜在原因之间建立联系的技术,即建立错误类型和错误触发器之间的映射,IEEE 错误(或异常)分类标准(IEEE 1044-93)在正交缺陷分类的前后关系分析中是非常有用的。

(5) 根本原因分析。从检测到的问题开始追踪,以标识过程产生问题的根本原因,目标是改变过程使将来避免出现同样的问题。根本原因分析是实践中较普遍应用的分析技术。正交缺陷分类技术,可帮助用于找出许多问题存在的类别,有助于根本原因的分析。所以,正交缺陷分类是对根本原因分析的一种补充方法,决定定量选择的时机。

(6) 统计过程控制。使用控制图及其说明,来标识过程中稳定性或缺乏稳定性的有效方法。

(7) 个体软件过程。用规定的顺序,定义了一系列对个人开发实践的改进,规定了个体数据收集和基于数据解释的改进,在这个意义上,它是自底向上的。

2. 基准技术

基准技术依赖于标识一个领域中的"优秀"组织,将其实践和工具记录到文档中。基准技术假定不太成熟的组织采用优秀组织的实践后也可成为优秀的组织。基准技术涉及评估组织的成熟度或组织过程的能力,由软件过程评估工作来例证。

9.2.5　过程能力度量

过程能力分析,不是对单一的过程能力(如需求管理能力、技术解决能力和项目计划能力等)的分析,而是系统地分析和研究来评定过程能力与指定需求的一致性。指定需求就是所建立的软件度量基线。由于度量计划的不成熟性,有时需要对过程度量基线进行重新评估,来决定是否对其进行调整以反映过程能力的改进情况。根据过程能力的数量指标,可以相应地放宽或缩小基线的控制条件。通过过程能力分析,可以进一步了解过程管理和改进的受控性。

过程能力的度量,主要借助以下 3 个参数。

(1) C_p 指数——过程变更程度指数。

(2) K 指数——过程均值和制定值的吻合程度。

(3) C_{pk} 指数——过程能力的综合指数。

C_p 指数反映的是当指定的规范或基线与实际过程相同时,过程所具有的潜在能力,而 C_{pk} 指数则反映了在综合考虑过程的潜在 C_p 和不同的均值之后所具有的实际过程能力。表 9-1 列出了与不同的 C_p 值相当的 σ 值。

表 9-1　C_p 值和 σ 值的对应关系、k 值和准确性的对应关系

C_p	σ	概率	k 值范围	准确性
1.00	3.0	99.73	k≤0.125	优秀
1.33	4.0	99.9937	0.125<k≤0.250	良好
1.50	4.5		0.250<k≤0.500	一般
1.67	5.0	99.999 9943	0.500<k≤0.750	较差
1.83	5.5		k>0.750	很差
2.00	6.0	99.999 999 8		

针对不同 k 值的一种定级标准,由 Fon K. C. 所建立,并在《度量过程能力》(Measuring Process Capability)一文中给予了如下描述。

$$C_p = \sigma / P$$
$$k = (M1 - M2) / (\sigma/2)$$

可以通过分析 k 指数来决定某项工作是否应该作为核心工作来开展,也可以通过集中分析 C_p 指数来决定是否应该减少对过程的变更。从表 9-1 中可以看出,k 值越小或 C_p 指数越大,则过程越受欢迎。C_{pk} 指数被定义为一个反映过程能力的综合指数。

$$C_{pk} = (1 - k) \times C_p$$

C_{pk} 指数具有戴维斯·博特(Davis R. Bothe)所描述的如下几种定级结果。

(1) $C_{pk} < 1$ 表示过程没有达到执行能力的最低标准。

(2) $C_{pk} = 1$ 表示过程恰好达到最低要求。

(3) $C_{pk} > 1$ 表示过程超过了预定的最低标准。

如果 C_{pk} 指数大于 1,且 k 值较小(精确性定级良好或非常好),表示过程能力超过预定的基准,过程的均值与指定均值的目标相差也不大。

如果 C_{pk} 指数小于 1 但 k 值较小(精确性定级良好或非常好),表明过程均值非常接近于指定均值,但过程没有达到执行能力的最低标准,肯定存在某些因素影响了 C_{pk} 的值,所以要研究 C_p 的值,问题可能就出在那里,即过程宽度实际上要大于指定宽度,过程变更性比较大。要提高 C_p 值,就要降低过程的变异性。

9.2.6　软件过程生产率的度量

软件生产率度量(productivity measurement)是在现有人员的能力和历史数据分析基础之上,来测量人员的生产力水平,包括软件开发过程整体生产率(成本核算模型)、软件编程效率和软件测试效率等,常常用"产生代码行数/人·月"、"测试用例数/人·日"、"缺陷发现数/人·日"等表示。

不管是面向对象的项目(类/对象点),还是面向过程语言的项目(功能点),生产率度量都是两维的——工作量和产出。然而在软件中,特别是项目级的生产率度量,其操作是 3 维

的——产出(交付的大小或功能)、工作量和时间。因为在时间和工作量之间的关系不是线性的,因此时间维不能被忽视。如果质量作为另一个变量,那么生产率概念就变成4维。假如质量保持不变或质量标准作为已交付的需求的一部分. 就能避免把生产率和质量混合起来而引起混乱,生产率度量还是限于一个3维的概念,如图9-6所示。

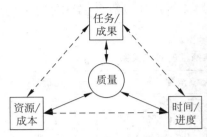

图 9-6 软件生产率度量的 3 维关系

保持其中的任何两维不变,变化的就是第3维。例如,工作量(任务)和资源(成本)不变,要提高生产率,就是缩短时间、加快进度;工作量(任务)和时间(进度)不变,按时发布产品,要提高生产率,就是尽量节省资源、降低成本。

软件生产率的度量是通过每人日代码行、每人月功能点、每人年类数或每个类平均人天数等这样的测量来实现的。尽管测量单位不同,但概念是一样的,都是测量每个工作量单位产生出的程序量。程序量可以用软件规模度量来计算,如代码行、功能点、类等表示,而工作量单位就更容易理解,不外乎是:人时(man-hour)、人日(man-day)、人月(man-month)或人年(man-year)。如每人日代码行经常在 C/C++ 语言编程中使用,业界平均水平在 70～80 LOC/man-day,包括编码、修正缺陷和构建软件包等在内,即达到软件发布质量标准时开发人员所付出的全部工作量来计算的,而不仅仅是把代码写出来。如果采用每人月类数作为度量单位,这个变化会更大些,平均值会接近 4～5 classes/man-month,相当于 0.2 classes/man-day。这样的话,一个类相当于 350～400 代码行。

对于每人月类数的影响因素,人们做了研究,得到一定的成果,如掌握了影响差异的相关因子,包括模型类 vs. 用户接口类(vs. ＝versus,对比)、具体类 vs. 抽象类、关键类 vs. 支持类、框架类 vs. 客户类以及不成熟类 vs. 成熟类。例如。

(1) 对于业务逻辑的关键类,需要更多的开发肘间、和领域专家更多交流,根据 IBM 等公司的研究,关键类的生产率特征值在 1～3 classes/man-month,远低于平均值 4～5 classes/man-month。

(2) 框架类很强大但不是很容易开发,需要更多工作量,其生产率特征值在 1.5 classes/man-month,和关键类的生产率特征值接近,但略低。

(3) 成熟类的特征是有很多的方法,但需很少的开发时间。上面已给出生产率特征值,约 4～5 classes/man-month。

9.3 过程评估参考模型

评估模型可以被认为是评估的基础,即评估活动一般是基于模型展开的。评估参考模型应包括评估范围内的过程域及其共性目标、相关的能力等级或成熟度等级。评估模型的范围至少应包括一个过程域,所有的共性目标和特定目标应包含确定的过程域能力等级或成熟度等级。评估模型表示法的选取可能影响到评估目标的实现,所以一般在确定评估目标时,一并考虑。

作为评估模型的主要有 ISO/IEC 15504、ISO 9001、SW-CMM、CMMI、Bootstrap、Trillium、过程专业化方法和形式化方法等。ISO/IEC 15504 是国际标准,定义了评估模型的一个样板,吸收了 CMM 和 IPPD 等思想。CMM/CMMI 是国内、印度等地熟悉的并普遍采用的一个评估模型,但主要在美国被认可。而 ISO 9001 是另一个普遍应用的评估模型,已经被世界许多软件组织采用。相对来说,Bootstrap、Trillium 和形式化方法等模型应用较少。

形式化方法是在严密可行的数学逻辑(形式系统)基础上,实现从需求规约到程序代码的转换和过渡,从而提高软件质量和软件生产率。形式化方法提供了可以产生无缺陷软件的承诺,适用于对安全性、可靠性或保密性需求极高的系统,包含了转换模型、净室模型等。

9.3.1　ISO/IEC 15504 评估模型

在第 1 章,我们就介绍了 ISO/IEC 15504 及其过程、子过程类别。ISO/IEC 15504 作为过程评估的国际标准,不仅定义了"工程过程、支持过程、管理过程、组织过程和客户－供应商过程"等 5 大类过程和 29 个子过程,而且定义了过程评估和改进过程中所需要的参考模型和实施指南。

1. ISO/IEC 15504 的内容构成

ISO/IEC 15504 标准总共由 9 部分组成,如图 9-7 所示,其中第 1 部分是概念与介绍,最后一部分是词汇表,所以着重要介绍的(关注的)是以下 7 部分。

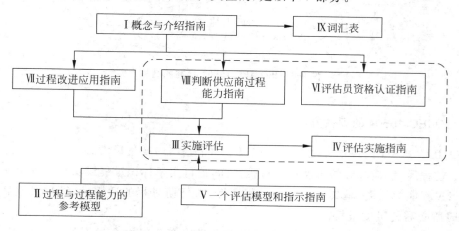

图 9-7　ISO/IEC 15504 标准的内容构成

(1) 第 2 部分,过程与过程能力的参考模型(标准化的)。在较高的层次上详细定义了一个用于过程能力评估的 2 维参考模型。通过将过程中的特点与不同的能力等级相比较,并借助模型中定义的一系列过程和框架对过程能力加以评估。

(2) 第 3 部分,实施评估(标准化的)。详细定义了实施评估时的要求,以保证评估结果具有可重复性、可信性以及可持续性。

(3) 第 4 部分,评估实施指南(参考性的)。指导使用者如何进行软件过程评估,包括如何选择并使用兼容的评估、如何选择用于支持评估的方法、如何选择适合于评估的工具与手段。

（4）第5部分，一个评估模型和指示指南（参考性的）。评估模型是参考模型的扩展，包括了一系列检测过程的实施和过程能力的复杂的指标。

（5）第6部分，评估员资格认证指南（参考性的）。详细说明了从事过程评估的评估师所应具备的能力、接受的教育、培训、经历和经验，并有一整套相对应的验证机制。

（6）第7部分，过程改进应用指南（参考性的）。描述了为进行过程改进如何定义评估的输入及如何运用评估的结果，还给出了各种情况下如何进行过程改进的案例。

（7）第8部分，判断供应商过程能力指南（参考性的）。描述了为判断当前的或潜在的过程能力而应如何定义评估输入和如何运用评估结果。这些对过程能力的判断方法不仅适用于进行自我能力评估的企业，也同样适用于对供应商（包括潜在的供应商）的能力进行判断。

从这些内容可以看出，第2部分是基础——过程架构，而第5、7部分是为过程改进所准备的内容——过程改进规划图和计划，所以用于过程评估的是第3、4、6、8部分，如图9-8所示。

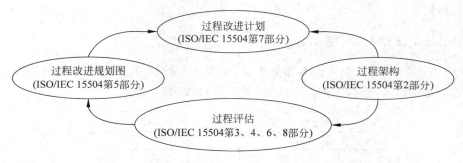

图 9-8　ISO/IEC 15504 标准的结构

2. ISO/IEC 15504 的评估方法

ISO/IEC 15504 的评估方法是建立在以下两个基本的度量尺度之上。

（1）过程尺度，最基础的可度量的过程目标，也可用于标识过程成功与否的预期结果。

（2）过程能力尺度，是具有一系列过程属性、对任何过程的适用性、管理过程和提高过程能力时所必需的可度量特征。

能力水平是一系列属性的集合，这些属性通过组合可以提高过程的实施能力，也就是说，每一级别的过程实施能力都会在某一方面得到增强。这些不同级别的能力水平形成了过程能力改进活动中合理的发展路径。

虽然 ISO/IEC 15504 没有说明应当如何或遵循何种步骤达到过程目标的要求，但是过程能力的水平是根据过程是否已达到过程目标的要求来决定的。组织的过程目标自然是通过软件开发和维护的各种活动和产品（包括履行最佳实践和完成任务）达到的，所以判断是否已经实现了指定的过程目标就由过程活动和过程产品的各种可度量特征的评估结果来决定。由于不够详尽，所以不能够只用参考模型作为对过程能力进行可靠性和持续评估的基础。

3. ISO/IEC 15504 的评估等级

ISO/IEC l5504 所定义的 6 个能力级别(从 0 级到 5 级)——不完善的过程、已实施的过程、已管理的过程、已建立的过程、可预测的过程和优化的过程。表 9-2 详细描述了 6 个能力级别及其对应的过程特征和属性。

表 9-2　ISO/IEC l5504 能力级别的特征和属性

级　　别	特　　征	属　　性
第 0 级,不完善的过程	通常不能成功地达到预先定义的过程目标,也没有易于标识的过程工作产品或者输出	无
第 1 级,已实施的过程	有可标识的工作产品,可据此判断是否真正实现了有关的过程目标,而且通常能够达到过程的目标。但过程并未遵循严格的计划、过程缺乏跟踪和控制。组织中的成员已认识到了应该采取行动并对何时、如何实施行动取得了共识	过程实施的属性:过程在多大程度上遵循了过程定义中已确定的实践活动。这些实践活动使用可确定的工作产品作为输入,最终的输出可以标识满足过程目标的工作产品
第 2 级,已管理的(已计划和已跟踪的)过程	过程在规定的时间和资源内交付出质量合格的工作产品。根据规程所展开的实施活动是有计划性的、受管理的并且按照已定义的过程发展。相应的工作产品也符合指定的标准与需求	(1) 实施管理属性:在规定的时间和要求的资源内,为了交付工作产品,对有关过程实施管理的程度 (2) 工作产品管理属性:为了生产出工作产品,对过程实施管理的程度。在符合工作产品质量目标的前提下,有工作产品规格说明书,并得到控制以达到产品的功能性与非功能性方面的要求
第 3 级,已建立的过程	软件过程是基于良好的软件过程原则而建立的文档化的过程,而且为建立过程所需的资源业已到位。根据这个标准的过程去制定计划并加以管理的,即在过程实施中每位成员时采用自定义的过程——经过验证的、裁剪的标准	(1) 过程定义属性。过程的执行在多大程度上利用了基于标准过程为基础的过程自定义,从而可以使过程更好地实现商业目标 (2) 过程资源属性。为更有效地实现组织所定义的商业目标,过程在多大程度上使用了具有合格技能的人员以及组织架构
第 4 级,可预测的过程	为了实现过程目标,已定义的过程在受控的范围内以一致的方式被实施,其过程实施的管理也是客观的。收集和分析过程实施的详细度量数据,从而可定量地了解和控制过程能力和工作产品的质量,并且具有为达到预期实施效果而进行过程改进的能力	(1) 过程度量属性。过程的目标以及度量在多大程度上支持过程最终目标的更好的实现 (2) 过程控制属性:通过对度量结果的收集与分析,能够在多大程度上或多大范围内对过程实施进行必要的控制和纠正,以保证更可靠地实现最终的过程目标
第 5 级,优化的过程	以组织的商业目标为基础,为过程实施建立定量的过程效率/有效性目标,然后依据这些目标对过程进行持续的监控,就可以获得和分析定量的反馈信息,进而帮助过程改进和优化。过程优化包括了对创新思想、新技术的引入与管理,根据已确定的目标抛弃或改进无效或低效的过程。基于对变革可能造成影响的量化理解之上,已定义过程以及标准过程始终处于持续不断的改进与提升之中	(1) 过程变更属性。为更好地实现组织的商业目标,对过程定义、管理以及实施的变更程度有多大 (2) 持续改进属性。对过程的变更在多大程度上是可确定并已完成的。这些变更的目的在于持续地进行优化,以便实现组织已确定的商业目标

4. ISO/IEC 15504 的应用

ISO/IEC l5504 具有下列 3 种应用模式。

（1）能力确定模式。帮助评估并确定一个潜在软件供应商的能力。

（2）过程改进模式。帮助提高软件开发过程的水平。

（3）自我评估模式。帮助判断是否有能力承接新项目的开发。

通过这些模式，可以帮助软件组织实现下列目标。

（1）软件购买方或获取者。有能力去判断软件供应商当前以及潜在的软件过程能力，评估选择不同的供应商时所带来的风险大小。

（2）软件供应商。可以用一个过程评估计划代替多个计划。有能力判断并决定其软件过程当前以及潜在的能力，以此定义出软件过程改进的范围和优先级．并可以作为一种工具或框架来建立最初的过程改进并维持持续的过程改进活动、或确定软件过程改进的实施步骤。

9.3.2　Bootstrap 评估模型

Bootstrap 模型对软件过程评估的定义是："它是过程改进的先决条件，用以判断软件过程的当前实施情况并且对改进的方法加以约束。"Bootstrap 方法是欧洲共同体项目（ESPRIT 项目 5441，1991 年 9 月至 1993 年 2 月）产生的结果，包括 Bootstrap 模型、方法及大约 60 个工业实践组成。项目结束以后，由非盈利机构 Bootstrap 研究所进一步发展该方法、负责维护评估结果数据库，并在 1996 年进行了市场化工作。

1. Bootstrap 模型的构成

Bootstrap 评估模型描述评估过程，不仅是对当前实践的评估，而且提供将评估结果转变为行动计划和区分行动计划优先级的指南。Bootstrap 过程体系由过程分类、过程领域、过程和最佳实践组成。过程域由多个过程类别组成（一系列具有相同目标的过程），每个过程最终分解为活动和基本实践。

Bootstrap 模型包括判定当前组织的过程成熟度，指出组织的长处和短处，提出相应的改进建议。Bootstrap 过程模型涵盖组织、方法和技术如下 3 个领域。

（1）组织过程。包括管理和领导的角色，覆盖了人员组织和工作组织。人员组织包括功能、角色和责任问题，而工作组织包括软件开发活动的计划、实现和控制。组织过程涵盖的主要领域有计划管理、质量管理和资源管理等。

（2）方法过程。包括开发软件和管理项目的方法，由过程工程、产品工程和工程支持功能组成。过程工程包括过程描述、过程度量和过程控制。产品工程涵盖很多内容，如说明书和分析、需求、体系结构设计、详细设计和编码、测试和集成、验收和迁移等。工程支持功能则包括项目管理、质量保证、风险管理、配置和改变管理、合同和供应管理等。

（3）技术过程。由技术管理、产品工程技术和工程支持技术构成，涵盖了过程优化、过程自动化及提高生产率的工具。

2. Bootstrap 模型的层次

Bootstrap 过程模型，像 CMM/CMMI 一样，也分为两个层次——组织和项目。

（1）组织层次体现在软件生产单元（Software Producing Unit，SPU），包括一系列软件开发的政策和规程（组织的标准软件过程）。

（2）项目层次的过程和实践，包括组织规程的实现（项目已定义的软件过程）。

3. Bootstrap 模型的等级

Bootstrap 采用 CMM 的 5 个成熟度等级作为自己的能力等级，但是它们之间存在一些差异，主要表现为以下两点。

（1）在 Bootstrap 中，评估的输出结果是用关键属性的概况来描述，而不是用一个合计的数字描述。

（2）在 Bootstrap 中，过程域不是局限于一个能力等级内，而是覆盖了几个等级。

9.3.3 Trillium 评估模型

Trillium 模型是由电信公司联盟基于 CMM1.1 版本、考虑了电信业的特殊需求而开发的，其目标是提供指导持续改进计划的方法，呈现大量的工业实践以帮助改进现有的软件过程和生命周期，即作为在竞争性商业环境中改进组织能力的指南。

1. Trillium 模型适用的范围

尽管 Trillium 模型面向电信业，但也可作为其他行业进行软件过程改进的指导模型。Trillium 模型和 CMM、ISO/IEC 15504 和 ISO 9001 等模型或标准相似，并集成了其他的国际标准和行业标准，包括 IEEE 软件工程标准集、IEC 标准出版物、ISO 90003-1991 指南、Bellcore TR-NWT-000179、Bellcore TR-NWT-001315、美国国家质量奖体系模型（卓越绩效模式标准）等的相关内容。

Trillium 模型将过程能力定义为"开发组织能够稳定地发布产品或者提高现有产品的能力，以最少的缺陷、最低的成本和最短的时间来满足客户的预期目标"。这也决定了 Trillium 模型的应用方式，共有以下 3 种。

（1）依照行业内最佳实践，建立组织的产品开发和支持进程能力的基准。

（2）作为自我评估模型，帮助软件组织在产品开发过程中识别改进的机会。

（3）在合同的谈判阶段，帮助选择供应商。

2. Trillium 模型的等级和结构

Trillium 模型的过程成熟度等级划分、内部结构，都和 CMM 基本保持一致。不同的是，Trillium 模型引入了"规划图"的概念来替代 CMM 中的"关键过程域"，而且能力领域及其相关的规划图跨越成熟度等级，如图 9-9 所示。

（1）第 1 级，没有系统化。开发过程是特定的，项目经常不能满足质量和进度目标。尽

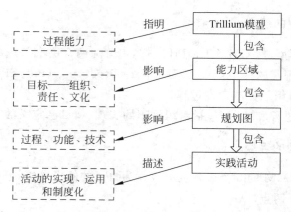

图 9-9　Trillium 模型的内容和结构

管这类项目有可能获得成功。但是这是基于个人能力而不是组织能力的。这个等级处在"英雄驱动型"并具有高度风险的软件过程水平。

（2）第 2 级，可重复和面向项目的。个别项目的成功是通过强大的项目管理、计划和控制以及需求管理、技术估计和配置管理得到的。项目管理过程发生作用，产品开发的特征是具有中度风险。

（3）第 3 级，已定义的和面向过程的。在组织层定义和使用过程，但是依然允许项目客户化。过程被控制和改进、符合 ISO 9001 的要求，例如培训和内部过程审核。在这个等级中，面向过程的工程标准发生作用，产品开发是过程驱动且风险性低。

（4）第 4 级，已管理和一体化的。过程工具和分析成为过程改进的关键机制。过程改变管理、缺陷防范程序和 CASE 工具都被集成到过程中，管理驱动过程改进，开发过程的风险更低。

（5）第 5 级，完全结合成整体。广泛使用规范的方法、有效利用组织的过程财富，并由工程驱动过程改进，开发的风险最低。

3. Trillium 模型的能力领域和规划图

Trillium 模型具有 8 个能力领域，每个能力领域具有一系列的相关指标并包括很多的实践活动。表 9-3 描述了能力领域及与其相关的规划图的对应关系。

表 9-3　能力领域及与其相关的规划图

能 力 领 域	相关的规划图	
组织的过程质量	质量管理	商业过程工程
人力资源开发和管理	人力资源开发和管理	
过程	过程定义 过程改进和工程	技术管理 度量
管理	项目管理 客户-供应商关系 估计	子合同管理 需求管理

续表

能 力 领 域	相关的规划图	
质量系统	质量系统	
开发实践	开发过程	开发技术
	内部文档	验证和确认
	配置管理	重用
	可靠性管理	
开发环境	开发环境	
客户支持	问题分析	可用性工程
	生命周期成本模型	使用手册
	客户工程	用户培训

9.3.4 CMM/CMMI 评估体系

CMM/CMMI 评估体系是很复杂的,一般由专业机构或专业认证的评估师来帮助完成。CMM/CMMI 评估体系,主要由 CBA-IPI、CBA-SCE 和 SCAMPI 等方法构成,下面则做简要介绍。

1. 基于 CMM 的内部过程改进评估

内部过程改进评估(CMM-Based Appraisal for Internal Process Improvement,CBA-IPI)可以提供过程能力基准,从而评价过程改进的进程并明确需要进一步改进的领域。这是由 SEI 开发并监督执行的软件管理过程的能力评估。这种方法适合下列两种情况。

(1)进行过程成熟度评估的权威认证。

(2)制定基线及其标准化的组织,为改进工作需要成熟度的评估。

以 CMM 为模型,结合软件组织的实际状况进行分析,了解组织的强项和问题所在。这些为改进工作的规划指明了路线,并为改进工作的标准化提供了明确的基线。CBA-IPI 促进组织内关键管理人员和开发者的参与,为组织的软件过程改进提供有力而坚实的支持。通常情况下,如果客户需要获得提供服务的组织的过程能力和改进历史数据,内部过程改进评估的结果可能满足客户这样的需求。

2. 基于 CMM 的软件能力评估

基于 CMM 的软件能力评估(CMM-Based Appraisal for Software Capability Evaluation,CBA-SCE)是用来评测软件承包商的有力工具,可以在项目发包方正式做出发包的决定之前评测出可能出现的风险程度、备选软件供应商的潜在问题和管理上的优势,从而做出明智的选择并对供应商的风险实施有效的管理。

3. SCAMPI 评估方法

过程改进的、标准的 CMMI 评估方法(Standard CMMI Appraisal Method for Process Improvement,SCAMPI)是 CBA IPI 评估法和 EIA 98b 评估法的结晶。SCAMPI 能够满足

CMMI 的标准需求,适用于非常广泛的各种过程评估的应用模式,包括内部的过程改进和外部的能力确定。SCAMPI 被归类为 A 级评估方法并支持 ISO/IEC 15504 评估。

SCAMPI 评估方法是一种诊断工具,支持和推动组织对过程改进做出承诺。通过确认组织和一个或多个 CMMI 模型相关(CMMI-SE/SW)的现有过程的强/弱项,SCAMPI 有助于组织对自身的过程能力或组织成熟度有一个全面的了解。作为 CMMI 产品系列的管理方,SEI 保证所有 SCAMPI 公开发布的关于成熟度水平或评级标准的评论或声明符合质量标准和一致性。和 CBA-IPI 一样,SCAMPI 也要由 SEI 授权的主任评审员指导进行。

4. 组织过程的预评估

CMM 预评估可以用一种快捷的方式描述组织的强项和弱项。通常预评估被用来检验进度,或确定过程改进方案从哪里开始。组织过程的小型评估可采用类似于 CBA-IPI 的方式进行,从而获得对过程的强项和弱项更准确的了解。小型评估也可以实践演练的方式进行,从而为过程改进组的成员提供一次互动的培训。

9.4   过程评估

软件过程评估是根据过程评估模型以一系列的标准为依据,进行相应的检查并判断在质量、成本和进度等多方面控制的过程能力。软件过程评估的目的是对当前组织内部所运行的软件过程能力和性能等状态进行准确的、客观的描述,试图发现当前过程实施的特点,标识出其中的强项与弱项,使将来发挥强项、克服弱项,更好地控制过程、改进过程,避免在质量、成本以及进度方面出现重大的问题。

通常来讲,对过程的评估是基于软件过程模型与过程改进规划图来进行的,并将当前的组织软件过程状况与改进的预期结果进行比较分析的方法。如果没有一个已定义好的过程评估方法,评估就可能偏离正确轨道,很可能会忽视软件过程中一些很重要的方面,评估的结果就不能反映实际情况。例如,对过程文档化的过分强调就可能会忽视其他方面——组织的培训、组织的架构和执行力等。另外,不同的评估组可能会由于自身实际经验的限制而没有采用某种统一的方法进行评估,从而导致评估结果的不一致,必然会影响到整个过程改进的效果。

一个良好的软件过程环境,可以保证采用适当的评估方式和评估方法来覆盖软件过程改进的各个环节,如过程的文档化、过程的培训、过程反馈与改进机制等。概括起来,软件过程评估要涉及到过程评估的目标、内容、方式和方法。

9.4.1   软件过程评估的目标和期望

1. 软件过程评估的目标

以满足商业需要为出发点的过程改进最为关心的 3 个因素是"降低费用、改善质量、缩短产品发布时间",所以在确定评估目标时,要和组织的管理层进行充分的沟通,确保评估目标与商业目标的一致性。评估的最基本目标,应该是为过程改进提供支持,而软件过程评估的具体目标如下。

（1）基于过程改进目标，可以确定适当的评估方式（内部过程改进、寻求外部咨询顾问服务等）和评估范围。

（2）能采用正确的评估模型和方法，被评估的过程剪裁得当，降低评估成本和对正常工作的影响。

（3）能充分和各个层面、各个方面的人员沟通，获得全面的、第一手数据，确保可靠的、准确的评估结果。

（4）评估的结果被应用于过程改进，或有助于第 3 方组织对本组织的认可。

2. 评估输入

评估输入可能是在计划中逐步产生的，但必须在数据收集开始之前得到正式批准。评估输入，一般包含如下必需的信息。

（1）评估发起方、被评估组织单位及其之间的关系。

（2）过程评估的背景，包括组织单位的规模、人员统计情况、应用领域、风险性和复杂度；组织单位产品和服务的优先级特征，如发布/上市时间、功能性、可用性和可靠性等的不同要求。

（3）评估目的，包括相应的商业目标。

（4）评估参考模型范围以及模型对应的表示，如版本、学科和表示法等。

（5）评估约束，包括关键资源的可用性、日程安排约束，评估可用的最多时间，评估之外的特定过程域或者组织实体，评估期望的最大、最小或者特定样例容量或覆盖率，评估结果的所有权归属以及使用的限制。

（6）评估小组主任评估师和各个成员（包括评估参与者和支持人员）的身份和联系方法，以及各自特定的评估责任。

（7）为实现评估目标，评估期间收集的任何附加信息，包括计划评估输出的描述、预期的进一步活动、计划的过程剪裁和评估使用的方式。

3. 评估输出

在确定评估输出之前，应清楚评估的目标、层次、范围和一些特定的需求。然后，与评估发起方一起检查所需的输出、检查并选择可选的评估自身活动的输出，如评估记录、评估发现的事项综述等。评估输出还包括如下条目。

（1）评估小组对每个被评估过程域的强项和弱项的文字陈述。

（2）计划内的、评估小组对相应评估对象的定级描述。

（3）是否达到评估输出的决定，可能要求附加的定级输出来作为评估的结果。

可能选择的、典型的定级结果，包括：

（1）成熟度等级或者能力等级评定。

（2）特定学科定级（如 SE 或者 SW）。

（3）过程域满意/能力等级剖面，例如 15504 过程剖面、使用"部分满意（partially satisfied）"用于过程域定级。

（4）项目级别的发现或者定级。

（5）实践定级和其他期望的输出。

评估发起方可能要求其他形式的评估结果，主要有：

（1）评估最终报告。

（2）基于评估结果，采取行动的建议或过程改进活动计划。

（3）获得评估输入的许可。

9.4.2　软件过程评估的内容和范围

软件过程评估试图展示组织软件过程的实际状况，并能对所有影响软件过程的机制与活动加以评判。软件过程评估依据一套特定的标准——软件组织自身已定义的软件过程标准，这种标准可能来源于 ISO 9001、ISO 15504 或 CMMI 等。

1. 评估内容

依据标准，其评估内容就被确定了。一般来说，被评估的过程主要集中在软件开发和维护的工程技术过程、支持过程和客户-供应商过程，而组织过程、管理过程可以根据评估过程做相应调整。其评估的具体内容主要有：

（1）软件需求获取过程能力、分析能力、需求开发能力、需求变更控制和管理能力。

（2）项目计划能力，如计划审查质量、计划执行情况、修改是否及时并得到控制等。

（3）项目监督和控制能力，如保证过程的执行是否有强制性的手段以及是否有监督机制等。

（4）合同管理能力，合同法律严密性、条款完备性、归档和执行跟踪情况等。

（5）软件度量指标设定、度量工具和方法、定量管理。

（6）软件质量保证和管理流程、手段和方法等，包括文档编制过程、验证和确认过程（测试过程）、评审过程。

（7）技术开发、技术革新、技术创新，产品的定义、设计、实现。

（8）产品集成，项目集成管理，如接口的规范性和惟一性、组间协调能力等。

（9）组织过程定义、调整和改进的能力。

（10）组织培训的计划和实施能力。如培训效果是否理想、是否有角色的划分以及职责是否清晰。

（11）配置管理、维护，如配置项定义、基线建立和变更控制等。

（12）风险识别、控制和管理。

（13）交付软件以及软件正确操作与使用的过程。

（14）原因分析、决策和问题解决的能力。

（15）组织变革，改进过程，建立组织商业目标的能力。

（16）组织过程性能。

2. 确定评估范围

评估范围由评估参考模型范围和组织范围决定。无论使用阶段式表示法或者连续式表达法，模型范围都应该在评估发起之后尽早被确定并文档化，如进行 CMMI 的第 2 级评估，其范围是清楚的——"需求管理、项目计划、项目监督和控制、供应商合同管理、过程和产品质量管理、配置管理、度量和分析"。而且,评估小组有责任保证发起者能够考虑到评估范围中所涉及的各个过程域和可用的模型表示法。

组织范围定义了评估中被调查的边界,例如,对于每一个项目的实践完成情况、为了完成组织级目标所做的实践,可被选来作为组织代表和过程执行调查的背景。

3. 评估约束

评估约束是由评估小组和评估发起方或者高级管理人员共同讨论得出的。评估约束的制定是一个不断反复的过程,以满足评估发起者提出的要求、评估方法的限制和资源的需求,并努力在这些要求、需求和限制之间达到平衡,最终达到评估输入参数的优化。评估约束制定阶段所常用的实践,有以下几项内容。

(1) 评估小组领导和发起者之间的充分交流。

(2) 确定评估包含哪些过程域和哪些组织实体。

(3) 建立成本或预算、日程安排的约束。

(4) 确定对评估结果的最低期望和最高期望,或所期望达到的某一特殊目的。

(5) 和评估行为的利益分享者商谈约束条件和目的,确保评估活动的可行性。

(6) 将商谈好的约束文档化。

9.4.3　软件过程评估的方式和类型

软件过程的评估方式和类型是比较灵活的,由组织的实际情况和特定的需求决定。对于软件过程评估来说,也不是一次能解决的,而是一个长期的、常规的活动,要经历不同阶段、级别或层次上的过程评估,因此,常常把不同的方式或类型结合起来。例如,采用CMMI模型的软件过程评估所涉及到的工作量非常大,其成本、风险也是巨大的,一般来说,很难一次性通过整个 CMMI 的评估。软件组织则采用循序渐进的方法,逐步实现CMMI模型所规定的过程改进要求。

为此,CMMI 标准推荐了 3 类评估类型,供软件组织在进行评估时选择。

1. 评估类型

(1) A 类评估。全面综合的评估方法,要求在评估中全面覆盖评估中所使用的模型,并且在评估结果中提供对组织的成熟度等级的评定结果。

(2) B 类评估。评估范围缩小,花费也较少。在开始时做部分自我评估,并集中于需要关注的过程域。不评定组织的成熟度等级。

(3) C 类评估,也称为快估。主要是检查特定的风险域,找出过程中的问题所在。该类评估花费很少,需要的培训工作也不多。

对于一个准备全面实施 CMMI 的软件组织,可以将过程改进分成几个层次进行,在不同层次引入不同水平的评估,逐渐升级。如先通过几次 C 类评估找出过程缺陷,改进之后再导向 B 类评估。同理,B 类评估也可以执行多次,最后导向全面的 CMMI 基准评估。

根据组织的评估目的,也可以从合适的评估类中选择一种方法,不同的评估目的可能要求选择不同的评估方法。如果采用 C 类评估就能达到评估目的,那么就没必要选择 B 类或 A 类评估,因为 C 类评估所花的成本最低。表 9-4 对 3 种评估类型进行了对比。

表 9-4　CMMI 3 种评估类型的对比

特征	A 类	B 类	C 类
用途模式	(1) 全面综合的评估方法 (2) 组织的成熟度等级的评定	(1) 自我评估 (2) 范围小,集中于需要关注的过程域	(1) 快估 (2) 检查特定的风险域
优点	覆盖全面、结果客观,能整体把握组织过程能力和清楚过程中的优势和弱势,评定等级	发现过程中主要问题并启动组织的过程改进,提高组织自身的过程洞察力,风险小	投入小、反馈及时、见效快
缺点	投入大、资源需求很多、风险大	严格性和规范性低、不够全面,不能评定等级	深度和广度都不够,结果可信度低
评估发起人	组织的最高管理层	过程改进组织或质量管理部门	任何组织内部的经理
评估组组成	内部和外部人员	内部或外部人员	
评估组规模	4～10 人＋评估组长	2～6 人＋评估组长	1～3 人＋评估组长
评估组资格	有经验	有适当经验	
对评估组长的要求	主评估师	主评估师或受过专业过程评估培训的人员	有过程评估经验的人员

2. 评估方式

(1) 自我评估是指由软件开发组织内部进行的评估,主要是由成员个人进行的评估行为。其主要目的在于确定组织本身的软件过程能力并为软件过程改进建立一个相应的行动计划。

(2) 第三方评估,也称为能力检测。由独立的第三方组织负责实施评估活动,其主要目的是为了对组织完成软件产品开发、执行软件承包合同等的能力,有时可依据选定的标准对实施活动加以认证。

(3) 综合方式。自我评估也可以采用在他人指导下实施的模式,即由外部的评估人员来指导内部的评估团队进行评估。

即使对自我评估方式,还可以进一步分为如下两种。

(1) 以团队为基础的评估,是建立在一个由组织内部人员构成的评估团队基础之上。一般情况下,从外部邀请一名专家参与到评估过程中来辅助评估团队进行评估上作,例如帮助组织内部的评估团队更好地理解各种标准中概念的含义和更好地使用评估手段和工具。

(2) 持续型评估,在评估的过程中,通过使用评估工具(或系统)可以实现自动化或半自动化的数据收集。在整个的软件开发周期中都可以一直使用评估工具。

9.4.4　软件过程评估的方法

SEI 关于软件过程评估的定义则是"由接受过培训的专业软件人员所组成的小组对组织的当前软件过程进行评估,以确定其状态,确定组织所面临的与软件过程相关事务的优先级并从组织中获得对软件过程改进的支持"。从这个定义中,可以看出评估小组需要接受培训,从而有能力使用一系列的评估方法和工具。

不同的评估方法有不同的应用领域或场合,为了正确地完成评估需要遵循特定的评估方法,以产生刻画过程能力(或组织成熟度)有效的结果。例如,CBA-IPI 评估方法集中于过程改进,SCE 方法集中于评价供应商能力,反映了良好评估实践的这两种方法都是为 SW-CMM 开发的,但其需求都是由 ISO 15504 提供。SCAMPI 方法朝 CMMI 评估进行了调整,评估中完成的范围、活动及其工作量分布,在用于改进和用于合同授权时是不同的。

1. 评估方法准则

在评估方法说明中,应指出通过考虑某个特定评估的目的和组织或项目的业务目标而确定的具体评估模型、剪裁选项,并写入评估计划和评估结果的报告中。这些文档可以支持在各个组织之间就评估结果进行比较。评估方法的确定还依赖于评估模型、评估类型、评估方式、评估范围和评估约束等。

2. 选择评估时机

评估过程不但需要耗费一定的甚至是大量的资源、时间和财力,而且可能会对原有过程的规范和方法等造成冲击。如果 CMMI 评估的时机选择不恰当,则可能要承担很大的风险。特别是采用 CMM 阶段式模型来进行评估时,如果时机选择不合适则可能达不到当初预定的评估目标。当主要项目已经进入尾声、或新项目正在策划时、或组织相对比较成熟时,是比较恰当的评估时机。

3. 评估步骤

(1) 确定评估目标、模型。
(2) 选择评估方式和类型。
(3) 成立评估小组。
(4) 确定评估范围、评估约束。
(5) 选择被评估访问的人员,并进行访问或其他形式的评估调查。
(6) 确定评估结果,如不符合的评定项、评定等级。
(7) 形成评估报告,包括过程改进的建议。

4. 软件过程评估注意的要点

(1) 不局限于某一个方面,理想情况下,最好对软件过程的各个方面(组织过程、工程过程、支持过程、管理过程等)进行评估。

(2)不局限于某一个阶段,理想情况下,最好对软件生命周期所涉及的过程进行评估。

(3)不应只通过几个问题就对过程加以评估,而应进行全面访问和核查,以及小组讨论能真正深入到软件开发和项目管理中去获得真实数据。

(4)应遵循一个已定义的软件过程改进规划,对当前状况进行分析与评估。

(5)不应将注意力只集中于过程的文档化,应关注是否进行了软件过程管理以及具体实施的培训。

(6)应由受过有关培训的专业软件人员进行评估。

9.5　过程改进的模型和方法

软件过程评估之后,组织已清楚了解自身或项目过程管理上的强项和弱项,所以接下来是如何克服弱项、提高过程能力或组织的成熟度,这就要求启动过程改进的进程。事实上,即使没有正式的过程评估,过程改进可能也会基于经验和教训每时每刻在进行。正如质量大师爱德华·戴明(W. Edwards Deming)所说,停止对大规模检查和测试的依赖,更好的办法是从一开始就改进生产过程,这样就不会制造出那么多的低质量产品,甚至可以完全杜绝低质量产品的出现。

不积跬步无以至千里,循序渐进,积少成多,量变到质变,最终完善软件过程,这正是软件过程改进所追求的目标。过程改进的最基本目的就是:

(1)只是组织进行内部过程改进,降低缺陷率、提高开发效率,从而缩短周期、降低软件开发成本。

(2)为了通过外部第三方的软件过程能力或成熟度的认证,从而为组织创造更多的商业机会,或进入某一个市场领域,如欧美软件外包市场。

9.5.1　质量改进范例

质量改进范例(Quality Improvement Paradigm,QIP)是美国宇航局(NASA)和马里兰大学合作成果的发展产物,旨在通过减少软件开发周期的缺陷率、成本和时间所积累下来的经验,打包后,引入已设计的 QIP 模式中,从而支持技术创新和软件过程改进。

基于经验的度量方法是软件过程改进的有效方法之一,通过收集、处理产品和过程的详细数据来不断改进过程。QIP 正是通过经验的不断积累和打包,应用于其他的软件项目和过程中,以改进软件过程和工程方法。QIP 模式通过 3 个阶段和 6 个步骤来实现,如图 9-10 所示。

(1)理解。洞察软件过程改进产品的结构和开发环境,包括软件开发、界定问题、流程特点和产品特色。建立基准是确定组织过程改善目标的第一步,通过基线数据的分析,可以了解软件产品是如何被开发出来的,重点是什么。基于对组织业务的认识,可以发现改善机会并提出明确的、可衡量的产品目标,并能衡量所有的未来过程变化对产品特性基准的影响。

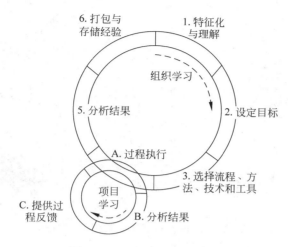

图 9-10 质量改进范例的循环

(2)评估。衡量现有技术和产品的过程改进中所发生的变化,以及如何将变化引进到当前的软件开发过程中。这种变化包括技术和流程的变化,并确定这些变化是积极的、对过程改进是有帮助的,适合组织特定的、实际的环境。通过新技术的实验研究、试点性应用,评估其对产品特性的影响,解决目前过程的问题,达到过程改进的目标。那些提高产品目标、改善优化环境的改进,最终被引入组织的标准过程。

(3)打包。经过改进鉴定在生产组织应用过程、包装技术,这包括发展和提高标准、培训和发展政策。基线数据、试验结果、经验、改变的过程将改进的程序注入软件开发组织。借助支持项目的规划和监督的成本和时间模式,基准数据可以为工程技术人员共享。拥有新技术和新流程的经验被打包,放入培训课程和指导手册。经验打包将新技术引入新的产品线并支持持续性反馈的过程改进。

9.5.2 过程改进的 IDEAL 模型

IDEAL 模型将软件改进过程分为初始化(initiating)、诊断(diagnosing)、建立(establishing)、行动(acting)和学习(learning)等 5 个阶段。IDEAL 是这 5 个阶段英文名称的首字母组合而成,构成一个循环的、不断学习的过程,也就是一个进行过程评估、行动而不断上升的改进过程,如图 9-11 所示。

1. 初始化

初始化阶段为成功地改进过程工作奠定了基础,如约定启动资源、建立过程基础设施和相关的培训等。初始化阶段最主要的工作是建立管理指导委员会(Management Steering Committee,MSC)、软件工程过程组(SEPG)。SEPG 一般负责研究过程及其改进中的有关

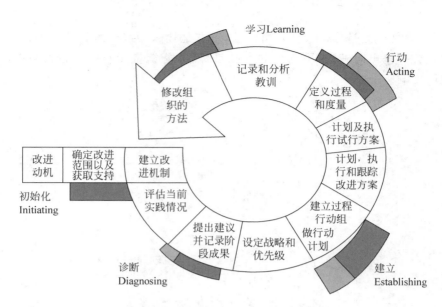

图 9-11   IDEAL 模型用于软件过程改进

问题,并开发新的软件过程或完善软件过程,将软件过程改进(SPI)的建议提交给高层管理者,如 MSC。

初始化阶段的主要任务有:

(1)识别改进的商业需求和推动者——改进的动机。

(2)确定 SPI 的范围,形成提议。

(3)获得组织、教育和培训的支持,包括 SPI 提议的批准和启动所需的资源。

(4)建立 SPI 基础设施及其之上的过程改进机制,包括 SPI 目标和程序的指导原则。

2. 诊断阶段

诊断阶段确定现状与过程改进目标之间的差距,实际上就是软件过程的评估阶段,即评估当前过程的成熟度,包括对当前软件过程的说明和度量等,并开始制定行动计划。这一阶段主要任务有:

(1)确定 SPI 需求的基准,并在此基准之上的评估计划。

(2)实施过程评估,发现和基准不相符的项目,发现过程中的强项和弱项。

(3)形成过程评估结果和建议报告。

(4)与组织就最终结果和建议报告进行沟通。

3. 建立阶段

建立阶段就是设定 SPI 的目标、优先级和对应的改进策略,并完成行动计划(过程改进计划)的制定。这一阶段主要任务有:

(1)选择和实施战略规划过程的培训。

(2)评审组织的愿景和商业计划,以确定组织的关键业务议题,清楚过程改进的动机。

(3)评审过去的改进工作,以确定当前和将来的改进工作。

(4)确定不同基础设施实体的角色和责任。

(5)确定过程改进的领域、项目和活动的优先级。

（6）协调基准和评估报告建议内已有和计划的改进工作。

（7）将一般的 SPI 目标转换成特定的、可度量的 SPI 目标。

（8）建立、评审和更新 SPI 战略计划，并使之得到批准、获得行动的资源。

（9）建立过程行动组（Process Action Group，PAG）或技术工作组（Technical Working Group，TWG）。

4. 行动阶段

行动阶段就是执行上个阶段已建立的行动计划。在执行过程改进计划之前，实际需要解决计划中所提出的各项改进任务的具体方法、措施或步骤，即开发 SPI 的具体行动方案。同时，要跟踪 SPI 的执行过程和对行动计划进行必要的调整，解决 SPI 实施（试运行）时出现的问题。最后，将成功的 SPI 向整个组织扩展。这一阶段主要任务有：

（1）完成 SPI 的具体行动方案，包括试验有潜力的解决方案。

（2）如果过程改进需要第三方的专业支持和帮助，需要选择解决方案提供商，并建立长期的合作关系。

（3）开发和完善战略和计划执行时所必须的模板、工具等。

（4）定义或完善过程的度量。

（5）实施和跟踪具体的行动方案，记录过程相关的数据。

5. 学习阶段

学习阶段就是分析实施过程中所获得的过程数据，发现过去的计划、方案和行动中的优点和缺点，吸取教训、总结经验，准备新一轮的 IDEAL 过程改进循环，不断完善 SPI 过程。这一阶段主要任务有：

（1）分析所记录的过程数据。

（2）收集和分析学到的经验教训。

（3）修改组织中采用的过程改进方法。

（4）提出新的 SPI 提议，包括建立更高的 SPI 目标。

6. IDEAL 模型的两维结构

IDEAL 模型在过程改进过程中，表现出两维结构，即战略层和战术层上的不同的活动内容和形式，即从高层管理者和整个组织的业务策略开始，向软件开发的操作和执行层次推进，进入"诊断、建立和行动"3 个阶段，最后又回到组织的高层层面，进行学习，制定新的过程改进策略，如图 9-12 所示。

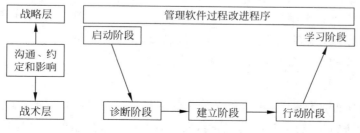

图 9-12 IDEAL 模型的两维结构

7. IDEAL 模型与 PDCA 周期的对比

PDCA(Plan、Do、Check、Act——计划、执行、检查和措施)周期与"客户驱动质量管理"概念中建立的持续改进结构一致,而且 PDCA 周期包括了绝大多数 IDEAL 的目标需求。为此,基于 IDEAL 模型与 PDCA 周期的分析和剪裁,SPI 的结构化结果如表 9-5 所示,可以看出两者是基本一致的。

表 9-5　SPI 的 PDCA 周期

信息和数据输入	信息和数据源,应用于过程改进活动中,也能够用于 CMMI 评估过程中或客户驱动管理过程中
改进计划 P	软件工程质量组(SEQT)和 SEPG 负责评审数据/信息,建立、评审和完善可在各个领域开展的过程改进行动计划
改进执行 D	SEQT 和 SEPG 负责执行、跟踪和监督行动计划。该阶段,将必要的信息(状态、结果、报告等)送去评审
验证和评审 C	在 MSC、SEQT 和 SEPG 各个层次上进行评审
实施 A	实现系统变化和完成评审后的目标,促进过程管理的制度化、标准化过程

9.5.3　过程改进的 Raytheon 方法

采用质量改进以及过程管理的方法,一个组织可以有效地提出一套 SPI 模型。对于公共的质量改进模型以及过程管理规则来说,可以有很多种不同的解释与实现方法。例如,针对 SPI 计划,在公共模型基础之上创建自己特有的 SPI 模型的一个典型例子就是 Raytheon 模型,一个划分为 3 个阶段的过程改进范例。

Raytheon 采用了 3 阶段——过程稳定、过程控制和过程变更的模型来进行软件过程改进,并应用了戴明和朱兰的理论,如图 9-13 所示。

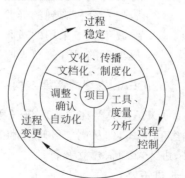

图 9-13　过程改进 Raytheon 模型的 3 个阶段

(1) 过程的稳定,强调提取出过程中真正有用的内容并逐渐使之在所有项目组中达成一致(可重复性)。

(2) 过程的控制,强调向"可测量"过程的转变,其目的在于收集有意义的度量数据并加以分析,反过来更好地控制过程。

(3) 过程的变更,强调根据度量以及分析的结果,如何对过程进行调整。过程的调整首先在试点项目中进行以便加以检验。然后,向所有的项目推广新的方法与技术。

在过程改进过程中,要保证过程控制的力度,就需要确认下列问题。

- 是否有管理以及组织方面的授权。
- 过程的实施结果是否受到度量与监控。
- 反馈机制是否已建立。
- 是否有明确的过程负责人。

而对过程改进的结果，也需要认真评审，从而可以保证过程得到真正的改进。

9.5.4　过程改进的 6 Sigma 方法

在 6 Sigma 质量管理过程中最具创新性的是过程设计，或者说，为了达到 6 Sigma 的质量水准，关键是在过程改进上，着眼于针对企业现有的流程进行变革，其方法有 5 阶段方法 DMAIC 和 DMADV。6 Sigma 改进就是从"DMAIC"到"DMADV"的演变过程，从改进质量、降低产品和过程差错到设计质量、避免产品和过程问题，使过程不断趋于完善。

1. DMAIC 方法

DMAIC 要求 6 Sigma 质量改进项目应完成"定义、测量、分析、改进和控制"5 个阶段的工作，工作的具体作用如表 9-6 所示。DMAIC 建立明确的衡量体制，通过数理统计对价值流中的每一过程、每一工序进行衡量和改善。

定义(Define)→测量(Measure)→分析(Analyze)→改进(Improve)→控制(Control)

表 9-6　DMAIC 的五个阶段

阶　段	主　要　工　作
定义	识别关键顾客，确定顾客的关键需求并找出品质关键要素、识别需要改进的过程，将改进项目界定在合理的范围内，定义核心流程
测量	通过对现有过程的测量，确定过程的基线以及期望达到的目标，识别影响过程输出和输入，收集并显示基准数据并对测量系统的有效性做出评价，衡量目前的过程能力
分析	通过数据分析确定影响过程输出的关键因素，即确定目前状态存在的真实原因或过程的关键影响因素，阐明问题实质，了解潜在的解决方法
改进	确认根本原因，筛选最优改善方案，即寻找优化过程输出并且消除或减小关键因素影响的方案，使过程的缺陷或变异(质量波动)降低，预估改善的经济效益
控制	使改进后的过程程序化、提出控制计划，并通过有效的监测方法保持过程改进的成果

DMAIC 的手法以基础统计的工具为主干，必须以历史资料或数值作为逻辑性推演的依据。无论是假设检定或失效模式，均要有足够的样本数或辅助数据为基础。每个阶段都由一系列工具方法支持该阶段目标的实现。表 9-7 列出了每个阶段使用的典型方法与工具。

表 9-7　支持 DMAIC 过程的典型方法与工具

阶段	活动要点	常用工具和技术	
定义	项目启动、确定 CTQ	QFD,FMEA 流程图,亲和图	头脑风暴法,树图 排列图,CT 分解
测量	测量输出、确定项目基线	运行图,分层法 FMEA,散布图,直方图	测量系统分析,过程能力分析 水平对比法,抽样计划
分析	确定关键影响因素	散布图,因果图 多变量图	假设检验,回归分析 方差分析,抽样计划
改进	设计并验证改进方案	FMEA,试验设计 田口方法	响应面法,过程仿真 过程能力分析
控制	保持成果	控制计划,SPC 控制图 标准操作 SOP	防错方法,目标管理

2. DMADV 方法

　　DMAIC 所进行的改进项目能消除少数引起软件过程或产品缺陷的主要原因,但缺乏创新机制,不能够满足过程变革性改进的所有要求、适应新产品的开发需要,从而引入 DMADV 改进过程。DMADV 同样是 5 个阶段——定义、测量、分析、设计和验证,和 DMAIC 不同的是后面两个过程:"设计"和"验证"。设计是对过程、流程的重新定义,验证是对新定义的过程、流程的适应性、有效性的度量,验证是否能满足客户新的需求。

定义(Define)→测量(Measure)→分析(Analyze)→设计(Design)→验证(Verify)

　　图 9-14 比较全面地描述了 DFSS-DMADV、IFSS-DMADV 和过程管理之间的关系。

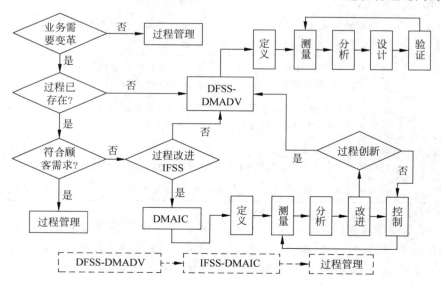

图 9-14　DMAIC 和 DMADV 之间的关系

3. IDDOV 和 PIDOV

除了 DMADV、DFSS 还有其他各种模式，如 IDDOV 和 PIDOV。PIDOV 还是 5 阶段方法，和 DMADV 不同的是"定义"变成"策划"，把"分析"变成"识别"，并在设计和验证之间加了一个优化，强调了策划和优化的作用。

> 策划(Plan)→识别(Identify)→设计(Design)→优化(Optimize)→验证(Verify)

IDDOV 则是 4 阶段方法，强调开发和优化的过程，表示为。

> 识别/定义(Identify/Define)→开发(Develop)→优化(Optimize)→验证(Verify)

概括起来，它们的基本思想、途径相似，都分成 5 个阶段。以"DMADV"和"PIDOV"为例，对两者的具体内容进行比较(见表 9-8)，可以了解之间的相同点和不同点，获得更深的理解。

表 9-8 "DMADV"和"PIDOV"的比较

DMADV	PIDOV
Define 界定——项目 (1) 展开项目的清晰的定义。 (2) 展开组织的变革计划，风险管理计划和项目计划	Plan 策划——项目 (1) 建立项目特许任务书。 (2) 建立项目目标：界定指标、搜集基线资料、设定改进新目标
Measure 测量——顾客需求 (1) 收集顾客之声(VOC)的数据。 (2) 转化 VOC 为设计需求(CTQs)。 (3) 识别最重要关键质量特性(CTQs)。 (4) 如果需要，展开多阶段的项目计划	Identify 识别——顾客心声 (1) 选择最佳的产品或服务概念。 (2) 识别关键质量要素与技术性需求、绩效目标、规格上、下限等。 (3) 将焦点与关键质量要素转移到关键过程指标。 (4) 分析关键质量要素在技术性需求上的影响
Analyze 分析——概念 在预算和资源约束条件下，产生评估并且选择概念最适合的 CTQs	Design 设计——建立(产品及其过程)知识基础 (1) 形成设计概念。 (2) 识别作用与处理关键质量要素
Design 设计——产品/过程 (1) 展开概要和详细设计。 (2) 测试设计构成。 (3) 准备试点和全面的展开	Optimize 优化——取得质量、成本和时间的平衡点 (1) 更新关键质量要素选择。 (2) 实施优化
Verify 验证——设计性能 (1) 实施试点和重点测试、调试样机(品、模型)。 (2) 实现设计。 (3) 向组织的适当的人员过渡职责/团队结束活动	Verify 验证——有效性 (1) 证明该产品或过程的确能满足顾客的需求。 (2) 验证产品或服务及其过程的有效性。 (3) 展示过程能力、验证容许度和评估可靠度。 (4) 界定与实施控制计划

9.6　组织和技术革新

过程改进可以分为渐进式的改进和革新式的改进。渐进式的改进比较容易操作,风险很小,而革新式的改进是借助新的技术和方法对旧的做法具有突破性的或重大的变动,存在较大的风险,需要管理上更细心、更密切的关注。我们这里要讨论的就是革新式的改进——组织和技术革新。

组织和技术需要不断革新,而且组织和技术革新是过程改进的最有效的保证。一方面,如果只是对软件的基本工程过程进行改进,没有组织相适应的革新,其结果可能是事倍功半,过程的改进需要组织的强有力的支持。另一方面,伴随着工程过程改进,往往需要引进新的技术,需要技术革新。

1. 组织和技术革新的理念和原则

组织和技术革新,首先需要把握平衡。如果变化太大或太快,可能对以组织过程财富为代表的标准过程和自定义过程所积累下来的开发基础等产生一次致命性的打击。如果过分强调过程稳定性,则可能导致过程问题不能彻底地解决,治标不治本,问题还是越积越多,使组织的软件开发环境不断恶化。

组织和技术革新目标和过程改进目标是一致的,通过引进新技术或组织管理新方法,能够改善本组织满足其质量和过程性能指标的能力,如提高软件开发效率、缩短开发周期时间。组织和技术革新目标还取决于领导层的决心和基础设施的建立,组织和技术革新首先是过程文化的革新。基础设施是技术革新的平台,能鼓励本组织所有的成员能就组织和技术革新领域提出建议,能系统地收集和高效地处理这些建议,并促进所有人员参与组织和技术革新的活动中去。过程基础设施越扎实、组织过程财富越丰富,革新的步伐就可以越快。

2. 组织和技术革新的计划

革新的需求要么来自内部过程改进的目标,要么来自外部业务环境的变化。在制定革新计划之前,需要认真、仔细地了解下列内容。

(1) 过程评估发现的问题和提出的建议。

(2) 顾客问题和顾客满意度的资料分析报告。

(3) 项目性能与质量和生产率目标的对比分析报告。

(4) 组织层次或项目层次上技术性能的度量分析报告。

(5) 原有的过程度量数据、产品基准测试和缺陷原因分析的结果。

(6) 和新技术相关的报告、建议和反馈。

制定组织和技术革新计划的内容,要做好下列项目的分析。

(1) 设定组织的过程和技术改进目标。

(2) 建立组织和技术革新管理小组,确定相关人员的责任和权限。

(3) 满足本组织的过程和技术改进目标方面所期望的贡献。

(4) 对缓解已识别的项目和组织风险的作用、潜在的或可能带来的新风险。

(5) 对组织业务环境、项目需求等变化的适应能力。

（6）对已定义过程和相应过程财富的影响。

（7）确定哪些过程数据需要收集、测量以及如何进行度量分析、评估。

3. 先导性试验的重要性

组织和技术革新的先导性试验很重要，可以降低风险，不至于发生意想不到的严重问题。通过先导性试验，可以了解革新计划执行是否可以达到预期效果，可以收集为评估后续革新的有关数据，完成对尚未验证过的、高风险的重大变更或革新式的改进的评估。建议根据下列准则，对组织和技术革新进行评估。

（1）对组织当前的质量和过程性能的定量分析。

（2）组织定义的质量和过程性能的总体目标。

（3）在不同的情形下，对组织和技术革新所需要的成本、资源的全面评估，更重要的是进行新增成本/新增效益的核算、平衡分析。

（4）组织和技术革新后的质量和过程性能改善情况的评估和对比。

4. 组织和技术革新所需要的环境和支持

（1）管理层的承诺。

（2）组织的文化和特性。

（3）丰富的过程财富——过程描述、标准和规程。

（4）开发环境。

（5）教育和培训。

（6）所需的技能。

（7）按定义的过程和计划开展活动。

（8）对最终用户的持续支持。

5. 组织和技术革新的工具

（1）仿真环境。

（2）原型设计工具。

（3）统计分析工具。

（4）动态系统建模。

（5）在线标记技术数据库。

（6）过程建模工具。

6. 概念培训和专题培训

（1）策划、设计和执行试点。

（2）成本效益分析。

（3）技术过渡管理技术。

（4）变更控制和管理。

（5）组织变革和领导力。

7. 组织和技术革新的实施步骤

组织和技术革新是需要经过调研、识别、引进、试验和推广这样一个过程,其具体的实施更为复杂,需要谨慎地对待。

(1) 成立组织和技术革新管理小组,并分配每个成员相应的责任和权限。

(2) 调查那些可能改善本组织的标准过程集合的革新式改进。定期地、系统地追踪有关技术工作和技术趋势的先导知识,包括获取第三方咨询公司的帮助、从组织内部收集革新式改进建议。

(3) 外部组织使用的过程和技术,并且与本组织使用的同类过程和技术进行比较分析,识别组织和技术革新已经获得成功的应用领域,并且审查关于使用这些革新的经验、资料和文化。

(4) 分析潜在的组织和技术革新对过程元素的影响并预测其产生的效果,这种分析是建立在组织过程性能和过程能力的基准之上。

(5) 分析潜在的组织和技术革新的成本和效益,确定其控制范围。

(6) 提出组织和技术革新的建议,包括革新的目标、存在的优点和缺点等。

(7) 依据组织目标,确定候选的各项组织和技术革新建议的优先级。

(8) 根据优先级和可用的资源,确定要进行革新的领域、范围和规划图。

(9) 选择一些特定的项目,进行组织和技术革新的局部的、先导性试验。

(10) 为已选择的组织和技术革新的项目设定具体的目标、度量项及其指标等,如投资回报率、收回投资(成本)的时间、过程性能的改进效益、项目和组织风险的种类与程度等。

(11) 对组织和技术革新的先导性试验进行评价,并形成文档。

(12) 如果试验成功,进一步制定组织和技术革新的推广计划(即部署计划),包括审查和批准的过程。

(13) 跟踪其部署计划实施的过程,包括度量实施、统计分析、控制和调整等。先导性试验毕竟有其局限性,所以有必要及时地对全面部署进行控制和调整。

8. 技术革新关联的全过程活动

技术革新领域的识别,主要依赖于过程审查和评估、技术调研或新的动向、竞争对手的分析、面临的技术难题等。技术革新领域常常包括:

(1) 新的开发环境或网络环境,如从集中式网络环境发展到分布式环境、从. Net 环境切换到 J2EE 环境。

(2) 新的支持工具,如在软件配置管理上,从 MS SourceSafe 切换到 CVS。

(3) 新的技术、方法论、过程或生存周期,如采用 P2P 技术、XP 模式等。

(4) 新的接口标准,如 XML 应用接口。

(5) 新的可重用部件。

(6) 新的管理技术。

(7) 新的质量改进技术。

(8) 新的过程开发和部署支持工具。

通过技术革新的全过程活动,如表 9-9 所示,使我们对组织和技术革新的管理有一个完整的认识。

表 9-9　技术革新管理的全过程活动

过程共同特征	技术革新管理活动
项目	(1) 技术改革的启动和实施是有计划的。 (2) 评价新技术以确认其在质量、生产力上的效果。 (3) 把合适的新技术应用到全组织的标准实践中
执行约定	遵循组织业务方针,提高组织的技术能力,制定技术革新计划书并阐述技术改革管理的目标。 高级管理层支持、监督和控制组织的技术革新活动,主要体现在: (1) 帮助确定顾客和最终用户的需求和愿望。 (2) 帮助确定组织有关产品质量、生产力和开发周期等方面的目标。 (3) 参加制定技术革新管理的方针和计划,并组织相关的评审直至最终批准。 (4) 使技术革新管理的目标和组织的战略目标保持一致。 (5) 帮助确定实现这些目标的策略和方法,并确保技术革新过程透明的约定。 (6) 制定关于成本预算、人员、软硬件和其他资源的长期计划和约定
执行能力	(1) 建立专门负责组织的技术革新管理活动的小组(或组织单元)。 (2) 提供足够的预算和资源,支持小组的建立和组织技术革新管理活动。 (3) 提供、收集和分析相关技术领域、软件过程和工作产品的数据,用于技术革新评价。 (4) 对技术革新管理的成员进行培训,使其有能力执行其活动
被执行活动	(1) 组织制定和维护技术革新管理的计划。 (2) 组织技术革新管理活动要和软件项目实施结合在一起,使之能识别技术改革的应用领域。 (3) 及时通报新的技术和技术革新的状态。 (4) 基于组织标准软件过程,来分析、确定新技术带来的效益。 (5) 在软件过程规范的框架下,为软件项目选择、获取新的技术。 (6) 在新技术引入标准实践之前,为技术革新在某个项目或其局部进行先导性试验。 (7) 试验成功并通过评估后,将新技术引入组织标准软件过程或项目的自定义过程
测量与分析	进行测量,用其所得的数据或结果确定技术改革管理的活动状态
检查	(1) 高级管理层定期参与审核技术革新管理。 (2) 软件质量部门、工程过程组主持或参与技术革新管理的工作活动和产品的评审

9.7　软件过程改进的实施

软件过程改进的实施,从得到组织的全面支持开始,着手制定改进计划、开展过程改进活动,直至进入一个良性的过程改进循环。针对不同的过程改进目标,其实施的策略、方法和实践可能不一样。如针对软件过程改进的两类基本目的,其实施的注意事项也有较大区别。

（1）如果组织的目的完全是为了进行内部过程改进，那么在选择模型方面可以有很大的余地。针对组织中涉及的项目种类和业务类型，只要有助于组织开发过程的定义、改进的学科模型都可以选择。

（2）如果组织进行过程改进是为了认证或定级，以扩大组织对外的商业影响力，那么就应该有针对性地选择某一特定学科的模型，在过程改进过程中还要确保模型实施的严格性和全面性。

9.7.1　过程改进的原则和策略

为了获得软件过程改进的成功，需要全面地考虑组织过程改进所面临的困难和相互影响的因素，包括组织的业务目标、人员素质、承受能力、改进的启动时机和一些具体情况。一般来说，组织过程改进实施的原则可以概括为以下 8 点。

（1）软件过程改进的组织应设定切实可行的目标，不能期望一个组织达到与所处的成熟度能力很不相符的、过高的目标。更重要的是，过程改进目标是和组织的业务目标保持一致的，可以将过程改进目标和财务指标联系起来一同考察。

（2）过程改进是一个持续进行的活动，而不是一次性的活动，虽然可以按阶段设定目标、实施改进和对改进成果进行阶段性总结。如过程改进计划可以分为长期计划和阶段性计划，而且构成一致的改进体系。

（3）软件过程改进需要得到组织管理层足够的支持。由于过程的改进可能会带来某些方面的变革，而变革可能会给部分管理人员甚至部分员工带来比较大的挑战和冲击，因此要做好培训、沟通和教育工作，使全体员工认识到过程改进的必要性和规范化过程所带来的益处。

（4）软件过程改进不只是单个组织单元——改进小组或软件工程过程组（SEPG）的事，而应包括软件开发过程涉及的所有团队和成员。产品经理、项目经理、软件开发和测试人员等都要积极参与，而且他们才是过程改进的真正实施者和受益者。

（5）过程改进活动应被视为一个个的项目，从而获得必要的预算和资源。在过程改进计划中，对进度、资源分配、风险管理、相关人员责任和技能要求等都要清楚地描述。

（6）坚持适当的监控机制，例如为对项目进度进行跟踪而建立的例会制度，制度化的日报和周报活动。做好实际数据收集、测量与分析工作等。

（7）过程改进的成功与否取决于过程实施效果，对过程改进效果的评估是建立在组织过程改进的计划、目标和过程改进规范的基础上，而且有效、准确的评估更多地依赖于软件过程的度量。应建立软件工作产品完成准则和检查单，然后根据实施的反馈意见，及时调整过程改进的计划。

（8）过程改进活动，不仅要看改进的结果，根据结果对有关人员进行奖励，而且还要对改进活动的过程进行监控，鼓励创新，及时获得反馈，及时进行纠正或调整。

根据这些原则，可以制定过程改进的策略。软件过程改进的策略主要强调逐步推进、持续进行、文化变革先行、具体问题具体对待等。

1. 自顶向下与自底向上相结合

软件组织过程的改进,首先需要高层管理人员的支持或领导,这一点毋庸置疑。但是也不能走到另外一种极端——在没有进行足够的调查、获得全方位的反馈之前,软件过程改进被最高管理层启动,并被强制地推行实施。

其次,过程改进必须让其主体——软件开发人员和测试人员积极参加,进行问卷调查、开会讨论,做到充分沟通,才能达到过程改进的目标。如果只依靠 SQA、SEPG 等少数组织单元,过程改进会脱离实际或引起软件开发和测试人员的抵触情绪,过程改进的目标就很难达到。概括地说,过程改进应采取自顶向下与自底向上相结合的策略,软件过程改进才会达到预期效果。

2. 循序渐进、持续改进

过程改进的核心思想之一是循序渐进、持续改进,在 CMMI 模型中,无论是连续性表示法还是阶段性表示法,在这一点上还是一致的。过程改进启动时,不宜全面铺开,应根据组织实际情况,选择好切入点,抓住几个关键过程域(如配置管理、测试、项目管理等)或某 1～2 个项目作为先导性试验,这样比较容易获得过程改进的成效,也有利于风险控制。例如,加强软件测试过程管理,可以发现更多缺陷,再对缺陷来源分析以发现需求管理与设计过程的问题等。解决这些问题之后,就可能获得过程改进的效果——质量大幅度的提高,反过来推进过程改进。

要做到循序渐进,就要确定待改进过程域的优先级,然后从高优先级的过程域开始,向优先级较低的过程域推进。问题较多、改进空间较大或问题比较容易解决的过程域,其优先级越高。

3. 文化变革先行

过程改进,特别是变革式的过程改进,可能需要打破组织内过去人们的一些习惯,如加强过程的文档化、标准化、量化和可视化等,使过去相对自由的活动环境受到不同程度的约束,容易形成新的冲突和矛盾。所以,过程改进是一种变革,包括组织的变革、方法的变革和思维的变革等,但这些变革很大程度上依赖于文化的变革、思想的变革。当人的观念、思想和认识发生了变化,形成一个以过程为中心的文化氛围,组织的变革和方法的变革也就比较容易实施了。

文化的变革,除了领导重视、领导表率作用之外,主要的工作集中在教育和培训。通过各种方式的教育、沟通和培训,帮助人们看到原有过程中的问题、不断提升软件开发的观念。这些观念转变如下。

(1)从"重进度"向"重质量、进度和成本之间平衡"的转变。

(2)从"重个人技能"向"重团队协作、工作有序"的转变。

(3)从"重经验"向"重数据和度量分析结果"的转变。

(4)从"重设计、开发"向"重评审、测试与配置管理等全过程控制"的转变。

(5)从"重用户验收"向"重缺陷预防、质量管理"的转变。

在文化变革的活动中,日常教育和沟通比正规的培训更为重要、有效。教育的形式有多种,如下所示。

(1) 通过组织内部实际发生的具体事例来阐述一些基本的理念。

(2) 观摩学习。学习其他优秀企业的最佳实践,和他们的管理人员多沟通交流。

(3) 请外面的专家来讲,会更客观地、全面地阐述软件过程改进的各项内容,可能获得意想不到的效果。

(4) 自我反省的方式。开发和测试人员进行自我检查,回忆过去所犯的错误或失败的教训,考虑如何从教训中获得启发,找出自己的不足并提出改进意见。

4. 内外结合,以内为主

前面介绍了软件过程评估的 3 种类型,在低水平的快估(C 类)中,是以内部组织为主,而最深度和最广度的 A 类评估中,以外部力量(独立评估师或外部的咨询/顾问公司)为主,内外结合。对于评估,外部可以更客观地审视某个组织的过程,即俗语说"当局者迷,旁观者清",所以在软件评估时,外部组织确实能发挥很好的作用。但在软件过程改进中,情况有所不同,应以内为主,外部为辅来实施。组织内部最了解实际情况,更重要的是,软件组织内部人员是过程改进实施的主体,任何改进的结果都要靠组织内部的人员去实现,过程能力的提高也要体现在各个组织单元、各位员工的能力之上。

如果完全靠组织内部力量来实施过程改进,会遇到比较多的困难。外部力量可以发挥不同的作用,对内部组织的作用起着一个补充的作用。例如,咨询/顾问公司能发挥如下作用。

(1) 咨询过多家公司,积累下来丰富的经验,不仅可以很快地从现象发现问题的本质,而且分享其他软件组织过程改进及其实施中获得的成功经验。

(2) 熟悉 CMM/CMMI 和 ISO 12207/15504,提供专业的培训。

(3) 以专家身份提供的建议,更容易获得组织内管理层的重视。

(4) 提供和外部更多的交流机会。

5. 切合实际、区别对待

在过程改进的时候,一定要结合组织实际情况来实施,决不能生搬硬套。除了要对模型进行剪裁以适应组织的需求之外,还要针对组织实际存在的问题对症下药,真正能解决组织过程的问题。即使在一个组织内,针对不同的部门和不同的项目,也需要区别对待。

6. 充分利用管理工具

管理工具是作为思想、方法的载体而使这种思想、方法更有效地发挥作用,可以将管理有形化、客观化,从而提高效率,解决手工无法解决的问题。常用的过程改进管理工具有:

(1) 配置管理工具。

(2) 项目计划与跟踪工具。

(3) 测试工具、缺陷管理与跟踪工具。

9.7.2　过程改进的组织支持

SPI 在经历计划、实施、监督和指导的整个过程中,组织的支持是非常重要的。在过程改进活动中,5～6 个基本的组织单元是不可少的,即管理指导委员会、软件工程过程组、软件质量保证组、软件配置管理组、技术工作组和过程行动组。

(1) 管理指导委员会(MSC)。在资金、组织、文化等各个方面支持 SPI,委托具有管理职责的人员负责 SPI 的实施。坚持参加各种软件产品和过程的评审会,重视过程改进进度的同时,更应关注过程质量。

(2) 软件工程过程组(SEPG)。研究 ISO 12207、ISO 15504、CMM/CMMI,编写/修改必要的过程定义文档。

(3) 软件质量保证组(Software Quality Assurance Group,SQAG)。研究软件质量保证技术及过程方法,编写/修改必要的 SQA 文档并推广已编写的文档;测量和分析项目进展情况,反馈项目过程状态;准备和评审相关的过程、计划和标准的文档;审计指定的软件工作产品以检验其遵从性;审计软件工作过程的符合性。

(4) 软件配置管理组(Software Configuration Managaement Group,SCMG)。研究软件配置管理技术及过程,编写/修改必要的 SCM 文档并推广已编写的文档,获得必要的工具支持。

(5) 技术工作组(TWG)和过程行动组(PAG)是过程改进活动的实际执行人,要了解 ISO 12207、ISO 15504、CMM/CMMI,积极配合 SEPG、SQAG 和 SCMG 工作,积极参与文档的制定及修改,在开发项目中严格遵循已定义的规程。

MSC 具有权威性和指导性,SPI 中所有重要的计划、活动等都需要 MSC 的批准。SEPG 在 SPI 具体事务上可以发挥领导的作用,如促进 SPI 程序得到持续的支持、建立和加强与 MSC 的关系、培育和监控个人的改进活动和协调全组织内 SPI 活动。TWG 和 PAG 是在 SEPG 领导下开展具体的 SPI 活动。

9.7.3　软件过程改进计划

如果组织不主动地对软件过程改进,过程本身是不会自己自动地进行改进的,而随着时间的推移,过程能力和成熟度可能会退化。作为软件组织,应主动地、积极地、持续地对过程进行改进,而过程改进依赖于过程的评估和过程改进的计划。只有在组织实施了软件过程评估并且制定了相应的改进计划之后,一个组织才真正开始了软件过程改进。

软件过程评估是手段,不是目标,通过软件过程评估是过程改进计划制定的基础,而改进计划也可以帮助后续的过程评估,两者相辅相成。制定了软件过程计划之后,相当于设定了软件改进的目标,而衡量这些目标是否到达,需要软件过程评估。通过过程评估,还可以发现计划中不完善的地方,适当地调整改进计划。

软件改进计划,除了设定软件改进目标之外,还应包括 SPI 的领域、方法和策略等,并综合考虑 SPI 的如下因素。

(1) 基础设施能够满足需求,及时提供资源。

（2）对过程改进工作的方向、范围和进度提供建议。

（3）如何识别 SPI 程序推进过程中的障碍和风险。

（4）如何维持 SPI 程序实施的可视性。

（5）如何鼓励信息共享或提供信息共享的方便快捷的渠道。

（6）如何抓住和保存过程改进中的经验、教训，并改善计划本身。

若要将改进计划落到实处并取得预期的效果，针对过程、活动、文化和资源等方面，其注意事项有：

（1）计划是建立在软件过程评估的基础之上，没有评估，就很难制定有效的 SPI 计划。

（2）计划必须有明确定义的范围、清晰的目标与主要的控制点。

（3）计划中必须包括过程改进的活动内容、时间安排、资源分配、质量计划和配置管理计划。

（4）计划中必须指定管理方面的负责人，明确软件开发和维护过程中各类角色的责任。

（5）作为过程变更程序须包括计划、实施以及管理方面的内容，并且应考虑到组织对于变更的可承受程度。

9.7.4　过程改进的具体实施步骤

在 SPI 实施之前，要做好准备工作。首先，普遍开展软件工程及相关专题（CMM/CMMI、ISO 15504/ISO 12207 等）的培训，使每个岗位的人员都具备过程改进的意识，并掌握所必需的过程改进知识和技能。重视对软件工程的研究，包括方法、工具和过程，加速培养 SPI 的骨干队伍。

当组织和人员在 SPI 思想、知识和能力上已就绪，然后就可以有条不紊地实施 SPI 的具体进程——从特定小组建立到过程改进成果推广。

（1）过程改进组织的建立。如建立 SEPG，让具有丰富软件工程经验的人员担任 SEPG 组长，并邀请不同组织单元（市场、设计、编程、测试等）的负责人参加。

（2）确定目标。确定在一段时间内达到特定的、可度量的改进目标，包括通过内部过程评审或外部成熟度等级的认证。

（3）评估状态。制定并发布组织的评估标准和方案，通过访谈、问卷调查等多种形式获得组织过程的实际状态，把实际状态和期望的目标状态作比较，容易发现软件过程（配置管理和过程控制）中的薄弱环节和问题，找出存在的差距。

（4）制定计划。根据确定的目标和评估的结果，制定具体的过程改进计划。并开始着手培训和准备工作。

（5）制定规范。过程改进的一个要点就是"事事有规范，时时有记录"，建立或完善组织和项目层次上的、易于操作的软件过程规范。在规范编制阶段必须有高层管理人员参加或领导。编制规范的时间一定不能长，以 10～12 个工作日为宜，文档不宜过多，以 5～6 个规程为好（对应 5 个或 6 关键过程域）。

（6）过程试点。制定了规范后，先选择几个关键过程域（如配置管理、测试和项目管理等）或某 1～2 个项目作为先导性试验，确保试验成功。

（7）实施监控。按过程改进实施的实际情况对过程改进计划进行适当调整，要重视各种方式、各种阶段的评审和验证,如设计复查、代码复查以及测试工作等。所有工作产品要经过复查或正式评审,及早发现并更改问题。定期监控、信息互通。注意采集度量数据,要求对所有发现的问题、所有的措施项都要跟踪到底。

（8）反馈修正。对采集得到的度量数据进行分析,吸取教训,总结过程试点的经验,修订过程规范。通过各种方式征求大家的意见,最终形成改进后的过程规范。

（9）过程改进成果推广。将改进后的过程规范,向组织推广,扩大其应用范围,包括必要充分的培训、指导和监控。

9.7.5　软件过程改进的自动化实现

SPI 自动化主要借助工具集来实现。在这方面,业界已取得比较好的成绩,如由科学院软件研究所研发的"软件过程服务技术及集成管理系统"是 SQA、SPI 等领域研究成果的结晶,荣获 2005 年度国家科技进步二等奖。下面通过惠普印度软件研发中心开发的 TOSSP 软件工具集说明 SPI 的自动化实现。

可信任的、安全的组织标准化软件过程（Trusted Organization Standard Software Process,TOSSP）工具集是一种用于管理、规范和优化软件研发过程的方法和软件项目流程,能够提高工作效率、减少产品的缺陷率、提高产品的品质。而 CMMI-PBO/TOSSP 工具是针对 CMMI 通用目标和特定目标集成的、基于 WEB 管理环境的工具集,结合了 CMMI 连续式模型、阶段式模型两种视图、4 大类型文档,适用于 CMM/CMMI 各个级别,涵盖了 CMM/CMMI 近 20 个过程域,如图 9-15 所示。TOSSP 工具能为组织软件研发过程改进提供了丰富的规范、政策、流程、模板（template）、检查表（checklist）,可以为用户设计、制定相应规则、模板和管理方法等节省大量的时间。

图 9-15　TOSSP 软件过程系统的内容和层次结构

1. TOSSP 工具可以帮助防止下列问题

（1）缺乏项目可见度——关于项目状态、问题、风险、完成等情况的信息,不仅难以获得,并且已获得的信息常常也是不可靠的。

（2）无法进行项目沟通和协调（如无法及时通知到所有相关人员）。

（3）低效率的项目管理——为了给领导者或客户收集整理项目信息，浪费了大量的时间和精力。

（4）不连贯的任务管理——任务经理往往以自己的方式管理这些任务，不同的任务经理有不同的管理方式和方法。

（5）不正常的项目团队——团队成员在黑暗中摸索，意外情况容易发生。

（6）散乱无序的项目记录和信息。

2. TOSSP 工具在过程管理中的优势

（1）单点输入。

（2）任何地方、任何时间访问。

（3）广泛的项目可见性。

（4）项目的原始信息。

（5）可管理的视图。

（6）一致的工具集。

（7）方便的协作与信息交换。

（8）简单。

（9）最佳实践。

（10）统一的、方便使用的和安全的项目信息。

3. CMMI-PBO/TOSSP 系统的关键特性

（1）项目计划仓库，易于理解、方便使用、管理与维护。

（2）对项目中问题、变化和风险的集成输入与跟踪。

（3）全面的沟通能力，包括消息、讨论、论坛、新闻、通知、公告、广播信息等。

（4）文档仓库，可存储项目文档和需要审批的文档的审批。

（5）记录保存，包括项目经理日志和项目笔记等。

（6）团队框架，支持客户和合同商的时间进度报告和开支报告。

（7）预算和开支跟踪。

（8）状态报告，可定义提交报告的计划，其向导功能可以帮助生成报告、发送报告到相关人员和管理审批，甚至可以向报告作者反馈绩效评价。

（9）联系人数据库，包括项目组成员以及所有相关人员等。

（10）集中的项目信息仓库，简化项目监督和项目信息的交流，人员可以方便地查看原始的项目信息。

（11）基于角色的访问，对于项目中的敏感或重要信息可以有选择地提供访问权限。

4. CMMI-PBO/TOSSP 过程管理系统的核心部分

（1）模板文档（template）提供了在过程实施中涉及文档的格式和样例，使得项目过程涉及文档的编写更加规范和方便。同时，对过程文档提供了一致的支持，从而提高了组织实施项目过程的能力。

（2）准则规定文档（guideline）描述了在项目过程中需要遵循的指导准则和策略，使得过程的实施有章可循。同时，对过程文档提供了良好的支持，并能很好地协助过程的实施，提高了组织实施过程的能力。

（3）检查表（checklist）提供了用于核查过程实施和过程产生文档的检查项表单。这使得过程的核查活动更加规范化，从而有效地辅助组织过程的实施。这些检查列表文档有助于 SQA 核查过程和更有效地发现文档中存在的问题，同时对其他组织成员自查也有很好的参考作用。

（4）过程文档描述了一个过程中所采用的策略、目标、进入标准、角色、过程描述、过程描述流程图、输出、测量、裁剪和 QA 活动。这些过程文档的详细描述对于项目实施过程具有很大的参考价值。

（5）工具：PBO/TOSSP Portal，IPM Tool，Audit Tool，QA Tool，LC Tool，Skill DB，Training Tool，Verification Tool，Metrics Tool，RCA Tool，Process Feedback Tool。

9.8 小　　结

1. 软件过程剪裁。过程剪裁就是去掉不合适的流程、方法和规则，增加一些新的内容，形成自定义的、更适合组织自身需要的或当前项目需要的过程。针对 3 种软件开发组织类型，介绍了软件过程的不同特点和相应的剪裁需求，和两种基本的剪裁目的——内部过程改进和建立评估基线。

CMMI 模型为了保持兼容性以获得更多的支持，采用了两种表示法——连续式表示法和阶段式表示法。连续式表示模型的剪裁，是针对单个或有限的几个过程域进行，而且其关注点是如何评估和改进组织的过程能力。

2. 软件过程度量。着重介绍了以下 3 方面内容。

（1）软件过程能力度量。

（2）软件过程性能的度量。

（3）过程效率度量和质量度量的有机结合。

并介绍了过程度量的流程、方法以及过程度量的分析性技术和基准性技术。

3. 软件过程评估。软件过程评估的目的是对当前组织内部所运行的软件过程能力、性能等状态进行准确的、客观的描述，试图发现当前过程实施的特点，标识出其中的强项与弱项，并给出过程改进的建议或行动计划。在这一部分，主要介绍软件过程评估的目标和期望、内容和范围、评估方法、3 类评估类型和多种评估方式。在这一部分，还详细介绍了软件过程评估的参考模型 ISO/IEC 15504、CMM/CMMI、Bootstrap 和 Trillium。

4. 软件过程改进。介绍了 4 种过程改进模型和方法——质量改进范例、IDEAL 模型、Raytheon 方法和 6 Sigma 方法，并详细介绍了组织和技术的革新、过程改进的实施原则和策略、过程改进的组织支持、过程改进计划和具体实施步骤、过程改进的自动化实现。

9.9　习　　题

1. 举例说明软件过程剪裁的具体操作过程。
2. 说明软件过程能力度量和软件过程性能度量有什么不同？各举出一个例子。
3. 是否知道其他一些软件过程度量的方法？
4. 全面比较过程改进的 IDEAL 模型和 6 Sigma 中 DMADV 方法的共同点和不同点。
5. 针对一个熟悉的软件公司，设计一个软件评估和改进的实施方案。

第10章

软件过程的管理实践

选择一个合适的生命周期模型对于任何软件项目的成功都是至关重要的。大量项目严重拖延、产品迟迟不能交付,究其根本原因往往是与错误运用了生命周期模型有关,这其中就包括存在明显缺陷的瀑布模型所引起的误区,虽然 70 年代提出的瀑布模型多年来一直被我们的软件工程教育奉为经典来传授。与之不同是,新的过程方法论,不论轻型、重型,还是 XP、RUP 或者 TSP,无一例外地都主张采用能显著减少风险的迭代演进式生命周期模型。

另外一方面,也不存在一种通用的或一成不变的适合软件开发和维护所有项目的软件过程模型。在组织软件过程中,存在不同的企业文化和业务环境、不同的层次和规模、不同的技术架构和产品类型、不同的资源和能力等因素制约,需要根据不同的项目、不同时期来选择和运用不同的过程模型和方法。

IBM 公司、微软公司、Thoughtworks 和其他著名的软件公司已经做了有意义的探索,获得了成功。在这一章,我们将通过他们所获得的成果来进一步阐述软件过程管理的实践。

10.1 IBM-Rational 业务驱动开发的过程管理

IBM-Rational 建立了以用例驱动(use case driven)、以体系结构为中心(architecture-centric)的迭代和增量的软件开发过程——Rational 统一过程(Rational Unify Process,RUP)。RUP 定义了一系列的过程元素(如角色、活动和产物),通过适当的组合能够帮助软件开发组织有效地管理软件过程。

10.1.1 RUP 的迭代过程

随着时间动态组织过程,把软件的生存期划分为一些周期,每个周期都影响新一代产品。在系统的整个开发生命周期内共有以下 4 个阶段。

(1) 初始阶段,也称先启阶段(inception phase)。

(2) 细化阶段,也称精化阶段(elaboration phase)。

(3) 构造阶段(construction phase)。

(4) 交付阶段,也称转化阶段、产品化阶段(transition phase)。

随着时间的推移,每个阶段所注重的焦点在不断发生变化,而且无论是整个软件阶段还是每个子阶段,都是通过不断迭代来完成新的任务。

1. 初始阶段

初始阶段的目标是为系统建立商业用例,包括识别所有用例并描述一些有意义的用例,确定项目的边界。为了达到这些目标,必须找出所有与系统交互的外部实体,并在较高的层次上定义这些交互的特性。初始阶段的主要成果如下。

(1) 前景文档:对核心项目要求、关键性质、主要限制的一般性的前景说明。

(2) 初始的项目术语表。

(3) 初始的用例模型(完成 10%～20%)和商业用例。

(4) 项目规划,其中明确各个阶段及其迭代,一个或多个原型。

(5) 初始的风险评估和商业模型,包括商业环境、验收规范以及成本预测。

初始阶段——生命周期第一个里程碑被评估的准则如下。

(1) 相关共同利益者对项目范围定义和成本/进度估计达成共识。

(2) 通过主要的用例将需求无二义地表达出来。

(3) 成本/进度估计、优先级、风险和开发过程的可信度。

(4) 开发出来的体系结构原型的深度和广度。

2. 细化阶段

细化阶段是 4 个阶段中最关键的阶段,从低风险的运作到高成本、高风险运作的过渡,其目标是分析问题领域以建立一个健全的体系结构基础,编制项目规划,消除项目中风险最高的元素。为了达到这些目标,必须对系统有一个广泛的认识。体系结构的决策必须建立在对要开发的软件系统的完整而正确理解的基础上,包括系统的范围、主要功能和非功能需求等。

尽管过程必须能够适应不断的变化,但是细化阶段的活动必须保证体系结构、需求和规划有足够的稳定性,充分降低风险,从而才能够预算出整个开发过程的成本和进度。在细化阶段,根据项目的目标、范围和创新性,可能在一个或多个迭代中,建立一个符合在初始阶段已识别用例的、可行的体系结构。一旦确定了体系结构,也基本揭示了项目潜在的主要技术风险。虽然细化阶段的目标是为产品及其构件建立一个不断演化的原型,但也不排除开发一个或多个抛弃型的原型,先给客户或最终用户演示,来降低某些风险。

细化阶段的成果如下。

(1) 用例模型(至少完成 80%)。识别出了所有的用例、角色及其主要描述。

(2) 一些增加的需求,包括非功能性需求以及任何与特定用例无关的需求。

(3) 可执行的体系结构原型及其描述。

(4) 修订后的风险表和商业用例、开发用例,指定要使用的过程。

(5) 整个项目的开发计划,包括策略、进度、预算、迭代过程以及相应的评估准则。

(6) 初步的用户手册(可选)。

细化阶段被评估的准则如下。

(1) 产品的前景是否稳定? 体系结构是否稳定?

(2) 可执行的演示是否强调了主要的风险元素,并得到解决?

（3）构造阶段的规划是否已经足够详细和准确，是否有可信度的评估支持？

（4）如果用当前的计划来开发整个系统，包括使用已定义的体系结构，是否所有相关共同利益者对此都达成一致？

3. 构造阶段

构造阶段是执行的过程，将初始阶段和细化阶段建立的商业用例和体系结构转化为实实在在的产品，包括开发所有剩余的构件和应用部件并进行测试、集成。构造阶段的重点是管理资源、控制运作、优化成本、进度和质量。

对于许多大规模的项目采用并行方式进行开发，可以显著加速开发速度，但同时也增加了资源管理和工作流同步的复杂性。健壮的体系结构和易于理解的规划有助于解决问题，这也就是为什么 RUP 强调"以体系结构为中心、细化阶段是 4 个阶段中最关键的阶段"，因为体系结构是最重要的一个质量因素。

构造阶段是为软件产品提供初始运行能力，其成果是一个可以提交给最终用户使用的产品，这个版本通常叫做 β 版，至少应该包括：

（1）在特定平台上集成的软件产品。

（2）用户手册和对当前版本的描述。

构造阶段的评估准则如下。

（1）这个产品版本是否足够稳定和成熟，可以在用户群中发布吗？

（2）是否所有相关共同利益者都同意产品的发布？

（3）实际的资源支出和计划的支出的比值是否仍然可接受？

4. 交付阶段

交付阶段的目的是把软件产品交付给用户。一旦产品提交给最终用户，通常会产生新的要求，如客户报告的问题需要修正、功能增强而要开发新的版本等。交付阶段的主要工作如下。

（1）β 版测试，确认新系统达到用户的预期。

（2）与被取代的旧系统并行操作，以及功能性数据库的转换。

（3）用户和维护人员培训。

（4）向市场、分销商和销售人员进行新产品的展示。

交付阶段侧重向用户提交软件的活动，包括几个典型的迭代，如 β 版本、通用版本以及对用户反馈作出响应等。用户反馈主要限于产品调整、配置、安装和可用性等问题上。这一阶段由于产品的不同，评估准则可以非常简单，也可能极其复杂。交付阶段的评估准则如下。

（1）用户是否满意？

（2）是否能够接受实际的和计划的资源支出比例？

5. 迭代

RUP 中的每个阶段都可以进一步分解为迭代。迭代是一个完整的循环过程，构成二维空间，如图 10-1 所示。

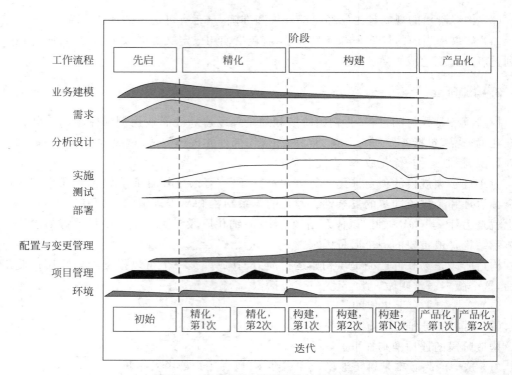

图 10-1　软件 RUP 模型迭代过程示意图

（1）水平轴代表时间，显示了过程动态的一面，是用周期（cycle）、阶段（phase）、迭代（iteration）、里程碑（milestone）等术语来描述的。

（2）垂直轴代表过程静态的一面，是用活动（activity）、产品（artifact）和工作流（workflow）描述的。

10.1.2　提高过程的适应性

随着项目规模的不断增长、分布范围变得更广，软件开发组织需使用更复杂的技术，软件开发过程拥有更多数量的相关利益者，需要遵循更严格的标准和更多的原则。同时，软件组织不得不定义更多的过程、开发更详细的文档，并且为了与实际过程改进保持同步而文档的维护工作量很大。

在项目开始时，有很多不确定因素，希望有更多创造性来开发业务需求和用例、设计体系结构，但更多的过程往往导致较少的创造性，所以不确定性越高，使用过程应该越少。在项目后期，往往要引入更多控制机制来消除相关风险，也就是在项目后期使用较多过程，增强控制、减少创造性。

所有上述的问题或条件，无论对软件组织的开发效率，还是对软件产品的质量，都是不利的。而使用 RUP 迭代过程可以实现软件开发的自适应管理，通过在每次迭代发布递增的用户价值获得反馈，从而在早期就能消减风险、提高对开发周期和质量的可预测性，并获得相关利益者更高的信任。

驱动过程改进的因素很多，包括项目规模、团队分布、技术复杂度、相关利益者数量、灵活性需求以及在项目生命周期中所处的位置、需要何种规范程度的过程。随着项目生命周期中不确定因素的减少,精确性和形式化程度不断加深,使过程逐渐适应于项目团队的规模和分布、适应于项目应用复杂性和灵活性的需要,软件过程得到了改进。

(1) 在项目的早期,不确定性很大的时候,计划和相关的估计应集中于全景的计划和估计,早期开发活动的目标应是找出不确定性,在计划中逐渐提高精确性。

(2) 把项目划分为一组迭代过程以交付产品的增量价值来获得早期的、连续的用户反馈。在每次迭代中,逐步完成软件产品优先要实现的部分,不断接近最终方案的产品。每次发布,使得用户和其他相关利益者更快地见到或使用软件产品,从而做出快速的反馈。

(3) 利用演示和反馈来调整开发计划。集中于测试结果并向不同相关利益者演示工作产品,使他们可以评估软件开发进展。根据评估信息,更新项目计划并为下一次迭代制定更详细的计划。

(4) 包含并管理变更。现在的应用程序过于复杂,以致无法一次就能对需求、设计、实现和测试工作进行妥善而全面的安排。取而代之,最有效的应用程序开发方法包含了不可避免的变更。通过早期和连续的反馈,了解如何改进应用程序,而迭代的方法则提供了逐渐实现这些变更的机会。所有这些变更需要通过合适的过程和工具来有效地管理,而不影响创造性。

(5) 在生命周期尽早发现关键风险,必须尽早地指出业务、设计和技术上的主要风险,通过不断评估所面对的风险,并在下一次迭代中消除或减少已知的风险。同步的测试和验证是减少风险的重要手段之一。

10.1.3　需求开发和质量改进

如果在项目开始时就详细定义和记录需求并强制相关利益者接受这些需求,随后的需求变更需要经多方协商达成一致而被接受,其结果就是,任何一次需求的变更都将增加项目开发的时间和成本。由于一开始就锁定了需求,降低了使用已有资源的能力,迫使软件开发者进行更多的定制化开发。

开发用户的需求是软件产品开发成功的最基础工作之一,RUP 的迭代开发模式描述了如何启发、组织所需要的功能和约束,以及如何通过用例、场景表达商业需求和交流等,能帮助软件组织开发用户的需求,使应用程序与用户需求连接起来,获得最佳的业务价值。

1. 定义并理解业务过程和用户需求

项目组并不需要攻克需求清单中每一个元素,而应该做的是理解业务过程,并确认相关利益者需求的优先级。根据客户需求和软件功能的映射关系,从而由需求的优先级来决定软件功能迭代开发的先后次序。如果让客户或客户代表参与进来,更好地保证软件开发组织和客户对需求的理解是一致的,并能改善需求定义和优先级的排序。

2. 区分项目,需求与软件能力的优先次序

围绕相关利益者的需求来展开软件开发活动。例如,利用用例开发和以用户为中心的设计,软件的开发过程应该能适应业务的变化和需求的更深入理解。

3. 尽早地并且不断地测试

迭代开发的主要优势之一是使尽早地并且不断地测试成为可能。软件在每次迭代中被构建出来,可以保持同步的测试。随着不断地迭代,测试也不断地被展开。

4. 资源的复用

多数客户希望应用程序可以完全实现所想要的功能,同时希望周期很短、成本最低。这种理想情况很难出现,因为存在着矛盾。例如,如果使用通用化的商业软件,可以很快获得、成本也很低,但不是所有的功能都是用户想要的,而用户需要的一些功能又不存在,需求没能得到完全的满足。反过来,如果一个公司决定一切都由自己来开发,从底层开始构建一个应用软件,可能会完整实现所有需求,但是成本和开发周期远远超过前者,很不合算。

应用程序、服务、可复用组件和模式都可以看做是资产,但需要识别哪些资产是可用的,更需要了解哪些资产的复用可能会导致更低的项目成本,从而可以平衡资产复用和相关利益者的需求。通过验证的资产的复用,一般会提高新软件的质量,但有时又不得不牺牲资产复用而精确地实现最终用户的需求,因为可复用组件通用性高,缺乏个性,难以100%实现某些需求。因此,需要不断地平衡资产复用和相关利益者需求变化。

5. 整个团队在整个过程中关注质量

提高质量不是简单地"满足用户的需求和期望",而是需要不断地细化衡量产品质量的方法和标准,并不断完善软件开发团队为实现高质量的软件产品所必需的流程和实践。所以,保证高质量不能仅仅依靠测试团队或质量团队,而是需要整个团队在软件开发的整个过程中关注质量,如系统分析和设计人员需确定测试需求和确保这些需求的可测性。

鼓励所有团队成员不断寻找改进的机会,要求在每次迭代和每个项目最后作一个评估来获得经验,并把这些经验用于过程改进。

10.1.4　架构设计和组件复用

软件开发的主要问题之一是系统的复杂度,而高层次的抽象可以大大降低复杂度并使交流变得容易,从而对软件生产力有积极的影响。一种有效降低复杂度的方法是复用已有资产——可复用的组件、已定义的开发模式和业务过程等,最突出的例子就是中间件的复用和公开源码的复用。组件复用可以从根本上降低成本和缩短开发周期,但有时需要牺牲一些功能或技术需求,比如平台支持、性能或兼容性。组件复用有如下几点。

(1)复用的问题之一是在开发时两个组件需要知道对方的存在。面向服务的架构通过提供松散的耦合模式来减轻这样的问题,即把已有的组件或继承系统地包装起来,允许其他组件或应用程序通过一个基于标准的接口动态地访问其功能,并且这种访问是独立于平台和具体实现技术的。

(2)软件开发的目标是设计、实现并验证一个架构。在项目早期,就要定义系统的架构及其关键组件、功能和接口。通过尽早地、正确地建立系统架构,使接下来的项目工作简单些,可以不断加入新的资源、组件、功能和代码。

（3）降低复杂度和改善交流的方法是利用高级工具、框架和语言。统一建模语言（UML）和快速应用语言（如EGL）提供了表达高层构建，方便了其周围的构件集成而同时隐藏了不必要的细节。设计和构建工具，可以通过向导实现从高级构件到工作代码的自动化转移，包括代码的自动产生和允许代码片段的使用，以及开发各项工作的集成环境。

（4）在逐步构建软件产品的同时，逐步建立起测试自动化以更有效地执行回归测试、维护产品质量的稳定性，更有效地实施持续集成策略，减少测试的投入。良好的设计可以保证产品的可测试性，使设计元素适应测试自动化的要求。

10.1.5　跨团队协作

跨团队协作是确保业务、开发和运作等各种团队作为一个集成的整体高效地工作的关键因素。跨团队协作有利于信息畅通以免用户需求失真，会使大家工作愉快、情绪高涨，工作潜力得到发挥，软件生产力自然得到提高。

很多复杂的软件系统需要众多的、有不同技能的相关利益者的共同参与。有时这种参与跨越了较大的空间和不同的时区，进一步增加了开发过程及其管理的复杂性。在这样的情形下，这就更需要有效的团队协作。如何进行有效的团队协作呢？有下面5种常用的方法。

（1）激励团队成员达到最好表现。自我管理团队的概念，使一个团队专注于要发布的产品，并赋予相应的责任和权利。当人们感到真正要对最终产品负责之时，就会受到极大的鼓励而尽力做好自己的工作。

（2）鼓励跨职能的合作。软件开发是一项团队工作，毋庸置疑。对于软件开发的迭代方法，更要求打破团队间的障碍，促进团队更紧密地去工作。帮助团队成员更好地理解项目的任务和远景，拓宽成员的角色职责以保证迅速变化的环境下的有效合作。

（3）提供有效的合作环境。这些环境方便了度量收集和状态报告，减少会议、简化交流、使配置管理的构建管理和日志自动化。例如，群组日历和邮件的集成系统、远程实时会议系统、文档和知识库共享系统、Wikis或集成开发环境等。

（4）集成化的跨业务、软件和运作团队间的合作。随着软件和业务效益的关系越来越紧密，让当前业务团队和将来的业务的团队、软件开发团队和支持团队、运作团队和IT基础设施团队等进行紧密合作。

（5）管理人员需要保证正确的测试计划被严格地实施，正确的资源适当地被用于建立测试件并进行需要的测试。测试人员对功能、系统和性能级的测试等负责，指导团队的其余成员理解软件质量问题。碰到质量问题时，每一个团队成员都应积极参与阐述这个问题。

10.1.6　过程实施的最佳实践

对于RUP过程的实施，除了上述讨论的RUP主要过程管理原则——理解业务过程和优先级、尽早地并且不断地测试、组件复用和跨团队协作等，还有一些具体的实践，这需要从其起始阶段、细化阶段、构建和发布阶段等3个阶段展开来阐述。

1. 起始阶段

（1）明确项目规模。了解环境及重要的需求和约束，识别系统的关键用例，从而建立项目的软件规模和边界条件。

（2）评估项目风险。在基于 RUP 的迭代演进式软件过程中，很多决策要受风险决定。要达到这个目的，开发者需要详细了解项目所面临的风险，并对如何降低或处理风险有明确的策略。

（3）制定项目计划。综合考虑和评估多个体系架构的设计方案，从而估算项目计划的关键要素——成本、进度和资源等。在这个过程中，采用模拟需求的模型形式或用于探索高风险区的初始原型来验证体系架构的可行性。而这一阶段的原型设计的具体实现应留到细化阶段和构建阶段。

（4）阶段技术评审。在评审过程中，需要审查需求是否正确？项目的规模定义、成本和进度估算是否适？估算依据是否可靠？是否已经确定所有风险以及针对每个风险的规避策略？

2. 细化阶段

在细化阶段，分析问题领域，全面理解待开发的系统并消除项目中高风险的元素，完成系统的架构设计，并为项目建立支持环境。细化阶段，可以进一步被划分为制定计划和建立基线、确定体系结构、建立支持环境、选择构件和阶段技术评审等子阶段。

通过处理体系结构方面重要的场景，建立一个已确定基线的体系结构并进行验证，以确保该体系结构可以满足用户的需求。同时，基于已确定的体系结构，评估现有的构件（构件复用）、待开发或引进的构件的集成计划，可以对开发所需的成本和时间表有一个较准确的预估。

RUP 软件建模以可视化的方式描述体系的结构和构件的行为，而 UML 正是成功进行可视化建模的基础。模型抽象的可视化有助于进行不同方面的沟通，可隐藏细节，使用图形化的基本模块来写代码，保证各部件与代码一致、维护设计和实现的一致性。

阶段评审是重要的，对系统的目标和范围、体系结构的选择以及主要风险的解决方案进行多方的仔细评审。在技术评审中，除了上述评估准则之外，还要考虑可执行原型是否表明已经找到了所有主要的风险元素，并且得到妥善解决？构建阶段的迭代计划是否足够详细和有效，是否有可靠的估算支持，可以保证工作按时完成？

3. 构建和发布阶段

构建阶段希望通过优化资源和避免不必要的报废和返工，使开发成本降到最低。RUP可以帮助基于可靠性、功能、应用性能和系统性能的需求对软件的质量进行规划、设计、实现、执行和评估。

对变更进行管理的能力确保每个变化都是可接受的，而在变更不可避免的环境中，跟踪变更的能力是最根本的。RUP 描述了如何控制、跟踪和监视软件制品（如模型、代码、文档等）的变更，从而隔离来自其他工作空间的变更，为每个开发人员建立安全的工作空间，保证迭代开发过程的成功。

交付阶段的重点是确保软件对最终用户是可用的，而主要任务就是进行 β 版测试，制作产品发布版本；对最终用户支持文档定稿；按用户的需求确认新系统；培训用户和维护人员；获得用户对当前版本的反馈，基于反馈调整产品，如进行调试、性能或可用性的增强等。

10.2　微软公司的软件开发过程模式

微软解决方案框架（Microsoft Solution Frame，MSF）是基于一套制定好的原理、模型、准则、概念、指南而形成的一种成熟的、系统的软件项目规划、构建和部署的软件过程管理指导体系。MSF之所以被称为框架，是由灵活性和可伸缩性决定的，只提供指导，而不会强迫实施很多限制性的细节，从而使其适应不同规模和复杂性的项目过程管理要求。

10.2.1　MSF的过程模型

MSF过程模型把来自传统的瀑布模型和螺旋模型的概念结合起来，即把瀑布模型基于里程碑规划的优势与螺旋模型不断增加的、迭代的项目交付内容的长处融合在一起，将软件开发的周期分为5个阶段——预想、计划、开发、稳定和部署，并形成不断螺旋式上升的规划、开发和部署的软件过程，如图10-2所示。

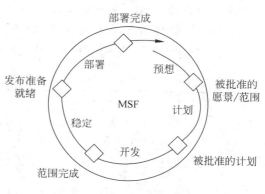

图 10-2　MSF 过程模型

1. 预想和构思阶段

首先形成产品概念并展开讨论，产品概念越来越清楚，引起公司管理层的兴趣，其可行性得到了批准后，项目组开始集中起来定义产品。愿景描述来自产品经理以及各产品单元的程序经理对未来产品的市场营销设想，包括对竞争对手产品的分析以及对未来版本的规划。愿景描述文档清晰地阐明了产品或服务的最终目标，并提供了明确的方向。这个阶段的里程碑是"产品的愿景和范围"被批准。

表10-1描述了预想阶段的各种角色及其相应的任务，而该阶段应提交的成果项包括：

（1）愿景/范围说明书（vision/scope document）。

（2）风险评估说明书（risk assessment document）。

（3）项目组织结构说明书（project structure document）。

表 10-1　预想和构思阶段的角色和任务

角　　色	任　　务
产品管理	负责全面工作，确认用户需求，编写愿景/范围说明书。
程序管理	负责设计工作，概念设计，项目组织结构。
开发	开发系统原型，技术选型，可行性分析。
用户体验	收集用户在使用方面的需求和建议。
测试	制定测试策略，建立测试标准。
发布管理	运营和支持，建立运营标准。

2. 计划阶段

开始制定项目的计划,包括软件产品功能的定义、每种角色职能组的计划组合和时间进度安排。根据功能定义可以了解有关产品的细节情况以确定需要的资源、作出承诺。在项目设计核准里程碑上,客户和项目组在要交付的内容及如何进行构建上达成一致。这是一个重新评估风险、建立优先级、对进度和资源调配情况做最终估计的重要机会。这个阶段的里程碑是"项目计划得到批准"。

表 10-2 描述了计划阶段的各种角色及其相应的任务,而该阶段应提交的成果项包括:

(1) 设计目标和功能说明书(functional specification)。

(2) 风险管理计划(risk management plan)。

(3) 项目总体计划书,包括总体进度表(master project plan)。

(4) 接口标准、初步的测试计划和可用性问题清单(usability list)等。

表 10-2　计划阶段的角色及其任务

角　　色	任　　务
产品管理	概念设计,业务需求分析,沟通计划
程序管理	概念设计和逻辑设计,功能说明书,项目总体计划书和进度表、预算
开发	技术验证,逻辑和物理设计,开发计划/进度表、开发预算
用户体验	编写使用情景/用例、用户需求、本地化/易用性需求、用户文档、培训计划/进度表
测试	设计论证,测试需求说明书,测试计划/进度表
发布管理	设计论证,运营需求,发布计划/进度表

功能说明书定义出新的或增加的产品特性,并对其赋以不同的优先级。说明文件只是产品特性的一个预备性概览;从开始开发到项目完成,其变化不大,变化控制在 20% ～ 30%。越到开发后期,变化越小,控制也越严格。

3. 开发阶段

根据功能说明书和相关的项目计划,建立软件开发的基准线。开发组设置了一系列内部交付的里程碑,每个内部里程碑都要经过全部的测试、诊断、排错的过程。在这一阶段,用户和项目组一起评估产品的功能,验证产品过渡和支持计划。同样在这个里程碑上,所有新功能的开发都已经结束。这个阶段的里程碑是"范围完成/第一次使用",即所需功能的开发已经结束,而推迟开发的功能被记录下来作为下一个产品版本的参考。

表 10-3 描述了开发阶段的各种角色及其相应的任务,而该阶段应提交的成果项包括:

(1) 源代码和可执行程序(source code and executables)。

(2) 安装脚本和用于发布的配置信息(installation scripts and configuration settings for deployment)。

(3) 已冻结的功能说明书(frozen functional specification)。

(4) 关于产品使用的支持要素(performance support elements)。

(5) 测试说明书和测试用例(test specifications and test cases)。

表 10-3 开发阶段的角色及其任务

角 色	任 务
产品管理	客户期望管理
程序管理	管理功能说明书,项目跟踪,更新项目计划
开发	代码编写,基础架构开发,编写配置计划
用户体验	培训,更新培训计划,可用性测试,图形界面设计
测试	功能测试,问题确认,文档测试,更新测试计划
发布管理	发布清单,更新发布清单和发布计划,现场准备清单

4. 稳定阶段

测试工作是伴随着代码开发工作进行的,但在稳定阶段,因为集中注意力于寻找错误和修改错误,所以测试活动成为主要的工作,所以,稳定阶段集中于广泛的内部与外部测试。这个阶段的里程碑是"可发布版本准备就绪"。

表 10-4 描述了稳定阶段的各种角色及其相应的任务,而该阶段应提交的成果项包括:

(1) 黄金版本(golden release)。

(2) 版本注释(release notes)。

(3) 更完善的关于产品使用的支持要素。

(4) 测试结果和测试工具(test results and test tools)。

(5) 更完善的源代码和可执行程序。

(6) 项目文档(project documents)。

(7) 里程碑评审记录(milestone review)。

表 10-4 稳定性阶段的角色及其任务

角 色	任 务
产品管理	执行沟通计划,制定执行计划
程序管理	项目跟踪,缺陷(bug)优先级确定
开发	bug 修正,代码优化
用户体验	稳定与用户使用相关的资源,培训资源
测试	测试,bug 报告和 bug 状态,系统配置状态
发布管理	先导(pilot)版本和安装和支持,发布计划,运营和支持人员培训

5. 发布阶段

在发布阶段,产品将正式转交给操作和支持组。通常情况下,项目组或者开始下一个版本的产品开发,或者被拆散加入其他的项目开发组。表 10-5 描述了发布阶段的各种角色及其相应的任务,而该阶段应提交的成果项包括:

(1) 运营和支持信息系统(operation and support information systems)。

(2) 程序和过程(procedures and processes)。

(3) 知识库、报告和日志(knowledges bases,reports and logbooks)。

(4) 文档库,包含项目过程中产生的所有版本的文档、资源和代码(documentation repository)。

（5）项目总结报告（project close-out report）。

（6）所有项目文档的最终版本（final versions of all project documents）。

（7）客户/用户满意度调查数据（customer/user satisfaction data）。

（8）下一步的工作计划（definition of next steps）。

表 10-5　发布阶段的角色及其任务

角　　色	任　　务
产品管理	客户反馈、评估、总结
程序管理	解决方案/范围比较，稳定管理
开发	问题解决，技术调整
用户体验	培训及其进度管理
测试	和用户共同测试，问题处理
发布管理	现场发布管理，变更确认

10.2.2　MSF 的团队模型

与 MSF 过程模型密切相关的是 MSF 团队模型，因为过程中每个里程碑或每个目标的实现都需要相关的、不同技能及知识领域的应用，这些都由相应的团队角色来承担。建立团队模型来描述团队的构成、角色的责任和任务、角色之间的关系。在 MSF 团队模型中，共有 6 种基本角色，即程序管理、开发、测试、发布管理、用户体验和产品管理。这些角色与实现特定的关键质量目标有直接的关系，而关键质量目标能否达到是项目成功的标志。所以，MSF 团队模型的核心是技术项目必须符合各种利益相关人的需求。

MSF 团队模型是用于被赋予权力的软件团队工作和技术项目之间的最佳组合，其重点是达到各项质量目标。反过来，质量目标会定义和推动团队进行工作。团队模型，最终被应用到 MSF 过程模型里，以概括活动并创建团队所要生产的具体交付内容，如表 10-6 所述。

表 10-6　MSF 团队角色与关键质量目标、职能领域及职责

角色群	关键质量目标	职能领域	职　　责
产品管理	满足客户或提高客户满意度	市场开发 业务价值 客户拥护 产品计划	（1）在项目组中扮演客户代言人的角色。 （2）驱动共同的项目和方案设想、确保项目组成员对项目愿景和项目范围的正确的、一致的理解。 （3）管理客户的需求定义。 （4）开发、管理和提供业务案例或用例说明。 （5）管理客户的期望或预期目标。 （6）控制产品特性和开发周期之间的关系，包括驱动产品特征、日程表、资源权衡决策。 （7）管理市场开发、产品宣传和公共关系
程序经理	在项目约束内的交付，即在有限的时间和资源条件下开发产品	项目管理 解决方案体系结构 过程保证 管理服务	（1）驱动开发过程以期按时的交付产品。 （2）管理产品范围和产品特性说明。 （3）推动项目组内的交流和讨论。 （4）管理产品开发进度和报告项目状态。 （5）控制项目开发中关键的取舍和决策。 （6）驱使和管理风险评估和风险管理

续表

角色群	关键质量目标	职能领域	职 责
开发	对产品规范的交付，即严格依据用户的业务需求和产品功能说明书创建解决方案、开发产品	技术咨询 实现的构架和设计 应用程序开发 基础结构开发	（1）完成产品特性的物理设计。（2）估算完成产品功能特性所需的时间和精力。（3）确保每一个产品特性在规定的时间内完成。（4）支持、维护产品的部署和使用。（5）为小组提供技术主题的专门知识
测试	充分测试、发现和跟踪所有产品质量事宜	测试规划 测试工程 测试报告	（1）制定测试策略和测试计划。（2）执行测试、确保产品的所有特性经过了严格的测试。（3）向项目组提供翔实、准确的测试报告
用户体验	增强产品的可用性、提高用户效率	技术交流 培训 可用性 用户界面设计 国际化 易用性	（1）在项目组中扮演用户角色。（2）在用户界面、系统操作性等方面提供反馈或修改意见。（3）参与系统设计规格说明书的制定和审查。（4）驱动可用性和用户性能增效的权衡决策。（5）为用户提供帮助和培训
发布经理	进行平滑的部署及日常运行	基础结构 支持 操作 业务发布管理	（1）代表项目组协调产品的市场、运营、支持、发布渠道等的工作。（2）项目组的后勤和基础设施管理。（3）管理产品发布事宜。（4）参与、管理和支持相关的项目决策过程。（5）管理产品的认证或许可模式，创建并分发产品的序列号，许可协议等

要注意的是，一个角色不同于一个人——多个人员可以担当一个角色，或者一个人可担当多个角色。例如，当模型进行剪裁以适应小型项目的时候，一个人可以担任"程序管理"和"发布管理"两个角色，而另外一个人可以担任"用户体验"和"产品管理"两个角色。MSF团队模型还强调一点，所有的质量目标都应该在团队里体现出来，而且项目的相关利益者都应该知道谁在负责哪项具体的质量目标。

MSF团队模型也解释了通过6种基本角色如何组合以应用于扩大团队规模来支持大型项目，即MSF团队模型定义了两种类型的子团队。

（1）职能团队是由职能角色组织起来的单领域子团队。开发角色常常有一个或者多个职能团队来承担。

（2）特性团队是跨专业的子团队，把主要精力放在构建解决案的特定特性或者能力上。

MSF组队模型的基本原则如下。
- 小型的、多元化的项目组。
- 大型项目组要被合理分解为两种基本的子团队，要像小型项目组一样运转。
- 角色依赖和职责共享。
- 精湛的专业技术水平和业务技能。
- 以产品发布为中心，并分享产品的前景。
- 明确的目标，并寻求客户的主动参与。

- 共同管理,共同决策,所有人都参与设计。
- 认真从过去的项目中吸取经验。
- 项目组成员在同一地点办公。

10.2.3 MSF 过程模型的特点和原则

MSF 过程模型以阶段和里程碑为基础,每个阶段要完成相关交付内容的特定活动,并以到达里程碑为结束标志。里程碑是项目检查控制点,以确定阶段性的目标是否被完整地实现,减少最终目标实现的风险。里程碑是由目标驱动来设置,使项目在里程碑这一点达到一致的结果或同时启动一个新阶段,成为项目的同步点。里程碑,可以分为多层次,即有主要里程碑,也有子里程碑;有固定的(过程定义的)里程碑,也有临时的里程碑。

1. MSF 过程模型的特点

(1) 目标驱动而非任务驱动。

(2) 外部可见的里程碑。

(3) 应提交项的变更管理。

(4) 递进的版本发布策略。

(5) 风险驱动的进度管理。

(6) 项目组集体参与管理产品质量。

在项目管理中,微软公司也积累了很多经验,具有很多实用性和可操作性强的特点。如在 MSF 中强调代码复审过程——程序员定期向其他人讲解自己源程序的活动。因为要向大家讲解自己的程序,程序员会更重视自己的工作进度、代码质量,而且可以互相学习程序设计思想、方法和技巧,共同提高,及时发现问题,容易维护代码,被证明是一种行之有效的方法。

在 MSF 中,还要求采用统一的版本管理服务器管理项目源程序,每个人的程序必须经另外一个程序员检查后才能登记(check in),可以减少错误的发生。坚持每日构建软件包(daily build)、实现持续集成,以减少风险。如果构建不能通过,程序员必须立即修正程序中的问题。

2. MSF 过程管理的基本原则

(1) 将大项目分成若干里程碑式的重要阶段,各阶段之间有缓冲时间,但不进行单独的产品维护。

(2) 制定计划时兼顾未来的不确定因素,使用了“缓冲时间”的概念,从而创建确定的进度表。通过缓冲时间来应付不确定的因素和意外的困难,也可以缓和及时发货与试图精确估计发货时间之间的矛盾。

(3) 根据用户行为(user behavior)和有关用户的资料确定产品特性及其优先顺序。

(4) 快速循环、递进的开发过程。

(5) 使用小型项目组并发完成工作,并设置多个同步点。

(6) 将大型项目分解成多个可管理单元,以便更快地发布产品。

（7）通过有效的风险管理减少不确定因素的影响，包括每日构建产品和快速测试（Build Verification Test，BVT）。

（8）从产品特性开发和成本控制出发创造性地工作。

（9）建立模块化的和水平式的设计结构，并使项目结构反映产品结构的特点。

（10）用产品的前景目标和概要说明（program specification）指导项目开发工作——先基线化，后冻结。

（11）经常性的产品演示和审查（work through），避免产品走形。

（12）使用概念验证原型进行开发前的测试。

（13）靠个人负责和固定项目资源实施控制。

（14）零缺陷观念。

（15）非责难式的里程碑评审会。

10.2.4　MSF 过程模型的应用

MSF 过程模型的应用比较强调企业文化，在企业文化指导下，可以提供比较宽松的软件过程环境，同时，软件过程的执行效率也会比较高。

1. 为共同的愿景而工作

愿景是描述业务的发展方向以及实现其业务价值的总体解决方案，而所有优秀的团队都有一个明确的和不断提升的愿景，因为拥有一个长期和不受限制的愿景会激励团队克服其对不确定性的畏惧感，专注于事情当前的状态，取得应有的成果。如果没有共同的愿景，团队成员和利益相关人可能会在项目目标和解决方案的看法上产生分歧，无法形成一个具有凝聚力的团队。

在 MSF 过程模型中，强调共同愿景，而不是强调需求，一方面，可能是微软的霸主地位，能领导市场、引导客户的消费或需求，另一方面，愿景是和业务紧密联系起来的，也就必然隐含着用户的各种最基本的、新的需求。容易理解的是，当所有的参与者都理解了共同愿景并为之而工作的时候，才能最大程度地调动参与者的主动性和创造性。项目的共同愿景是团队工作的基础，其建立的过程会有助于明确目标、确保所有的努力都服务于项目目标，减轻并解决可能发生的冲突和错误。

2. 推动开放式沟通

技术项目和解决方案是由人的活动来构建和交付的，而从事某个项目的团队成员都将贡献其智慧、思想和观点。完全基于消极的信息共享可能导致误解的产生，以至于削弱团队交付行之有效的解决方案的能力。受限的交流方式，最终可能导致解决方案无法满足要求。为了将成员的个人效力最大化并作出正确的决策，信息就必须随时可用且能够被积极共享，而做到这一点，就依赖于多种渠道获取该信息——开放式的沟通。随着项目规模和复杂性的增加，对开放式沟通的需求也会不断增加。

MSF 推出了一种开放式和包容式的沟通方式，并集成到了角色职责的描述里。开放式沟通会推动客户、用户和开发方等人员的积极参与，既满足了团队内部和利益所有人之间沟通的需要,同时能够符合诸如时间约束和特殊环境等条件的限制。一个畅通的信息流不仅会减少误解和无用功产生的机会,还会确保团队成员通过共享属于各自领域的信息以减少与项目有关的不确定性。

3. 赋予团队成员权力

缺乏权力的赋予不仅会扼杀成员的创造力,而且还降低团队士气,阻碍团队的快速成长。而在一个高效的团队里,所有的成员都被赋予权力以便根据各自的承诺交付任务,并且充分信任团队成员能实现各自的承诺。支持和创造这样的环境和文化可能是极具挑战性的,这需要组织的承诺。

MSF 团队模型建立在同级团队的概念以及这种团队成员所蕴含的权利赋予本质之上。被赋予权力的团队成员认定各自对项目的目标和交付内容都负有责任,接受项目风险管理和团队就绪管理的职责,因此能够预先对风险进行管理,尽最大可能确保项目成功。

创建和管理日程安排提供了另一个赋予团队权利的例子。MSF 主张从下到上日程安排方法,意味着参与项目的每个人要承诺会在什么时候完成任务,其结果就是一个能够得到团队所有成员支持的日程安排。MSF 团队成员确信,任何延迟都会在被动性发现之前被主动地报告出来,这样就让团队领导能够去扮演一个更具推动性的角色,从而在最关键的时候提供指导和帮助。对过程的监控被分布在团队里,成为一项支持性而非控制性的活动。

4. 建立清晰的职责和共同的责任

无法清晰理解项目职责和责任,常常会导致重复的工作或者交付内容的丢失;在以人为本、智力为投资的软件项目里,这往往又是项目失败的主要原因之一。而跨职能团队的成功更应具有清晰的职责和共同责任。大量的研究也表明,建立对职责和责任的充分理解会减少一系列"谁、什么、什么时候、为什么"等相关的不确定性,其结果就是使执行变得更加有效和工作回报也更高。

MSF 团队里的每个角色都代表了对项目的一种独一无二的观点。但是,对于项目成功而言,客户和其他利益相关人需要一个对项目状态、行动和当前问题等信息的权威来源。为了解决这一问题,MSF 团队模型把对各种利益相关人的清晰角色职责与整个团队的责任(成功实现高质量目标)结合起来。每个角色对于最终解决方案的质量都负有责任。同时所有的职责都要在团队的同级之间共同分担,是相互依存的。这种相互的依赖性会鼓励团队成员对直接责任区域以外的工作作出评论和贡献,以确保团队所有的知识、能力和经验能够被应用到解决方案里。

5. 关注交付业务价值

缺乏深思熟虑而匆匆忙忙就定义业务价值的项目,其持续推动力会变得模糊和不确定,从而导致行动的目的不清楚,难以获得成效,并最终失去团队、组织内部的动力,这往往可能会导致错过交付日期,或者交付无法满足客户需求的产品,或者干脆取消项目。

通过把注意力放在改进业务上,团队成员的活动将变得更有可能去做该做的事情。成功的解决方案,无论是针对组织还是个人,都必须满足一些最基本的需要,并向购买者交付价值或者利益。通过把对业务价值的关注与共同的愿景结合起来,项目团队和组织能够清晰地理解为什么项目会存在,以及如何以组织业务价值的形式来衡量成功。

MSF 团队模型主张团队的决定应该以对客户业务的充分理解,以及客户在项目过程中的积极参与为基础。产品管理和用户经验这两个角色分别代表着客户和用户对团队的主张。这些角色常常由业务和用户群的成员来承担。

6. 保持灵巧,预测变化

传统的项目管理方法和"瀑布"式的解决方案交付过程模型会假定某一层次的可预测性,在其他行业里很常见的这一规律在软件项目里却不容易。相反,交付的结果和方式都没有得到很好的理解,而探索成了项目的一部分工作。组织越是寻求将软件业务影响最大化,就越可能步入新的领域,对于新的领域不确定性就更高,随着探索和试验带来新的需要和方法,解决方案必须适应新的变化。

MSF 承认技术(软件)项目的混乱有序的特性,其中一个基本的假定就是"连续的变化应该能够被预计到,而把项目的解决方案与这些变化隔离开来几乎是不可能的"。例如,项目要求可能从一开始就很难说清楚,但随着可能性被看得越来越清楚时而项目要求会进行相当大的修改。

MSF 已经将其团队和过程模型设计成能够预计和管理变化的形式。MSF 团队模型通过在关键决策中实现所有团队角色的参与,从而加强了处理新挑战的灵巧性,确保从所有重要的角度去探索和审查这些问题。MSF 过程模型通过其构建项目交付内容的反复方法,提供了交付内容在每个发展阶段的清晰状况,团队能够更容易地认清任何变化的影响,并进行有效地处理,将任何负面效应降到最低。

7. 质量投资

质量是用户的满意度,或者被看做是交付、成本和功能的综合体。但无论是什么定义,质量不是在某一刻或某一个阶段中形成的,而是在整个开发生命周期中逐渐构造的。只有明确的、长期的投入,在策略、文化、过程和工具等上面的不断投资,才能有效地提高质量、确保质量真正被融入到组织所交付的产品/服务里。更为重要的是,这样的努力会营造出围绕提高质量的文化氛围,把质量融入到了组织的文化里。

MSF 团队模型要求团队里的每一个人都要对质量负起职责,同时承担起测试过程管理的角色。测试角色会鼓励团队在项目期间进行必要的投资,以确保质量水平能够满足所有利益相关人的期望。根据已建立的质量标准,对软件开发的各个里程碑进行测量、检查可以加强对质量的不断关注。

8. 学习所有的经验

如果不吸取过去的教训或不吸收过去的经验,其结果会让项目重蹈覆辙、一次又一次地失败。在资源有限、进度紧迫等情况下,花时间去学习,对于团队和利益相关人来说是很困难的,但是从一个项目获取的知识能够成为下一个项目中其他人可用的、有价值的财富,就会大大减少项目的风险性和决策的不确定性。所以,软件团队要不断捕捉、共享和积累技术与非技术的最佳实践,包括:

(1) 允许团队成员从其他人的成功和失败经验中获益。

（2）帮助团队成员再次成功。

（3）通过检查和回顾等方式使学习制度化。

这些都是非常重要的，是团队不断提高和不断成功的基础。

在 MSF 过程模型里对里程碑进行有计划的审查会帮助团队及时修正错误，避免重犯同样的错误。MSF 强调从项目成果中获取知识和经验的重要性，建议对项目进行事后分析、总结，将项目的成功之处和过程的特点记录下来，供大家学习和过程改进。在开放沟通的环境里共享从多个项目学到的知识，促进团队成员之间的互动，建立未来更好的组织愿景。

10.3　敏捷模型的软件过程管理

和 RUP 不同的是，敏捷过程模型（如极限编程——XP）弱化针对未来需求的设计而注重当前系统的简化，依赖重构来适应需求的变化；而且从用例开始，强调与用户的实时沟通、用户的参与，树立测试驱动开发理念、增强测试实施的力度，建立一个拥抱需求变化、灵活的软件过程。

因此，敏捷模型适合规模小、进度紧、需求变化大、质量要求严的项目，希望以最高的效率和质量来解决用户目前的问题，以最大的灵活性和最小的代价来满足用户未来的需求，在短期和长期利益之间获得平衡。

敏捷模型也有其局限性，不适合下列情况。

（1）中大型的项目（项目团队超过 10 人）。

（2）重构会导致大量开销的应用。

（3）需要很长的编译或者测试周期的系统。

（4）不容易进行测试的应用。

（5）团队人员异地分布的项目。

10.3.1　敏捷方法的过程模型

敏捷方法的过程模型从需求阶段的敏捷建模开始，向极限编程（eXtreme Programming，XP）推进，直至最后形成自适应软件开发的过程（Adaptive Software Development，ASD）。

1. 敏捷建模（agile modeling）的原则

（1）主张简单、轻装前进。

（2）拥抱变化，这种变化是不断递增的。

（3）可持续性，简单地说，在开发的时候就能想象到未来。

（4）项目投资产生最大的效益或回报。

（5）有目的地建模。

（6）多种模型。

（7）高质量地工作、快速反馈。

（8）软件是项目的主要目标，文档是次要的。

2. 极限编程

极限编程(XP)是敏捷方法的代表,强调软件发布版本小、周期短、速度快,其核心是迭代,通过一次次地迭代使产品不断完善,同时用户能及时得到他们想要的功能。另一方面,软件开发组织可以及时获得用户的反馈、调整产品功能特性的定义来适应用户不断变化的需求,而不至于造成在某个时刻的大规模返工——损失惨重。

在 XP 中,强调需求来自用户案例,同时测试用例的设计也是基于用户案例展开。XP 过程依然遵循"系统架构、发布计划、迭代、验收测试、版本发布"这条主线,但只有系统层次的设计,没有设立特定的详细设计阶段,而是将详细设计直接融入编程之中,在日常的编码中就穿插着所需要的小规模、低层次的设计。除此之外,极限编程强调下列一些基本观点。

(1) 编码。作为一种轻量级方法论,XP 明确放弃了系统建档和分析以外的任何外在活动,而将其视为一种相对简单、但和客户的日常沟通中发生的持续活动。文档则明确不予鼓励,而是鼓励 XP 编程人员在日常工作中倾听客户和其他编程人员的需求和意图。编码则是 XP 最主要的活动。

(2) 测试。为了确保所完成的代码能正确无误地工作,XP 提倡编写大量测试脚本来检查代码是否正确。

XP 所呈现的生命周期,如图 10-3 所示。

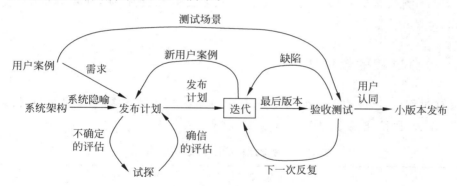

图 10-3　极限编程生命周期

3. 测试驱动开发

XP 还包括了测试驱动开发(Test-Driven Development,TDD)的思想——在编码开始之前将测试用例/脚本写好。TDD 在 XP 中,被称之为"测试第一的开发(test-first programming)",而在 RUP 中被称为"测试第一的设计(test-first design)"。强调"测试先行",使得开发人员对自己的代码要有足够的信心,同时也有勇气进行代码重构。

TDD 要求在编程之前就要将各种特定条件、使用场景等想清楚,写成测试用例、测试用例转化为测试脚本,然后再去编写代码,并要通过事先写好的测试脚本的验证。图 10-4 给出了一个 TDD 的软件过程的简单描述。

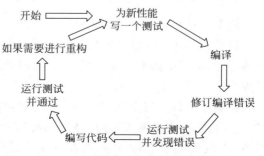

图 10-4　测试驱动开发的软件过程

如果进一步去看 TDD,我们就会发现更丰富的内容,包括客户需求卡片(Customer Requirement Card,CRC)、单元测试、结对编程、持续集成、代码重构等。对 TDD 的一个较为详细的描述,见图 10-5 所示。

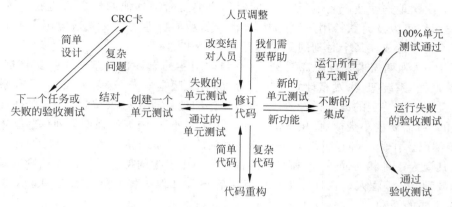

图 10-5　测试驱动开发过程的测试子过程

实施 TDD,测试自动化是一项重要的工作,同时能够清晰判断测试结果是否通过。在这方面,xUnit 测试框架做了很多的工作,因此很多实施 XP 的团队,都采用 xUnit 测试工具(如 uunit、X-Unity 等)。

10.3.2　敏捷过程的最佳实践

在敏捷过程中,已经积累了很多经验,从中总结出一些最佳实践,这些实践体现在 3 个层次——"编程、团队实践、过程"上,如表 10-7 所示。

表 10-7　敏捷过程最佳实践的层次结构

编程	简单设计、测试、重构、编码标准
团队实践	代码集体所有权、持续集成、隐喻、编码标准、每周 40 小时工作制、结对编程、小型发布
过程	现场客户、测试、计划博弈、小型发布

1. 现场客户

要求至少有一名实际的客户代表在整个项目开发周期在现场负责确定需求、回答团队问题以及编写功能验收测试用例。现场用户可以从一定程度上解决项目团队与客户沟通不畅的问题,但实施起来有些困难,可以采用有效的各种沟通方式,包括电话会议、远程网络会议等。

在实际项目实施中,要主动地、清楚地向客户介绍所采用的软件开发方法、开发阶段及其阶段性成果,以求双方理解一致、相互配合和支持。项目经理每周向客户汇报项目的进展情况、演示(半)产品,及时给客户体验获并获取客户的反馈。如果没有现场客户,可以由客户领域专家或市场销售人员来进行试用、审查已经发布的系统。对于系统的意见和发现的问题,经过多方(产品经理和技术经理)审核,进入配置管理系统,分配给开发人员进行修改。

2. 小型发布和计划博弈

软件新版本发布的时间周期短(2~3周),从而容易估计每个迭代周期的进度,便于工作量和风险的控制、及时处理用户的反馈。小型发布确实体现了敏捷方法的优点,同时,它也依赖于 XP 的其他最佳实践(测试先行、代码重构、持续集成等)实施的能力和水平。

计划博弈(planning game)要求结合项目进展和技术情况,确定下一阶段开发与发布的系统范围。但随着项目的进展,计划会进行适当调整,一成不变的计划是不存在。因此,项目团队需要控制风险、预见需求变化,从而制定有效、可行的项目计划。在实际实施时,可以按照需求的优先级来确定迭代周期,高风险的需求优先得到迭代、实现,并根据实际情况对进度和资源进行调整,以确保对风险有更好的控制。还有一些具体做法,如项目团队每天早晨举行简短的例会,由项目经理主持、听取每个成员的进度,回顾一下昨天的工作,确定当天的主要任务。

3. 系统隐喻和简单设计

和 RUP 不同的是,XP 不需要事先进行详细的架构设计,而是依据可参照和比较的类和设计模式,通过系统隐喻(system metaphor)来描述系统如何运作、以何种方式将新的功能加入到系统中去,在迭代周期中不断的细化架构。但对于大型系统,系统架构设计是至关重要的,从这一点也可以看出,XP 只适合中小型的系统。

在 XP 中,代码的设计只要满足当前功能的要求,尽可能地简单,不多也不少。传统的软件开发理念,强调设计先行,在编程之前构建一个完美的、详细的设计框架,其前提是需求稳定。而 XP 拥抱需求变化,认为需求是会经常变化的,因此设计不能一蹴而就,而是一项持续进行的过程。简单设计应满足以下几个原则。

(1) 成功执行所有的测试。

(2) 不包含重复的代码。

(3) 向所有的开发人员清晰地描述编码及其内在关系。

(4) 尽可能包含最少的类与方法。

实际实施时,系统架构设计还是不应该被忽视的,只有在得到良好设计的系统架构下,再谈简单设计的原则,项目才能获得成功。对出现的代码或细小设计的问题,可以通过对原有系统进行“代码重构”来解决。

4. 结对编程和代码集体所有权

结对编程(pair programming)是由两个开发人员以交替方式共同完成软件的某个功能或组件的代码——即一个人在写代码而另一个人在旁边观察,确保代码的正确性与可读性,并以 1 个小时或几个小时的间隔相互交换工作。

结对编程可以看做是同级评审的思想延伸,同时要求配对的开发人员在技能上相当或接近。这种编程方式有助于代码质量的提高,甚至效率的提高,但也不是唯一的可取方式。

在实施时,一些关键的程序代码可以按这种方式进行,而其他代码可以按传统方式进行,但加强代码走查和互为评审的力度。例如,每天下班前,2人一组,相互交叉审核对方的代码,发现问题及时解决。语法与规则的检查,通过一些工具自动进行,这样开发人员将审查的重点放在实现逻辑、参数传递与性能优化等方面。甚至对测试,也可以引入相同的思想,测试人员设计测试用例、相互审查对方设计的测试用例。

和传统代码控制方法相反,XP认为开发团队的每个成员都有更改代码的权利,所有的人对于全部代码负责,没有程序员对任何一个特定的模块或技术单独负责,这就是代码的集体所有权(collective ownership)。如果某个开发人员编写的代码有错误,其他人员也可以修正这个缺陷。这样,程序员不会被限制在特定的专业领域,整个团队的能力、灵活性和稳定性等都得到增强。

问题要一分为二,不能走极端,不能盲目接受"代码集体所有权"的思想,而应该在灵活性、互补性、可管理性和效率等各个方面综合考虑,既要求开发人员了解系统的架构和各个组件、其他人的代码,保证了人员的变动不会对项目的进度造成较大影响,又能进行代码存取权限的分配,保证代码有序的管理。

5. 代码规范、代码重构和持续集成

强调通过有效的、一致的代码规范(code standards)来进行沟通,尽可能减少不必要的文档,因为维护文档和产品的一致性是非常困难的一件事情。这里包含了以下双重含义。

(1)通过建立统一的代码规范,来加强开发人员之间的沟通,同时为代码走查提供了一定的标准。

(2)减少项目开发过程中的文档,XP认为代码是最好的文档。

当然,不可能用代码代替所有的文档,只是尽量消除不必要的文档,因为与规范的文档相比,代码的可读性低。

代码重构(code refactoring)是指在不改变系统行为的前提下,重新调整、优化系统的内部结构以减少复杂性、消除冗余、提高系统的灵活性和性能。重构不是XP所特有的行为,在任何的开发过程中都可能并且应该发生。在XP中,强调代码重构的作用,是对"简单设计"的补充,改善既有设计,但不是代替设计,重构也是迭代过程所必需的活动。代码重构是经常的,并要抓住代码重构的两个关键点——功能实现前后或各个迭代周期的前后。

和代码重构密切相关的是持续集成(continuous integration),持续集成提倡每日构建或每日集成、甚至一天中构建系统多次,而且随着需求的改变,要不断地进行回归测试。这样可以提高代码重构的成功率和代码的质量(即大大减少回归类型的缺陷),也可以使团队保持一个较高的开发速度。

6. 概括性总结

如果将敏捷方法的过程模型和RUP过程的4个阶段做概括性的比较,就能更好地理解敏捷方法的过程模型,如表10-8所示。

表 10-8　敏捷过程和 RUP 过程的对比

	起始阶段	细化阶段	构建阶段	交付阶段
需求	用户素材	小型发布	先行测试	测量
分析	CRC 卡片	迭代计划	任务计划、迭代编程	计划博弈
设计	系统隐喻	单元测试	重构	持续集成
实现	编码标准	简单设计	集体代码所有权	运行所有测试

10.4　面向构件的软件过程

构件作为软件系统中最基本的单位——自治单元或封装单元，成为一种软件过程语言要素，使软件开发和维护全过程的各个环节描述得到了统一。面向构件软件过程（Component -Based Software Process，CBSP）正是以构件为中心来进行软件系统的定义、设计、开发、集成和部署的特定过程模式。

10.4.1　面向构件软件过程的思想

面向构件软件过程（CBSP）思想是来自于现代的工业化生产，即将成熟的工业化生产中标准构件、组装、自动化生产线等概念引入到软件开发过程中，并吸收了软件开发的结构化方法和面向对象方法中的一些优点而形成的。CBSP 的主要思想有 5 点，其中强调迭代开发和持续集成的支持，和 RUP、XP 过程方法中相似，在此就不再叙述，下面对另外 4 点逐一做介绍。

1. 从传统的关注点分离到构件组装

传统的关注点，要么是系统纵向不同的功能和业务逻辑层次（问题领域空间），要么是系统横向不同的技术层次（解决方案空间）。而在 CBSP 中，分散这些关注点，是将问题领域空间和解决方案空间有机的结合起来，形成一种横切竖割的网状结构，如图 10-6 所示，从而产生出各种抽象的、独立的、相对稳定的软件构件，并使业务构件和服务构件得到分离。

（1）服务构件是面向对象技术的、被封装的软件单元，如控制构件、逻辑构件、运算构件、数据构件、显示构件等，是技术层次上的小粒度构件。

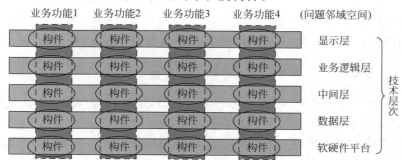

图 10-6　基于构件描述的网状软件结构

（2）业务构件是完成某一特定业务功能的软件单元，在 CBSP 中是大粒度构件，由服务构件"组装"而成。

2. 以构件为中心组织软件过程

整个 CBSP 开发过程、开发环境、团队组织、项目计划、任务分配、资源调度、过程度量和跟踪等，都可以围绕组成该系统的业务构件来展开。业务构件是软件过程的主线索，如在软件过程开始——需求分析中，其主要工作之一就是识别出业务构件，而过程最后就是业务构件的实现和验证、部署。

组成一个业务构件，可能需要多个服务构件，服务构件服从于业务构件。这一点，体现在软件系统的分析和设计中，就是基于业务构件来识别出服务构件。构件的实现也是从服务构件开始，即先设计、实现和测试服务构件，在服务构件验证通过后，组装相关的服务构件实现业务构件。典型的业务构件，由不同层次（平台、数据、逻辑、显示等）的服务构件组装而成。

3. 高度关注可复用性和软件过程知识积累

传统的软件开发主要有两种形式——定制开发和套装软件，这两种方法都有各自的优势和弱势。

（1）定制开发能满足客户的个性化需求，但开发效率很低。

（2）套装软件市场覆盖范围广、软件过程成熟、开发效率高，但不容易满足一些个性化的需求，软件产品开发受到限制、不够灵活，不宜满足市场快速的变化。

在 CBSP 中，通过软件构件接口的标准化，实现软件构件的高可复用性，能一定程度上吸收了它们的优势。

4. 高度并行的开发过程

CBSP 强调构件之间通过清晰的接口协作，通信数据又是标准化的 XML 数据，使得构件之间的耦合度比较低，这样使同时开发不同的构件成为可能，所以 CBSP 是一个可以实施的高度并行的开发过程。

10.4.2　面向构件软件过程的阶段划分

CBSP 分为如下 5 个主要阶段。

（1）需求阶段。捕获需求、识别业务构件、归纳业务构件需求。

（2）分析与高层设计阶段。分析业务构件、识别服务构件，归纳服务构件的需求并完成架构设计。

（3）并行开发与测试阶段。开发并测试服务构件，按业务构件集成服务构件并完成测试，最后构造成应用系统直至系统得到完整的验证。

（4）提交、发布与部署阶段。提交服务构件、业务构件到构件库，发布和部署应用系统。

（5）应用管理。对正在运行或使用的应用系统及其构件实施配置管理，进行变更控制和管理，包括对各种突发情况的处理和维护。

1. CBSP 的核心——工作产品

对于任何软件方法论而言,各个阶段或最终要交付的都是工作产品,所以工作产品可以看做软件过程的核心,软件过程围绕着这些工作产品的质量和开发效率而展开。CBSP 以构件为中心,强调构件的可复用性,所以更看重工作产品——构件及其构成的系统,它包含以下丰富的内容。

(1) 业务构件需求、服务构件需求。

(2) 服务构件、业务构件。

(3) 可复用业务构件、服务构件列表。

(4) 系统架构文档、业务构件设计文档。

(5) 应用系统。

2. CBSP 的主要角色

发布经理、项目经理、系统部署和维护人员等角色,和其他过程模式没有区别,下面着重介绍需求分析员、架构设计师、开发人员和测试人员、构件库管理员等角色。

(1) 需求分析员,包括领域专家,熟悉某一特定的业务领域,更好地将积累的知识最终转化为商业价值。能良好地掌握需求捕获和定义的方法和工具,并且熟悉面向构件的需求阶段的工作特点,最终将需求归纳为业务构件需求。需求分析员的主要职责如下。

- 推动和完成需求捕获工作。
- 识别业务构件,尽量保证其符合特定业务领域的惯例。
- 归纳业务构件需求、参与业务构件的评审。
- 需求归档,并参与系统级的验收测试。

(2) 架构设计师在应用系统的组织方式、构成要素及其之间关系、接口约定和运行平台等方面进行分析和决策,从而为后续开发确定了方向和框架。架构设计师的主要职责如下。

- 业务构件分析,决定服务构件需求。
- 应用架构设计,包括负责架构归档。
- 按照面向构件的思想,识别构件、确定构件接口和行为。
- 协助项目经理制定并行开发计划。

(3) 开发人员,软件设计的实现者,包括构件的开发、复用和持续集成。开发人员的主要职责如下。

- 服务构件的详细设计与实现,包括对服务构件进行单元测试。
- 实现服务构件组装而生成业务构件。
- 集成业务构件而生成应用系统。

(4) 测试人员。测试人员是相对开发人员而存在,开发人员实现服务构件、业务构件等,而测试人员则是验证这些构件是否符合规范和客户的需求,其工作也是贯穿整个软件开发生命周期。测试人员的主要职责如下。

- 对需求分析文档、设计说明书等进行审查、复审和评审等。
- 在服务构件生成业务构件中进行集成测试。
- 对软件系统进行系统测试(如功能测试、性能测试、安全性测试、验收测试等)。

（5）构件库管理员。CBSP 的焦点之一就是构件的复用,所以要设定构件库管理员,从需求阶段就参与可复用资产的分析工作,并且在后续阶段提供持续支持。构件库管理员是CBSP 的独特角色,其主要职责如下。

- 配合需求分析员、架构设计师/开发人员等进行可复用业务构件/服务构件分析、确定业务构件/服务构件需求。
- 主持服务构件和业务构件的评审、提交工作。
- 负责构件的完整性,将构件的相关文档和说明等工作产品入库。
- 构件库的日常管理和维护。

3. CBSP 的全貌

从 CBSP 各个阶段的进入条件、过程实施步骤、过程角色和作用、核心工作、退出条件等5 个方面,逐一介绍,如表 10-9 所示,从而获得 CBSP 过程的全貌。

表 10-9　CBSP 的各个阶段的描述

阶段	进入条件	步骤	过程角色	核心工作	退出条件
需求	相关资源已获取	（1）捕捉领域词汇 （2）需求捕获 （3）确定参与者和用例 （4）识别业务构件 （5）可重用资产分析 （6）确定业务构件需求	需求分析员（全部） 构件管理员（5）～(6) 项目经理	业务构件需求可重用业务构件列表	《业务构件需求》评审通过
分析与高层设计	通过评审的业务构件需求	（1）用户交互设计 （2）构件选型 （3）业务构件分析 （4）数据模型设计 （5）业务构件设计 （6）确定系统架构 （7）可重用资产分析 （8）确定服务构件的需求	UI 设计（1） 架构设计师（2）～(8) 构件管理员（7）～(8) 项目经理	系统架构文档服务构件需求可重用服务构件列表	《系统架构文档》、《服务构件需求》评审通过
并行开发与测试	《系统架构文档》、《业务构件需求》和《服务构件需求》评审通过	（1）制定并行开发设计 （2）服务构件设计与实现 （3）单元测试 （4）业务构件的实现 （5）集成测试 （6）组装应用 （7）系统测试	开发人员（1）～(5)(6) 测试人员（3）(5)(7) 项目经理	服务构件业务构件应用系统	构件、应用系统测试完成并通过
提交、发布与部署	应用系统通过测试	（1）提交服务构件、业务构件到构件库 （2）发布应用系统 （3）部署应用系统	构件库管理员发布经理系统操作人员项目经理	服务构件业务构件应用系统	应用系统通过 β 测试
应用管理	正在运行的系统	（1）初始化 （2）配置、监控 （3）出错诊断和处理 （4）升级、迁移	系统操作人员技术支持人员开发人员测试人员	服务构件业务构件正在运行的应用系统	应用系统生命周期结束

10.5　软件过程的自定义体系

　　鉴于每个软件组织,无论在所属的行业、业务类型、组织规模、成熟度等方面,还是在软件产品线结构、特点、开发平台等方面,都具有自己的特点,很难直接采用某种现成的软件过程模式(或称过程方法论、过程模型),至少要在 CMM/CMMI、RUP、MSF、XP 和 CBSP 等中间选出一个,作为组织过程的基础,然后吸收其他方法论的部分思想,这种选择也可能是艰难的。

　　软件过程的自定义体系,不仅仅是过程剪裁的问题,而是包含更丰富的内容。在软件过程剪裁之前,要做出软件过程模式的选择。基于某个特定的软件过程模式,不仅要进行过程剪裁,而且要做出调整,或和另一种模式进行组合,吸收各自的优点,形成一个适合自身组织特点的过程模式和过程规范。

10.5.1　过程模式的对比分析

　　在进行这些众多模式——CMM/CMMI、RUP、MSF、Agile 和 CBSP 的对比分析,就是要了解它们各自的特点——优势、弱势和适用范围,最后选择基本的过程元素,在它们之间进行一个综合的比较。

1. CMM/CMMI

　　(1) 一套用来评估软件组织过程成熟度的基准,阐明组织为了系统地实施软件过程改进、提高过程成熟度应该做些什么,但没有说明如何去做。

　　(2) 其目标是努力适用于所有的软件组织或项目,这样 CMM/CMMI 通用性很强,其个性就比较弱。

　　(3) 其过程域及其活动涉及到软件组织过程和软件项目过程的各个方面,但对于一个特定组织,在多数情况下没有必要采用其全部内容。

　　(4) 其实践比较适合大型软件组织或大型政府、国防等合同项目,不一定适合软件中小企业或短平快项目,或者说仅仅具有参考价值。

　　(5) CMM/CMMI 基于集中式开发,忽视了分布式开发和软件开发的层次性,包括基于架构的过程和基于构件的过程。互联网应用的成熟性和普及性,给软件的分布式开发、更细的分工等带来了足够的支持。

　　(6) CMM/CMMI 强调文档,而且主要集中在传统过程的静态文档(如设计、需求文档,合同、计划和报告等)上,但忽视了一些动态元素——迭代过程、设计模型、自动化水平、代码重构等。实际上,互联网应用的成熟性和普及性,也为实时的通信和充分沟通提供了保障,一定程度上可以大量减少文档。

　　(7) 建立在 PSP 之上的 TSP 可能是迄今为止最为严格的重型过程。为了提高过程的成熟度和可预测性,TSP 强调对过程进行全面精确的度量,这依赖于大量复杂繁琐的数据表格和文档以及固定程式化流程的配合,因而培训、实施的成本很高。

2. RUP

RUP 是一个以用例驱动、构件式架构、迭代递增式开发为基本特征，介于重量级模型 CMM/CMMI 和轻量级模型（Agile/XP）之间，其应用范围较广。

RUP 重点在软件的基本过程——工程过程，定义了起始、细化、构造、交付等 4 个阶段和业务建模、需求、分析设计、实现、测试、部署、配置变更管理、项目管理、环境等 9 个工种。在组织过程、管理过程和支持过程等方面涉及的内容相对较少，如对培训、质量保证、供应商合同管理等多个过程域缺乏具体的实践指导。

RUP 阶段对应着软件生命周期中关键的里程碑划分，不同工种的工作流活动在生命周期的迭代过程中并发进行，而不是简单的对应关系。例如，软件需求定义，不仅仅局限在起始阶段，而是跨过"起始、细化、构造"直至交付阶段，如图 10-1 所示，虽然不同的阶段其活动的强度是不一样的。具体执行强度可以按需调节，角色、活动和工件也是灵活可配置的。

在 RUP 中，并没有将软件组织分为不同成熟度级别，也就没有针对不同级别的软件组织有一个具体的过程域范围的划分。虽然某个软件组织可以剪裁 RUP 通用框架，定制自己的过程，但这种定制也主要表现为迭代次数、角色合并、工件的调整等。相对来说，具体的剪裁指导也比较少，RUP 是一个通用的框架，而且这个框架的内容最终通过 IBM-Rational 的一系列产品体现出来。如果在软件组织中采用 RUP，最好也相应购买、使用 IBM-Rational 的产品 Rose、RequisitePro、ClearQuest、ClearCase 等。

IBM 创建称为 Eclipse 过程框架的流水线过程，并提议在开源的 Eclipse 基础上共享关于软件开发的共同实践和方法。

3. MSF

微软的解决方案框架是一种成熟的、系统的软件项目规划、构建和部署的指导体系，以产品愿景为导向，强调里程碑的设置和管理，工作重点放在项目的风险管理、程序管理和团队成员职责上。

微软的解决方案框架具有不支持很多其他开发平台的特性，有自己的软件开发过程元模型，而不是使用 OMG（分布式网络环境对象管理组）的 Software Process Engineering Metamodel（SPEM），而 SPEM 是软件开发的行业标准。MSF 是在简化的 SPEM 基础上构建的，只能说，和这个 OMG 的元模型基本是一致的。

微软打算改进 MSF，提供两个过程模版，分别面向 Visual Studio 2005 和 Visual Studio 2005 Team System。面向敏捷软件开发的 MSF 版本，在迭代的软件开发中增强了风险管理、发布管理、部署和运行等特性。MSF for CMMI 提供和 CMMI 过程的联系，以使得软件组织可以快速地应用成熟的软件开发实践，以驱动业务能力。从这一点可以看出，MSF 正在不断接近敏捷方法、CMMI。

4. XP

极限编程（XP）强调适应需求的不断变化、沟通、简化设计、迅速反馈等特点，一般适合于规模小、周期短、需求不稳定的项目，并要求开发团队规模也比较小（小于 10 人）但成员能力较强、水平比较整齐。

在 XP 实践中,进一步阐述了"测试为先、持续集成、简化设计、代码规范、现场客户、每周 40 小时工作制、小型发布"等的价值,和其他软件过程模式中的思想基本保持一致,所以这些实践的应用是广泛的。而"代码集体所有权、结对编程、重构、系统隐喻、计划博弈"等实践就有较大的局限性,适用的范围不广。

在项目的实施过程中,XP 要求开发团队必须具备熟练的代码设计技能和严格的测试保障技术,了解面向对象和模式,掌握了重构和 OO 测试技术,习惯了测试先行的开发方式等。

5. 对比分析

过程改进的有效性与复杂性、高成本之间没有必然联系,相反,过程选择的多样性和 CMM/CMMI 目标的通用性决定了过程改进途径的多样化。通过表 10-10 的比较,使我们对 CMM/CMMI、RUP、MSF 和 XP 有更直观、全面的理解。

表 10-10 不同过程模式的比较

	CMM/CMMI	RUP	MSF	XP
周期	螺旋模型	演进式迭代周期,过程框架	瀑布模型和螺旋模型的结合	演进式迭代周期。软件开发方法学
核心	过程改进	架构、迭代	里程碑、迭代	以代码为中心
范围	需求严格而极少变化的项目	适合不同类型的项目	适合不同类型的项目	进度紧、需求不稳定的小项目、小型发布和小团队
组织	个人（PSP）、团队（TSP）和组织的 3 个层次,组间协作、培训	跨团队协作	强调产品的愿景,6 种基本角色	以团队为基础,小团队、团队成员能力相当
技术	传统结构化方法	面向对象技术	综合技术	面向对象技术
管理	侧重于过程的定义、度量和改进。一切用数字和文档说话	从组织角度出发,侧重于过程建模、部署	业务建模、部署、过程管理等概念	从开发者的角度,侧重于具体的过程执行和开发技术,计划设计
活动	通过过程域来定义活动	整个团队在整个过程中关注质量	项目管理、风险管理和就绪管理	以人为本,如每周 40 小时工作制、结对编程
实践	各类级别的关键实践 重视关键基础设施	满足了 CMM 2-3 级 KPA 的要求,而基本上没有涉及 CMM 4-5 级的 KPA	代码复审、版本管理方法、文档管理、人员招聘、重测试和重风险管理等	编码和设计活动融为一体,弱化了架构,用例、单元测试、迭代开发和分层的架构
其他	通用性强,但复杂、高成本	强调风险驱动,以保障可用产品的持续性交付为前提,尽量减少不必要的过程工件,使度量、文档最小化以获得弹性和应变能力	提供了一系列指南,用于规划企业的基础技术设施,流程化商业的运作过程,并鼓励重用性	拥抱变化,强调人性化、简单、沟通。尽量减少文档个体和交互胜过过程和工具

10.5.2　自我定义的理想管理过程

TRW 公司于 1987—1994 年间为美国空军开发的导弹预警和地面指挥控制系统 CCPDS-R 是历史上非常著名的、融合统一过程(该项目所采用的过程方法后来形成了 RUP 的一个主要来源)和敏捷思想的成功范例。该获奖项目的规模为 75 人、用了 6 年时间、100 多万行 Ada 代码,采用了类似 RUP 4 个阶段的迭代递增、架构优先过程。它不仅按进度和预算交付了大型关键任务系统,而且还使用户获得了超出预想的功能,在生产率和质量方面取得了 2 倍的增长。在整个项目过程中,CCPDS-R 承受了大量需求的变化,甚至包括开发后期的一个合同范围变更。同等程度的需求变化扼杀了大部分采用传统管理方法的项目,而 CCPDS-R 却由于采用了风险管理、设计阶段架构的不断集成以及基于演示的评审方法,有效控制和稳定了变更成本,取得了超乎寻常的成功。CCPDS-R 在注重个人互动、可用的软件、客户协作和响应变化等方面都做得非常出色,可以说完全实现了敏捷价值观和目标。

1. 过程选择的原则

(1) 任何过程的成熟度都应该以最终交付产品/服务的质量和投入产出比为最高评判标准。在民用商业软件开发环境中,及时推出满足客户和市场需求、适用的产品是第一位的,速度常常比尽善尽美更为重要。

(2) 根据自己的特色来选择软件过程。不要过于在乎过程过轻或过重,只需要关注它是否合适,因为没有最好、只有最适合组织本身的过程模式、方法等。

(3) 选用一个现成的软件过程,而不是自己开发一个。现成的软件过程往往都经过精心的设计和实践的验证,而且,如今的大部分软件过程都可以对其进行剪裁,不至于说找不到完全不合适的过程。

(4) 以往合适的过程未必就适合现在的情况。没有永远合用的过程,是随着环境的变化而变化的。

(5) 在引入软件过程的时候,不要花费大量的时间来编写描述过程的文档,尽量利用现成的。在实践中,我们发现,人们往往不会去真正阅读并理解大量的文档,文档过多也将使得工作失去重点。采用比较简单的、容易见效的、目前比较流行的过程方法和技术,因为这些技术往往都有较多的资料,利用这些资料可以节省编写指南的时间。例如,使用用例技术来改进需求、使用 UML(统一建模语言)来改进设计。

2. 过程的具体操作建议

软件企业可根据自身的实际情况(成熟度、不同的产品线),如以统一过程为基础建立起符合 ISO 9001、SW-CMM 和 CMMI SE/SW 等基准的组织软件过程体系。

(1) 在选择了 RUP 之后,为了保证过程的灵活性和适应性,删除其中一些活动和工件。

(2) 适度度量,采用正确的生命周期模型和敏捷、统一过程的最佳实践,并根据实情对个别做法进行调整或舍弃。

(3) 引入 XP 中的一些优秀的实践。例如测试优先、单元测试、重构和持续集成等。对于结对编程这项实践,也不能全盘采纳,而是在一些关键的软件模块上采用。

（4）任何大系统、大组织都是由小系统、小团队组成的，所以应该也可以把敏捷方法运用到大项目的子系统、子模块的开发中。例如，在起始和细化阶段采用 RUP 完成需求和架构基线，在构造阶段采用 XP 实现某个模块。

10.6　小　　结

本章介绍了 RUP、敏捷过程、MSF 和面向构件的软件过程。

（1）RUP 是以用例驱动、以体系结构为中心的迭代和增量的软件开发过程，介于重量级模型 CMM/CMMI 和敏捷过程之间，其应用范围较广。RUP 定义了起始、细化、构造、交付等 4 个阶段和业务建模、需求、分析设计、实现、测试、部署、配置变更管理、项目管理、环境等 9 个工种。

（2）敏捷模型针对未来需求的设计而注重当前系统的简化，依赖重构来适应需求的变化；而且从用例开始，强调与用户的实时沟通、用户的参与，包含了测试驱动开发过程、计划博弈、结对编程、持续集成等最佳实践，建立一个拥抱需求变化、灵活的软件过程。

（3）MSF 过程模型把瀑布模型基于里程碑规划的优势与螺旋模型不断增加的、迭代的项目交付内容的长处融合在一起，将软件开发的周期分为 5 个阶段：预想、计划、开发、稳定和部署。在 MSF 团队模型中，共有 6 种基本角色，即程序管理、开发、测试、发布管理、用户体验和产品管理。

（4）面向构件软件过程（CBSP）吸收了软件开发的结构化方法和面向对象方法中的一些优点而形成的，主要思想有 5 点——高度并行的开发过程、从传统的关注点分离到构件组装、以构件为中心组织软件过程、高度关注可复用性和软件过程知识积累、强调迭代开发和持续集成的支持等。它分为 5 个主要阶段：需求阶段、分析与高层设计、并行开发与测试、提交发布与部署和应用管理。

最后对这些过程进行了比较和分析，给出一般软件组织选择过程模型和过程应用的一些具体做法。

10.7　习　　题

1. RUP 中的"跨团队协作"和 CMM 中的"组间协作"有什么共同点和不同点。

2. 业务建模和分析设计在 RUP 中的 4 个阶段有什么具体的任务，两者之间的关系又如何？

3. 微软 MSF 给我们软件过程哪些不同的启示？

4. 针对 XP 的测试驱动方法，设计一个合适的软件项目的过程流程。

附录 A

软件过程规范示例

A.1 总 则

最大限度提高 Q&P(质量与生产率),提高 Q&P 的可预见性,是每一个软件开发机构的最大目标。而 Q&P 依赖于三个因素:过程、人和技术,因此要实现 Q&P 的提高,除了加强技术能力,引进、培育更多优质技术人才之外,规范、改进机构的过程是一个十分重要的手段。我们希望通过在制定软件过程规范标准,并在软件开发实践中不断地完善、修订,提高 Q&P 和 Q&P 的可预见性。

本规范采用 CMMI/PSP/TSP 的指导,吸收了 RUP、MSF、XP 等过程规范指南的思想、方法及实践,充分结合本公司的实际情况,引入先进适用的技术、方法和工具,为公司的软件开发工作提供一部详细、可操作的过程指南。在本规范中,主要包括管理过程和开发过程两个部分,管理过程包括项目管理过程、需求变更管理过程以及配置管理过程。

A.2 项目管理过程规范

项目管理过程是对软件项目过程进行计划、监控/管理、总结的辅助过程,包括需求、配置、成本、进度、质量和风险等的管理。项目管理过程主要包括 3 个阶段:项目立项与计划、项目实施和项目结束。

A.2.1 项目立项与计划

1. 参与人员:公司指定的项目负责人(如项目经理)、立项申请人(如产品经理)、[相关最终客户](中括号表示可选项,下同)以及相关部门的负责人(如开发部经理、测试部经理等)。

2. 入口准则:接到公司批准的市场部门的《软件开发立项申请表》。

3. 出口准则:立项申请人签字确认的正式《软件项目计划》,并通过《任务书》下达了开发任务。

4. 输入：经审批的《软件开发立项申请表》与需求相关的业务资料。

5. 输出：《软件项目计划》、《软件需求规格说明书》和《任务书》。

6. 活动：

(1) 接到《软件开发立项申请表》后，项目管理部指定项目经理，并告知立项申请人。

(2) 项目经理阅读《软件开发立项申请表》后，通过与立项申请人的沟通、阅读立项申请人提交的材料、通过立项申请人与客户直接交流等方式，了解项目目标、范围与基本需求；并形成最初的《软件需求规格说明书》。

(3) 项目经理会同有关部门经理、其他相关人员，制定最初的《软件项目计划》并组织评审。

(4) 向立项申请人提交最初的《软件项目计划》。

(5) 最初的《软件项目计划》通过立项申请人的确认后，项目经理开始安排需求分析。

(6) 需求分析完成后，形成正式的《软件需求说明书》，提交立项申请人确认；需求确认未通过，立项申请人与项目经理进行协商解决。无法达成共识的，向上级提交问题。

(7) 根据立项申请人确认后的《软件需求说明书》，项目经理组织软件架构设计，并对工作任务进行分解，并根据实际需要向有关部门申请资源，组建项目组。

(8) 项目经理根据工作任务分解，下发《项目任务书》，并协同项目组成员进行任务估算。

(9) 任务估算完成后，项目组成员向项目经理提交《个人进度安排》(以甘特图的形式表示)，项目经理根据每个成员的《个人进度安排》修订《软件项目计划》，并提交立项申请人确认。

(10) 立项申请人确定后，项目经理根据软件项目计划基线，补充《项目任务书》，下发到每个项目组成员，开始工作。

A.2.2 项目实施

1. 参与人员：项目经理，项目组成员。

2. 入口准则：项目计划基线已建立，并通过立项申请人确定，带有工作进度要求的《工作任务卡》已下发到每个项目组成员。

3. 出口准则：立项申请人在《验收报告》上签字确认。

4. 输入：《软件需求规格说明书》、《软件项目计划》和《任务书》。

5. 输出：经验收测试的可交付的程序、源代码及相关文档。

6. 活动：

(1) 在开发期间，项目成员每周提交周报和《个人缺陷状态报告》，每天向项目经理口头汇报工作任务进度。

(2) 在开发期间，项目经理负责填写《项目进度周报》和《项目总体缺陷状态报告》，抄送公司管理层和有关部门。

(3) 项目经理必须根据实际的进度情况，及时调整项目计划，若发现进度延误，需采取措施。

A.2.3　项目结束

1. 参与人员：项目经理，项目组成员、立项申请人、[相关客户、公司副总和部门经理]。
2. 入口准则：立项申请人在《验收报告》上确认。
3. 出口准则：形成《项目总结》，完成项目绩效考核，项目数据存入"过程数据库"。
4. 输入：《测试报告》、《缺陷和质量分析报告》和《项目开发计划》。
5. 输出：《项目总结》、《项目绩效考核表》和过程数据库的记录。
6. 活动：

（1）项目经理主持召开项目总结会，交流项目实施过程中的心得体会，对项目实施中的成功之处、不足之处进行总结，并由项目经理形成《项目总结报告》。

（2）项目管理部会同各部门经理对该项目进行绩效考核，并填写相应的《项目绩效考核表》。

（3）项目经理组织所有成员对项目过程中的文档、源程序等资料进行整理、归档；并整理相应的过程数据，提交 SEPG，存入过程数据库。

A.3　开发过程规范

开发过程是软件过程中的基本过程，负责开发和定义用户需求，设计、构建和测试满足这些需求的软件并最终将其交付给客户的过程。

A.3.1　过程总述

目前常用的软件过程模型主要有：迭代模型、V 模型、原型模型和螺旋模型等。根据公司的业务模式、项目特点和团队能力等实际因素，决定选择基于迭代模型的 RUP 过程模式，进行合理的剪裁和修改，使其成为公司自定义的软件开发过程。

本规范将整个软件基本过程分为：需求分析、架构设计、细化设计、编码和单元测试、集成测试和功能测试、系统测试、验收测试与安装、维护等 8 个阶段。

需要说明，阶段的划分并不是把各项工作隔离开来，而是工作焦点的转移，正如 RUP 所描述的，需求分析、测试等工作贯穿整个软件生命周期，例如在项目立项之前有许多需求沟通的工作，在架构设计、测试阶段和维护阶段，需求可能发生变化，需要继续开发需求和定义需求。

A.3.2　需求分析阶段

需求分析的主要目的是生成正确说明客户需求的文档——软件需求规格说明书（Software Requirement Specification，SRS）。正确的需求分析和确定需求规格对一个项目的成功是非常关键的，尽量减少 SRS 的缺陷。根据权威统计，52％的缺陷来自于需求不清楚、不合理等，而且修正一个在验收阶段发现的缺陷的成本，往往是在需求阶段消除一个错误的成本的

100倍。很明显,在执行这阶段时,正确地生成具有最少缺陷的SRS是非常必要的。

1. 参与人员:项目经理,[分析员],立项申请人,[客户,最终用户];

2. 入口准则:项目立项,最初的项目计划已得到立项申请人的确认。

3. 输入:《项目立项申请表》、最初的《项目计划书》,需求相关的资料;

4. 输出:经确认的《软件需求规格说明书》;

5. 活动:整个需求分析过程主要包括以下几个步骤:

(1) 项目经理、产品经理、领域专家(系统分析人员)共同做好需求分析的准备,包括阅读相关的背景资料,熟悉客户的实际情况,准备用户访谈计划,准备会谈问题清单等。

(2) 通过面谈、调查表、专题讨论会等形式与客户进行沟通,采集需求的详细内容,澄清每一个需求点;从而界定出系统的目标和范围。

(3) 对所采集和澄清的需求进行分析,构建需求模型,从功能性、非功能性两个方面进行需求分析,深入领会客户需求。

(4) 形成《软件需求规格说明书》,建立软件需求基线,并为软件需求评审做好准备;

(5) 由项目经理安排软件需求评审,协同立项申请人、[客户]进行需求评审。

(6) 立项申请人[或客户]在《软件需求规格说明书》上确认。

A.3.3　系统架构设计阶段

在RUP中,提倡以架构设计为中心,但不管怎么说,系统架构设计是软件过程中的一个重要阶段,从系统实现的逻辑抽象角度来审视业务流程、系统需求、系统环境、软件结构和组成等,从而设计一个可靠的、有效的、易扩充和易维护的系统架构。

1. 参与人员:项目经理,项目组员(设计团队)。

2. 入口准则:《软件需求规格说明书》已通过立项申请人的确认。

3. 出口准则:形成高层设计,实现任务分解,所有的问题得到解决。

4. 输入:《软件需求说明书》。

5. 输出:《系统架构设计》(包括用户接口标准)。

6. 活动:

(1) 对系统进行分解,制定软件的体系结构,定义逻辑和物理的对象模型、数据模型。

(2) 确定组成产品的构件,即将需求功能分配到相应的构件中去,定义这些构件的功能、任务以及构件之间的协作关系。

(3) 定义了构件间的接口(接口标准)、与其他系统、外部运行环境的接口。

(4) 选择运行的目标平台和开发工具,包括所需的软硬件环境。

(5) 系统测试的初步计划,包括可靠性、可用性和安全性等的测试目标。

(6) 生成系统架构设计说明书,并组织设计评审。

A.3.4　细化设计阶段

细化设计阶段是在构架设计的基础上对组成系统的各个构件的具体实现进行设计,包括具体数据结构设计、构件的程序模块内部设计、测试计划和测试用例设计,包括可以通过设计语言、图形流程图（如活动图、状态图）等来描述设计结果（文档化）。

1. 参与人员：每个模块（或构件）的任务承担人。

2. 入口准则：《系统架构设计》文档已通过评审。

3. 出口准则：完成细化设计并文档化，所有的问题得到解决。

4. 输入：《软件需求规格说明书》、《系统架构设计》、设计标准。

5. 输出：各类技术设计文档，包括测试计划。

6. 活动：

（1）将系统架构设计中的每个构件（组件）细化，包括调用方法、输入和输出、程序逻辑、数据结构等。

（2）对每个构件内部进行设计，包括确定类、类的属性、类方法、类之间的关系和对象间的动态交互。

（3）对数据库的物理设计，包括确定存储结构、表结构、字段/域的属性和其他内容。

（4）根据构件的逻辑，制定单元测试计划等。

（5）向项目经理（或高层设计者）提交各类技术设计文档与测试计划。

A.3.5 编码和单元测试

根据设计结果和编码规范（见单独文档），用 C++/Java 等编写所需的程序，产生源代码、可执行代码以及数据库脚本。这个阶段的输出是随后测试和验证的主体，验证每一个组件正确、可用。

1. 参与人员：每个模块（或构件）的任务承担人。

2. 入口准则：各类技术设计文档内部复审通过，编码规范已建立。

3. 出口准则：成功执行所有单元测试计划中的测试用例。

4. 输入：《软件需求规格说明书》、《系统架构设计》和各类技术设计文档与测试计划、用户接口标准。

5. 输出：测试数据、源代码、可执行软件包和《单元测试报告》

6. 活动：

（1）根据详细设计，按照编码、用户接口规范编写程序。

（2）对程序进行代码复查、编译、调试，直到程序运行通过，符合详细设计的要求。

（3）根据单元测试计划进行单元测试，生成单元测试报告。

A.3.6 系统集成与集成测试

集成是把设计阶段定义的、通过单元测试的模块/组件构建成一个完整软件系统。可采用很多方式进行集成，并要确定模块集成的顺序，这些都要反映在集成计划中，集成计划还包括额外需要的软件、测试环境和资源需求。集成测试应和组件集成工作并行进行。集成工作按照集成计划制定的顺序进行，多数情况下，要保证持续集成，即一旦完成两个以上组件/单元后，就开始进行集成，集成工作很早发生。

1. 参与人员：项目经理和项目组。

2. 入口准则：经批准的《系统架构设计》。

3. 出口准则：集成计划（包括测试）计划经过评审和授权。

4. 输入：《系统架构设计》、源程序。

5. 输出：《集成计划》、《集成测试计划》和集成测试报告。

6. 活动：

（1）确定集成所需的环境，包括硬件的物理特性、通信和系统软件、使用模式等。

（2）决定集成规程，确定将要集成的关键模块、集成的顺序以及需要测试的接口等。

（3）开发集成测试计划，确定测试用例和执行用例的规程，确定测试数据，确定期望输出等。

A.3.7　系统测试

系统测试是依据需求规格验证软件产品有效性的活动，包括性能测试、安全性测试、可靠性测试等。

1. 参与人员：项目经理，系统测试团队。

2. 入口准则：经确认的《软件需求规格说明书》和经批准的《系统架构设计》。

3. 出口准则：系统测试计划通过评审，成功执行系统测试计划中的所有测试用例。

4. 输入：《软件需求规格说明书》、《系统架构设计》和《系统部署设计》。

5. 输出：《系统测试计划》和《系统测试报告》。

6. 活动：

（1）制定系统测试计划，包括所需的测试环境、测试策略和风险。对于性能测试、安全性测试等，也可以单独出计划。

（2）开发测试用例，准备测试数据、测试工具等，包括测试脚本的开发。

（3）执行测试，分析测试结果以及写测试报告。

A.3.8　验收测试与安装

主要任务是将软件产品集成到实际运行环境中，并在这个环境中接受和用户一起进行的测试，确认各需求得到完整的实现。这个阶段包括两个基本任务：使软件得以验收和客户处安装软件。验收指的是由立项申请人、[客户]根据早期准备的《验收报告》而进行正式的测试，并对测试结果进行分析，以确定系统是否满足验收准则。当分析结果满足验收测试时，用户接受软件。安装指的是把接受的软件置于实际产品环境中。

1. 参与人员：项目经理，技术支持组、立项申请人、客户。

2. 入口准则：通过功能测试和系统测试。

3. 出口准则：立项申请人或客户在《验收报告》上签署确认意见。

4. 输入：《软件需求说明书》、通过测试的软件包。

5. 输出：《验收报告》、客户反馈和安装后的软件。

6. 活动：

（1）根据《软件需求说明书》，编写验收报告。

（2）与立项申请人、客户一起按《验收报告》执行验收测试,包括在实际环境下安装软件、运行和操作、协助客户进行验收测试、改正验收缺陷、更新文档以反映所有变更、获得客户的验收确认。

（3）执行安装,包括搭建产品环境、安装软件和配置环境、修改缺陷、执行用户培训。

A.3.9　维护

维护支持阶段是指已安装的应用在协议范围内获得及时支持,确保产品稳定运行和正常使用。

（1）参与人员：项目经理,系统安装人员。

（2）入口准则：软件已在实际用户、产品线环境中运行。

（3）出口准则：合同中指定的维护支持阶段终止。

（4）输入：安装后的应用、用户文档和《软件维护申请表》。

A.4　需求变更管理过程规范

在项目生命周期中需求变更容易发生,而且肯定会发生。不要希望不会发生变更,而是通过流程来有效地管理变更的所带来的质量风险、成本等。

A.4.1　过程总述

需求变更管理过程定义了一系列活动,需要立项申请人、[客户]意识到变更对项目影响的后果,可以友好地将变更反映到协商好的条款中。需求变更管理过程,从某种程序上说,试图保证在需求变更影响下项目依然可以成功。

需求变更管理有两个方面,一方面与立项申请人、[客户]就怎样处理变更(包括方法、工作量、对时间和成本影响等)达成一致,另一方面是实际进行变更的过程,如在做项目计划时,留有 10%的余地来应对变更。

A.4.2　过程规范

1. 参与人员：项目经理,立项申请人、[客户]、开发团队。

2. 入口准则：收到立项申请人提交的《需求变更请求单》。

3. 出口准则：变更已列入《软件需求说明书》,并体现在《软件项目计划》中,并得到用户的确认签字。

4. 输入：《需求变更请求单》。

5. 输出：变更的《软件需求说明书》和《软件项目计划变更表》。

6. 活动：

（1）记录需求变更请求,包括变更请求数、简要描述、带来的影响、请求的状态等。

（2）分析变更请求对工作的影响、估计变更请求所带来的额外工作量和成本。

（3）修改项目计划，重新估计交付时间。

（4）将修改过的项目计划提交立项申请人和客户，并获得确认。

A.5 配置管理过程规范

软件项目在其执行过程会产生大量的工件，包括各种文档、程序、数据和手册。所有这些工件都是易于改变的。为避免项目在变更时失控，正确控制和管理变更是很必要的，这就依赖于软件配置管理（SCM）。SCM 就是由识别软件产品配置项、建立基线并控制其修改的一系统活动构成，包括版本控制（分支和合并）、需求变更管理等。

A.5.1 配置管理的目标

配置管理过程，需要达到以下目标：

（1）能够随时给出程序的最新版本。

（2）能够处理并发的文档、程序的更新/修改请求。

（3）能够根据需要撤销程序的修改。

（4）能够有效防止未授权的程序员对文档、程序进行变更或删除。

（5）能够有效地显示变更的情况。

A.5.2 配置管理过程规范

配置管理过程包括两个主要阶段：配置管理计划、实施配置管理。

1. 配置管理计划

（1）参与人员：项目经理，配置管理组。

（2）入口准则：《软件需求规格说明书》已经确认。

（3）出口准则：完成项目配置管理计划。

（4）输入：《软件需求规格说明书》。

（5）输出：《配置管理计划》。

（6）活动：

- 建立 SCM 组，并确定 SCM 组成员的责任和权利。
- 识别配置项，配置项的典型例子包括需求规格、设计文档、源代码、测试计划、测试脚本、用户接口规范和各类文档等。
- 配置项命名和编号的计划，包括定义版本号、正确使用 SCM 工具。
- 确定将配置项转移到基线的原则。
- 定义 SCM 所需的目录结构、访问控制权限。
- 定义变更控制过程和跟踪配置项状态的具体措施和方法。
- 定义备份制度、发布制度。

2. 实施配置管理

（1）参与人员：项目经理，SCM 组和项目组其他成员。

（2）入口准则：项目开始、《SCM 计划》已批准。

（3）出口准则：项目结束。

（4）输入：《软件配置管理计划》。

（5）活动：

- 接受变更请求。
- Check out 需要变更、修改的配置项，并进行修改。
- Check in 变更、修改过的配置项。

A.6　附　　件

附件包括各种文档模板与工作指南。所有附件以单独的文档形式存储，文档名为××××模板、××××工作指南。

（具体模板、指南文档省略）

CMMI术语

A

ability to perform 执行的能力：CMM 公共特性之一——为有效执行软件过程,项目和组织所必须具备的一些前提条件,一般包括资源、组织结构和培训。

acceptance criteria 接受标准：为让用户、客户或其他授权组织接受,一个系统或组件所必须满足的条件。[IEEE-STD-610]

acceptance testing 验收测试：用来决定系统是否达到接受标准的正规测试,从而能够使客户决定是否接受系统 。[IEEE-STD-610]

action phase 行动阶段：IDEAL 方法第 4 阶段——改进得以具体实施阶段。

action proposal 行动提议：文档化的修改过程或过程相关项的建议,用以防止缺陷预防活动中发现的缺陷再发生。

activities performed 执行的活动：CMM 公共特性之一——对执行一个关键过程域所必须的活动、角色和规程的描述。进行的活动一般包括建立计划和规程、执行和跟踪工作以及在必要时采取更正措施。

activity 活动：为达到某些目标而执行的一个步骤或一项功能,可能是脑力的也可能是体力的。包括管理和技术人员为执行项目或组织工作任务而进行的所有活动。

appraisal 评审：是一个广泛意义上的词,可以是软件过程评估(process assessment),也可以是软件能力的评价(capability evaluation)。

assessment 评估：在 CMM 中,一般指内部的过程评估。

audit 审核：对一个或一套工作产品的独立的检查,用以确定是否符合规格说明、标准、合同协议或其他的准则。[IEEE-STD-610]

B

baseline 基线：经过正式审查并被一致认可的规格说明或产品,作为进一步开发的基础,只有通过正式变更控制程序才能改变。[IEEE-STD-610]

baseline configuration management 基线配置管理：建立经过正式评审和认同的基线,并将其作为进一步开发工作的基础。一些软件工作产品,如软件设计和代码应按计划建立基线,并使用严格的变更控制过程进行管理。这些基线使得与客户的交互在稳定及可控的状态下进行。

bidder 投标者：个人、合作伙伴、公司或联合组织提交了意向书,就成为了获取设计、开发、及/或制造一个或多个产品合同的候选者。

C

capability maturity model 能力成熟度模型：就是过程能力不同级别的描述,可以帮助软件组织确认当前过程能力、确定那些对于软件质量和过程改进最迫切的问题,对于如何选择过程改进战略提供了指导,并通过定义、执行、度量、控制、改进软件过程而不断提高其过程能力。

causal analysis 原因分析：分析问题来发现、确定导致问题产生的根本原因。

commitment 承诺：根据需要建立的、可见的且相关各方应遵守的协定。

commitment to perform 执行约定：CMM 公共特性之一——是为保证过程得以建立和持久的、一个组织所必须采取的行动,一般将包括建立组织政策和领导责任。

common cause（of a defect）缺陷的一般原因：导致缺陷的来自系统或过程本身的原因。一般原因影响过程的每个结果和过程中的每个人。

common features 公共特性：是 CMM 关键过程域中内容的分类。公共特性是表明一个关键过程域的制度化和实施是否有效、可重复和持续的属性。公共特性包括执行约定、执行能力、执行的活动、度量和分析和执行的验证。

configuration control 配置控制：配置管理的一个要素，包括评审、协调、批准或不批准以及正式建立配置标识后对配置项的更改。[IEEE-STD-610]

configuration identification 配置标识：配置管理的一个要素，包括为一个系统选择配置项并在技术文档中记录它们的功能和物理特性。[IEEE-STD-610]

configuration item 配置项：用于描述软件或硬件的功能和物理特性的一个独立实体，或者是多个这样实体的集合。

configuration management（CM）配置管理：是使用技术及行政指导和监督的一个规范，用以确定和记录一个配置项的功能和物理特性，控制对这些特性的修改，记录并报告变更处理及执行的状态，并验证其与特定要求的符合性。[IEEE-STD-610]

configuration management library system 配置管理库系统：访问软件基线库内容的工具和规程。

configuration unit 配置单元：配置项或组件的最底层实体，可以放入配置管理库系统，也可以从中提取。

consistency 一致性：统一、标准化以及不与系统或组件中其他部分相矛盾的程度。

contingency factor 偶然因素：对规模、费用或进度计划的调整（增加），以处理可能发生的过低估算。

contract terms and conditions 合同条款与条件：合同中描述的法律、财务及行政管理方面的内容。

critical computer resource 关键计算机资源：可能带来项目风险的计算机资源，因为对这些资源的需求会超出可用的数量。如运行机的内存、开发机的磁盘空间。

critical path 关键路径：按计划完成以使整个项目不脱离计划的一系列相互关联的任务。

customer 客户：负责接受产品及有权支付开发

组织的个人或组织。

D

defect 缺陷：系统或系统组件中导致系统或系统组件不能按要求功能执行缺陷。如果在系统运行时遇到缺陷将导致系统失效。

defect density 缺陷密度：产品中缺陷数除以产品的规模（以该产品标准度量尺度表示）。

defect prevention 缺陷预防：识别缺陷或潜在缺陷以及防止它们进入产品的各种活动。

defect root cause 缺陷根本原因：导致缺陷出现的根本原因（比如过程的不完善）。

defined level 已定义级：CMM/CMMI 成熟度等级 3——管理和技术的软件过程得以记录于文档、标准化并集成为组织的标准软件过程。所有的项目使用批准的和裁剪的组织标准软件过程版本来开发和维护软件。

dependency item 相关项目：是指某项任务或目标实现所依赖的其他条件。

deviation 偏差：与适当的惯例、计划、标准、程序的明显的偏离。

diagnosing phase 诊断阶段：IDEAL 方法的第 2 阶段——通过评估建立了组织的软件过程成熟度基线，同时组织得到一套改进的建议。

E

effective process 有效的过程：有效的过程应具备以下特点：已执行的、成文的、必须遵循的、对使用者进行培训的、被度量的、能够改进的。

end user 最终用户：是指系统在其运行环境中部署后，为了预期的目的而使用系统的组或个人。

end user representatives 最终用户代表：选定的最终用户的一个或几个成员，能代表最终用户的利益，从最终用户的角度分析问题。

established phase 建立阶段：IDEAL 方法第 3 阶段——软件过程改进基础设施得以建立，包括过程行动组的建立、软件过程改进战略和策略计划的定义。

event-driven review/activity 事件驱动审查/活动：因项目内发生了某事而进行的一次审查或其他活动（如正式审查、生命周期某阶段的完成）。

F

first-line software manager 一线软件经理：对

由软件工程师和其他相关人员组成的组织单元（如一个部门或项目组）的人员配置和活动负有直接管理责任（包括技术指导、管理人员和薪资）的经理。

formal review 正式评审：把一个产品展示给相关利益者，以获取其意见、建议直至认可。正式评审也可能是一次对项目过程中管理和技术活动的一次评审。

function 功能：为达到一组目的或结果，由个人或工具所进行的一组相关的行动或被特定分配的需求。

G

goals 目标：一个关键过程域中所有关键实践的总结，用来确定是否一个组织或项目已经有效地实施了这个关键过程域。目标表明了每个关键过程域的范围、边界和意图。

group 组：为一组任务或活动负责的部门、经理和个人的集合。组可以由许多组成方式，可以是一个兼职的个人，也可以是来自不同部门的几个兼职人员，或者一些全职的人员。

I

IDEAL approach IDEAL 方法：SEI 描述软件过程改进周期的方法，基于以下几个方面：启动（I）过程改进、诊断（D）过程、建立（E）改进过程的机制、采取行动（A）执行改进、总结（L）并在组织范围内进一步提高。

infrastructure 基础设施：支撑一个组织或系统的框架结构，包括支持其运行的组织结构、政策、标准、培训、设施及工具。

initial level 初始级：最低的成熟度等级——软件过程是反应型的，有时甚至是混乱的。很少有定义的过程，成功依赖于个人的努力。

initiating phase 启动阶段：IDEAL 方法的第 1 阶段——组织支持和软件过程改进基础设施得以定义并开始建立。

institutionalization 制度化：建立支持方法、做法及规程的基础设施和文化，从而使这些方法、做法和规程成为日常工作的方式，即使那些定义它们的人员离开也不受影响。

integrated software management 集成软件管理：基于组织标准软件过程和相关过程资产，统一并集成软案工程和管理活动，使其成为一个紧凑一致的定义软件过程。

K

key practices 关键实践：对关键过程域进行有效实施和制度化起关键作用的基础设施和活动。

key process area 关键过程域：一组相关的活动，当这些活动都被执行时，将实现一组被认为对建立过程能力重要的一组目标。关键过程域被定义在某一成熟度等级，帮助确定一个组织的软件过程能力的关键组成要素。

L

leveraging phase 总结提高阶段：IDEAL 方法的最后阶段——对软件过程改进教训进行分析，然后对软件过程改进过程做相应修改。重新确定支持并为下个改进周期设立新的目标。

M

maintenance 维护：软件系统交付后修改系统或部件以改正缺陷、改善性能或其他属性、或适应新的环境的过程。[IEEE-STD-610]

managed and controlled 管理和控制：有些软件工作产品不是基线的一部分，因此没有纳入配置管理，但为使项目以规范的方式进行必须对其进行控制，"管理和控制"就是确认和定义这些工作产品的过程。它要求在一个给定时间的某个正在使用的工作产品的版本是可知的（即版本控制），工作产品的修改以受控的方式进行（即变更控制）。

Management Steering Committee（MSC）管理指导委员会：在资金、组织、文化等各个方面支持SPI，委托具有管理职责的人员负责 SPI 的实施

managed level 已管理级：CMMI 的第 4 成熟度等级——软件过程和产品质量的详细度量数据得以收集。软件过程和产品都得到量化的理解和控制。

maturity level 成熟度等级：妥善定义的为实现成熟的软件过程渐进的平台，如 CMMI 就被定义为的 5 个等级——初始级、受管理级、已定义级、已管理级和持续优化级。

measurement 度量：某物的维数、容量、质量、数量等。

measurement and analysis 度量与分析：对用以确定过程相关状态所必须进行的基本度量做法的

描述。这些度量用来控制和改进过程。

method 方法：建立取得期望结果或完成一项任务的准确且可重复方式的一套完整的规则和准则。

methodology 方法论：是方法、规程和标准的集合,定义了开发一个产品所需工程方法的集成和综合。

milestone 里程碑：按进度安排好的一个有人为之负责并用来度量进度的事件,有明确的时间限制。

N

nontechnical requirement 非技术性需求：影响和决定软件项目管理活动的协议、条件及/或合同条款。

O

operational software 操作软件：一个系统交付用户并在指定环境中部署之后,在系统中使用和操作的软件。

optimizing level 持续优化级：CMMI 第 5 成熟度等级——在过程和试用的新观点和新技术的量化反馈基础上进行持续的过程改进。

organization 组织：具有独立业务经营、运行管理的实体,如公司、研究所、学校等。一个组织一般包含多个组织单元,其管理的项目具有共同的政策和共同的高层经理。

organization's measurement program 组织度量方案：处理组织度量需求相关元素的集合,包括定义组织范围的度量、收集组织度量数据的方法和做法、分析组织度量数据的方法和做法、组织的度量目标。

organization's software process assets 组织软件过程财富：是一个由组织维护的、有用的过程实体的集合,包括组织标准软件过程、批准使用的软件生存周期描述、裁剪组织标准软件过程的指导和准则、组织软件过程数据库、软件过程相关文档库等,项目在运用、裁剪软件过程时使用。

organization's software process database 组织软件过程数据库：收集并提供软件过程数据(实际度量数据和为理解这些度量数据所需的相关信息)和软件工作产品数据的数据库。过程和工作产品数据的例子有,软件规模、工作量、费用的估算和实际数据,生产率数据、同级互查覆盖率和效率、缺陷数据。

organization's standard software process 组织标准软件过程：指导在组织内的所有项目中建立公共软件过程的具有可操作性定义的基本过程。它描述了每个软件项目合成到项目定义软件过程的基本过程元素。它也描述了这些软件过程元素间的关系(如顺序和接口)。

orientation 定向培训：对那些监督和联系负责执行一项议题的人员的人所作的关于这项议题的概论介绍。

P

Pareto analysis Pareto 分析：按缺陷的严重程度排序来分析缺陷。Pareto 分析是基于以 19 世纪经济学家 Vilfredo Pareto 命名的一个原理,即大多数的影响来自于相对很少的原因,80％的后果是由20％的可能原因造成的。

peer review 同级互查：为发现缺陷及进行改进而由作者的同事按照定义的规程对软件工作产品进行检查。

periodic review/activity 定期审查/活动：按指定的有规律的时间间隔进行的一项审查或活动。(参照事件驱动审查/活动 / event-driven review/activity)

policy 政策：指导性原则,一般由高层管理者建立,组织或项目将根据这个原则考虑和作出决定。

prime contractor 主承包商：管理分承包商来设计、开发和/或制造一个或多个产品的个人、合作伙伴、公司或协会组织。

procedure 规程：为完成一项既定任务而进行的一系列活动的书面描述。[IEEE-STD-610]

process 过程：为完成一个特定的目标而进行的一系列操作步骤。相对于规程(procedure),过程更强调做什么而不是怎么做。[IEEEvSTD-610]

process capability 过程能力：遵循某一过程而能够取得的预期结果的范围。

process capability baseline 过程能力基线：在特定环境中,执行某一具体过程通常得到的预期结果范围的书面描述。过程能力基线一般在组织一级建立。

process description 过程描述：一个过程主要部

件的操作性定义,是对一个过程需求、设计、行为或其他特征的完全、准确及可验证的文档描述。通常还包括确定这些项是否满足的规程。过程描述可能出现在任务、项目或组织级,如软件过程描述是对项目定义软件过程或组织标准软件过程的文档描述。

process development　过程开发：定义和描述过程的活动。通常包括计划、架构、设计、执行和验证。

process measurement　过程度量：用来进行过程度量的一套定义、方法及活动,以及为了理解及弄清过程特征而进行的度量的结果。

process performance　过程性能：对遵循某一过程而取得的实际结果的度量值。

process performance baseline　过程性能基线：对遵循一个过程而会取得的实际结果的书面描述,在实际过程性能与期望过程性能做对比时用作基准。过程性能基线通常在项目级建立,初始过程性能基线通常来自于过程能力基线。

process tailoring　过程裁剪：通过详细描述、改编、完善过程要素细节或其他不完整过程描述,从而建立一个自定义过程描述的活动。通过过程裁剪,一个项目的具体商业需求通常得以确定、项目具体的特征得以反映出来。

profile　对照图：计划或预期同实际情况的鳔胶,通常会采用图形的形式,典型的例子就是针对时间的对比。

project　项目：需要共同努力来于开发和/或维护某个特定产品的一项事业。产品可能是硬件、软件及其他部件。项目一般有其自己的资金、成本核算以及交付的日程。

project's defined software process　项目定义软件过程：是项目使用的具有可操作定义的软件过程。项目定义软件过程是通过裁剪组织标准软件过程得到的,以使其符合项目的具体特征,通过软件标准、规程、工具和方法来描述。

project manager　项目经理：对整个项目负有完全责任的角色,并指导、管理软件项目组成员。项目经理是最终对客户负责的人。

Q

quality　质量：一个系统、部件或过程满足指定的需求的程度或满足客户需要或期望的程度。
[IEEE-STD-610]

quality improvement paradigm（QIP）质量改进范例：旨在通过减少软件开发周期的缺陷率、成本和时间所积累下来的经验,打包后,引入已设计的QIP模式中,从而支持技术创新和软件过程改进。

quantitative control　量化控制：分析一个软件过程、识别造成软件过程性能偏差的特殊原因、使软件过程性能回到定义范围内的基于量化或统计的技术。

R

repeatable level　可重复级：CMM的第2成熟度等级——基本的项目管理过程得以建立,来跟踪费用、进度和功能性。有必要的过程规范,以重复以前的类似应用领域项目的成功。在CMMI中被改为"受管理级"

risk　风险：可能给组织或项目造成损失的、不能确定的(未来可能发生的)因素或事件。

risk management　风险管理：是一种问题分析的方法,通过利用风险概率来权衡风险以得到对所有可能风险的准确理解。风险管理包括风险识别、分析、确定优先级和控制。

role　角色：已定义的责任的一个集合单位,可以由一个或多个人承担。

S

senior management　高层管理者：组织中足够高层次的管理角色,主要关注组织的长期活力,而不是短期的项目或合同方面所涉及的问题、压力等。一般来说,工程的高层管理者将对多个项目负责。

software architecture　软件架构（软件体系结构）：软件或模块的组织结构。[IEEE-STD-610]

software baseline audit　软件基线审核：对软件基线库中的结构、内容和设施进行检查,以验证是否这些基线与描述基线的文档一致。

software baseline library　软件基线库：存储的配置项和相关记录的内容。

software build　构建软件：软件系统或部件的一个可运行版本,包括了最终提供的软件系统或部件能力的一个特定子集。[IEEE-STD-610]

software capability evaluation　软件能力评价：

由接受过培训的专业团队进行的评审,来确定那些合格的软件承包商,或对正在进行的软件工作过程进行监控。

software configuration control board(CCB)软件配置控制委员会:负责评价和批准/否决对配置项修改提议,确保批准的修改得以执行的组织单元。

software development plan 软件开发计划:描述软件项目活动的一组计划,它支配着软件工程组项目活动的管理。这里的定义不受限于任何其他特定计划标准所描述的范围,如 DOD-STD-2167A 和 IEEE-STD-1058,它们可能使用相同叫法。

software engineering group 软件工程组:负责某一项目软件开发和维护活动(即需求分析、设计、编码和测试)中遵守软件工程规范的组织单元。执行软件特别活动的组(如 SQAG、SCMG 和 SEPG)不包括在内。

software engineering process group(SEPG)软件工程过程组:促进组织使用的软件过程定义、维护和改进工作的一组专家。在关键实践中,这个组通常被描述为"负责组织软件过程活动的组"。

software integration 软件集成:把选取的软件部件(组件/构件、子系统等)集成的过程,以提供最终交付的软件系统能力的全部或特定子集。

software life cycle 软件生命周期:一个软件产品从开始构思到不再可用的持续时间。典型的软件生命周期包括概念阶段、需求阶段、设计阶段、执行阶段、测试阶段、安装、校验、操作和维护阶段,有时还会有退出阶段。[IEEE-STD-610]

software process 软件过程:人们用来开发和维护软件及相关产品(如项目计划、设计文档、代码、测试用例、用户手册)的活动、方法、实践和变革的集合。

software process assessment(SPA)软件过程评估:由接受过培训的一组软件专业人员所进行的评估,用以确定一个组织的当前软件过程状态,确定组织面临的软件过程相关问题的优先级,并获得对于进行软件过程改进的组织一级的支持。

software process element(SPE)软件过程元素:一个软件过程描述的构成元素。每一个过程元素涵盖了一套妥善定义的、有边界的、紧密联系的任务(如软件估算元素、设计元素、编码元素、同级互查元素)。过程元素的描述可以是待填充内容的模板、需完善的片段、进一步细化的抽象元素或者是可以直接或修改后使用的完整描述。

software process improvement(SPI)软件过程改进:提高软件过程能力的实践的通称,其目标是按计划能生产出合格软件产品的同时改进组织生产更好产品的能力。软件过程改进一般依赖于软件过程评估,根据评估结果的建议制定相应的 SPI 行动计划,并投入实施。

software process maturity 软件过程成熟度:一特定过程明确定义、管理、度量、控制和有效的程度。成熟度意味着能力成长的潜力,表明组织软件过程的丰富性和在组织内各项目中应用的一致性。

software process maturity questionnaire 软件过程成熟度问卷:关于软件过程的一套问题,它们是 CMM 每个关键过程域中关键实践的例子。成熟度问卷被用作评估一个组织或项目可靠地执行一个软件过程的能力的出发点。

software process-related documentation 软件过程相关文档:是一些文档和文档片段的例子,当未来项目裁剪组织标准软件过程时,这些例子会有用。软件过程相关文档的一些例子有,项目定义软件过程、标准、规程、软件开发计划、度量计划以及过程培训材料。

software product 软件产品:一整套或一套中的个别项的交付给客户或最终用户的计算机程序、规程以及相关文档和数据。[IEEE-STD-610]

software project 软件项目:是其中一类特殊的项目,致力于分析、说明、设计、开发、测试和/或维护一个系统的软件整体或部件(组件/构件、子系统等)及其相关文档。

software quality assurance(SQA)软件质量保证:(1)为一个软件工作产品与已建立技术需求一致提供足够的信心,而对所有必要活动所建立的一个系统的、有计划的模式。(2)为软件工作产品的开发和/或维护过程的评估所设计的一整套活动。

software quality goal 软件质量目标:为一个软件工作产品定义的量化的质量目标。

software quality management(SQM)软件质量管理:为软件产品定义质量目标、建立实现这些目标的计划、监控并调整软件计划、软件工作产品、活动以及质量目标,以满足客户和最终用户的需要与愿望。

software-related group 软件相关组：代表一个软件工程规范的一组人（包括管理者和技术人员），他们支持但不直接对进行软件开发和维护负责。软件工程规范的例子有软件质量保证、软件配置管理。

software requirement 软件需求：为解决软件用户一个问题或达到一个目标，软件必须满足的条件或达到的能力。[IEEE-STD-610]

software work product 软件工作产品：定义、维护或应用一个软件过程的工作结果。通常包括过程描述、计划、步骤、计算机程序以及相关文档，这些物件有些是要提交给客户或最终用户的，有些不需要。

special cause（of a defect）（缺陷的）特殊原因：由于暂时的特殊环境而导致缺陷的因素，这些因素并不是过程所固有的。特殊原因导致过程性能的随机变化（过程噪音）。

stage（phase）阶段：可管理规模的一部分软件工作，代表了项目所执行相关任务的一个有意义和可度量的集合。一个阶段通常被看做软件生存周期的细分，结束时并在下一阶段正式开始前通常举行一次正式评审。

standard 标准：为某一领域所规定的、采用并必须执行的规范统一的方法和规则。

subcontractor 分包商：与一个组织（如主承包商）签订合同的个人、合作伙伴、公司或协会组织，来设计、开发和/或制造一种或多种产品。

system 系统：为完成一个特定的功能或功能集合而组织在一起的一些部件。[IEEE-STD-610]

system engineering group 系统工程组：一种组织单元，负责确定系统需求；将系统需求分配给软件、硬件或其他部分；指定硬件、软件和其他部分的接口；监控这些部分的设计与开发已确保与需求规格一致。

system requirement 系统需求：一个系统或系统部件所必须达到的条件或拥有的能力，以满足用户为解决问题所需的条件和能力。

system requirements allocated to software 系统分配至软件的需求：将由系统的软件部件实现的系统需求的子集，分配的需求是软件开发计划的主要输入。软件需求分析详细阐述和精炼分配的需求并产生软件需求文档。

T

task 任务：(1)被看做一个基本工作单元的一系列指令。(2)是指软件过程中一个妥善定义的单元，是管理者了解项目状态的一个可见的检查点。任务有进入标准（前提条件）和结束标准（退出条件）。

task kick-off meeting 任务动员会：在一项任务或一个工程开始时召开的会议，为了让所有有参与这项任务的人做好准备以更有效地完成任务。

team 团队：为组织或项目执行一个妥善定义的任务或项目、实现共同目标的一组人，并为小组的每个成员定义明确的职责。

testability 可测试性：(1)一个系统或组件便于建立测试标准和便于进行测试以确定是否满足这些标准的程度。(2)一份需求描述得允许建立测试标准和允许测试以确定是否达到这些标准的程度。[IEEE-STD-610]

technical requirements 技术需求：描述软件必须做什么和操作限制的需求。如功能、性能、接口以及质量需求。

total quality management 全面质量管理：应用量化的方法和人力资源来改进提供给组织的材料与服务、组织内的所有的过程以及满足客户当前和未来需要的程度。

traceability 可跟踪性：能够在开发过程中的两个或多个产品间建立关系的程度，尤其针对那些有前后继承关系和主从关系的产品。[IEEE-STD-610]

train 培训：通过专门的指导和练习而达到熟练的程度。

training program 培训方案：用来满足组织培训需求的一套相关元素。包括组织的培训计划、培训材料、培训的开发、培训活动、培训设施、培训的评价以及培训记录的维护。

U

unit 单元：(1)不再分拆成其他组件的一个软件组件，或指定的一个分开独立测试的元素。(2)计算机程序中，逻辑上可分开的部分。[IEEE-STD-610]

V

validation 确认：在开发过程中或结束时评价软件，确定是否符合指定的需求。[IEEE-STD-610]

verification 验证：评价软件，来确定特定开发阶段的产品是否满足阶段开始时要求的条件。[IEEE-STD-610]

verifying implementation 验证实施：CMM 公共特性之一，为确保活动与已建立过程保持一致所采取的步骤。验证一般包括管理者和软件质量保证组所进行的监察和审查。

W

well-defined process 妥善定义的过程：一个妥善定义的过程应具备以下特性：准备标准、输入、进行工作所依据的标准和程序、验证机制（如同级互查）、输出、结束标准。

参 考 文 献

1. 朱少民. 软件质量保证和管理. 北京：清华大学出版社，2007

2. 罗运模，谢志敏. CMMI 软件过程改进与评估. 北京：电子工业出版社，2004

3. Dennis M Ahern，Aaron Clouse，Richard Turner 等. CMMI 精粹：集成化过程改进实用导论. 北京：清华大学出版社，2005

4. 杨一平. 软件成熟度能力模型的方法及其应用. 北京：人民邮电出版社，2001

5. 观点工作室. CMM 实践之路. 北京：机械工业出版社，2003

6. James R P，王世锦，蔡愉祖. CMM 实施指南. 北京：机械工业出版社，2003

7. William A Florac，Anita D Careton，任爱华等. 度量软件过程：统计过程控制. 北京：北京航空航天大学，2002

8. Sami Zahran，陈新，罗劲枫. 软件过程改进. 机械工业出版社，2002

9. Watts S. Humphrey，高书敬，顾铁成等. 软件过程管理. 北京：清华大学出版社，2003

10. Watts S. Humphrey，吴超英，车向东. 个体软件开发过程. 北京：人民邮电出版社，2001

11. Watts S. Humphrey，韩丹，袁誉. 小组软件开发过程. 北京：人民邮电出版社，2001

12. Ivar Jacobson，Stefan Bylund，程宾等. 统一软件开发过程之路. 北京：机械工业出版社，2003

13. 赵欣培，李明树等. 一种基于 Agent 的自适应软件过程模型. 软件学报，2004，15(3)：348~359

14. 李娟，李明树，武占春等. 基于 SPEM 的 CMM 软件过程元模型. 软件学报，2005，16(8)：1366~1377

15. Roger S. Pressman. Software Engineering: A Practitioner's Approach. Sixth ed. New York：McGraw-Hill，2004

16. Curtis B，Hefley W，Miller S. The People Capability Maturity Model：Guidelines for Improving the Workforce. New York：Addison-Wesley，2002

17. Shari L. Pfleeger. Software Engineering: Theory and Practice. Prentice-Hall，2001.

18. Florac W，Carleton A. Measuring the Software Process：Statistical Process Control for Software Process Improvement：New York：Addison Wesley，1999

19. Barry Boehm，Richard Turner. Balancing Agility and Discipline：A Guide for the Perplexed. New York：Addison-Wesley，2003

20. Davis R. Bothe. Measuring Process Capability. New York：McGraw-Hill，1997

21. Alistair Cockburn. Agile Software Development. Boston：Addison-Wesley Professional，2001

22. Kent Beck，Cynthia Andres. Extreme Programming Explained：Embrace Change. Boston：Addison-Wesley Professional，2004

23. Steven R Rakitin . Software Verification and Validation for Practitioners and Managers. New York：Artech House Publishers，2001

24. Rod Johnson. Expert One-on-One J2EE Design and Development. Wrox，2002

25. Khaled El Emam，Nazim H. Madhavji. Elements of Software Process Assessment and Improvement. Los Alamitos：IEEE CS Press，1999

26. Norman E. Fenton, Shari Lawrence Pfleeger. Software Metrics: A Rigorous & Practical Approach. Course Technology, 1998

27. Anthony Finkelstein, Jeff Kramer, Bashar Nuseibeh. Software Process Modeling and Technology. Taunton: Research Studies Press Ltd, 1994

28. Priscilla Fowler, Stanley Rifkin. Software Engineering Process Group Guide. Pittsburgh: Software Engineering Institute, 1990

29. Bob McFeeley. IDEAL: A User's Guide for Software Process Improvement. Pittsburgh: Software Engineering, 1996

30. Ginsberg Mark P, Quinn Lauren H. Process Tailoring and the Software Capability Maturity Model. Pittsburgh: Software Engineering Institute, 1995

31. John D. Musa. Software Reliability Engineering: More Reliable Software. McGraw Hill, 1999

32. Jalote P. Lessons learned in framework-based software process improvement. In: Gupta G, Reed K, eds. Proceedings of the 9th Asia-Pacific Software Engineering Conference (APSEC 2002). Washington: IEEE Computer Society, 2002. 261~265

33. Zeng L Z, Ngu A. An Agent-based approach for supporting cross-enterprise workflows. In: Orlowska M, Roddick J, eds. Proc. of the Australiasian Database Conf. Gold Coast: IEEE Press, 2001. 123~130

34. Gou H M, Huang B Q, Liu W H. Agent-Based virtual enterprise modeling and operation control. In: Bahill T, Wang F Y, eds. Proc. of the IEEE Int'l Conf. on Systems, Man, and Cybernetics. Tucson: IEEE Press, 2001. 2058~2064

35. Marc I. Kellner, Peter H. Feiler, Anthony Finkelstein. ISPW-6 software process example. In: Katayama T, ed. Proc. of the 6th Int'l Software Process Workshop: Support for the Software Process. IEEE Computer Society Press, 1991. 176~186

36. A. Abran, P. N. Robillard. Function Points Analysis: An Empirical Study of its Measurement Processes. IEEE Transactions on Software Engineering, 1996, 22: 895~909

37. Victor Basili, Gianluigi Caldiera, Frank McGarry. The Software Engineering Laboratory-An Operational Software Experience Factory. In: Proceedings of the International Conference on Software Engineering. 1992. 370~381

38. Barry Boehm, Richard Turner. Using Risk to Balance Agile and Plan-Driven Methods. Computer, 2003, 36(6): 57~66

39. Deependra Moitra. Managing Change for Software Process Improvement Initiatives: A Practical Experience-Based Approach. Software Process-Improvement and Practice, 1998, 4(4), 199~207

40. Bandinelli, Alfonso Fuggetta, Luigi Lavazza. Modeling and Improving an Industrial Software Process. IEEE Transactions on Software Engineering, 1995, 21(5), 440~454

41. Naser S Barghouti, David S Rosenblum, David G Belanger, Christopher Alliegro. Two Case Studies in Modeling Real, Corporate Processes. Software Process-Improvement and Practice, 1995, 1(1), 17~32

42. Ilene Burnstein, Ariya Homyen, Gary Saxena, Robert Grom. A Testing Maturity Model for Software Test Process Assessment and Improvement, Software. Quality Professional, 1999, 1(4): 8~21

43. Ram Chillarege, Inderpal Bhandari, Jarir Chaar. Orthogonal Defect Classification-A Concept for In-Process Measurement. IEEE Transactions on Software Engineering, 1992, 18(11): 943~956

44. Ram Chillarege. Orthogonal Defect Classification. In: Michael R Lyu, ed. Handbook of Software Reliability Engineering. Washington: IEEE Computer Society Press, 1996. 359~400

45. Collofello J, Gosalia B. An Application of Causal Analysis to the Software Production Process. Software Practice and Experience, 1993, 23(10): 1095~1105

46. Davis A, Bersoff E, Comer E. A Strategy for Comparing Alternative Software Development Life Cycle Models. IEEE Transactions on Software Engineering, 1988, 14(10), 1453~1461

47. Emam K，Holtje D，Madhavji N. Causal Analysis of the Requirements Change Process for a Large System. Washington：IEEE Computer Society，1997

48. Emam K，Smith B，Fusaro P. Success Factors and Barriers in Software Process Improvement：An Empirical Study. In：Messnarz R，Tully C，eds. Better Software Practice for Business Benefit：Principles and Experiences. Washington：IEEE CS Press，1999.

49. Emam K，Birk A. Validating the ISO/IEC 15504 Measures of Software Development Process Capability. Journal of Systems and Software，2000，51(2)：119～149

50. Fayad M，Laitinen M. Process Assessment：Considered Wasteful. Communications of the ACM，1997，40 (11)：125～128

读者意见反馈

亲爱的读者：

感谢您一直以来对清华版计算机教材的支持和爱护。为了今后为您提供更优秀的教材，请您抽出宝贵的时间来填写下面的意见反馈表，以便我们更好地对本教材做进一步改进。同时如果您在使用本教材的过程中遇到了什么问题，或者有什么好的建议，也请您来信告诉我们。

地址：北京市海淀区双清路学研大厦 A 座 602 室　计算机与信息分社营销室　收

邮编：100084　　　　　　　　　　　电子信箱：jsjjc@tup.tsinghua.edu.cn

电话：010-62770175-4608/4409　　邮购电话：010-62786544

教材名称：软件过程管理

ISBN 978-7-302-14640-7

个人资料

姓名：＿＿＿＿＿＿＿＿　　年龄：＿＿＿＿＿所在院校/专业：＿＿＿＿＿＿＿＿＿＿

文化程度：＿＿＿＿＿＿＿　　通信地址：＿＿＿＿＿＿＿＿＿＿＿＿＿＿＿＿

联系电话：＿＿＿＿＿＿＿　　电子信箱：＿＿＿＿＿＿＿＿＿＿＿＿＿＿

您使用本书是作为：□指定教材 □选用教材 □辅导教材 □自学教材

您对本书封面设计的满意度：

□很满意 □满意 □一般 □不满意　改进建议＿＿＿＿＿＿＿＿＿＿＿＿＿＿

您对本书印刷质量的满意度：

□很满意 □满意 □一般 □不满意　改进建议＿＿＿＿＿＿＿＿＿＿＿＿＿＿

您对本书的总体满意度：

从语言质量角度看　□很满意 □满意 □一般 □不满意

从科技含量角度看　□很满意 □满意 □一般 □不满意

本书最令您满意的是：

□指导明确 □内容充实 □讲解详尽 □实例丰富

您认为本书在哪些地方应进行修改？（可附页）

＿＿＿＿＿＿＿＿＿＿＿＿＿＿＿＿＿＿＿＿＿＿＿＿＿＿＿＿＿＿＿＿＿＿＿＿

＿＿＿＿＿＿＿＿＿＿＿＿＿＿＿＿＿＿＿＿＿＿＿＿＿＿＿＿＿＿＿＿＿＿＿＿

您希望本书在哪些方面进行改进？（可附页）

＿＿＿＿＿＿＿＿＿＿＿＿＿＿＿＿＿＿＿＿＿＿＿＿＿＿＿＿＿＿＿＿＿＿＿＿

＿＿＿＿＿＿＿＿＿＿＿＿＿＿＿＿＿＿＿＿＿＿＿＿＿＿＿＿＿＿＿＿＿＿＿＿

＿＿＿＿＿＿＿＿＿＿＿＿＿＿＿＿＿＿＿＿＿＿＿＿＿＿＿＿＿＿＿＿＿＿＿＿

电子教案支持

敬爱的教师：

为了配合本课程的教学需要，本教材配有配套的电子教案，有需求的教师可以与我们联系，我们将向使用本教材进行教学的教师免费赠送电子教案，希望有助于教学活动的开展。相关信息请拨打电话 010-62776969 或发送电子邮件至 jsjjc@tup.tsinghua.edu.cn 咨询，也可以到清华大学出版社主页（http://www.tup.com.cn 或 http://www.tup.tsinghua.edu.cn）上查询。

高等学校教材·软件工程
系列书目

图书资源支持

感谢您一直以来对清华版图书的支持和爱护。为了配合本书的使用，本书提供配套的资源，有需求的读者请扫描下方的"书圈"微信公众号二维码，在图书专区下载，也可以拨打电话或发送电子邮件咨询。

如果您在使用本书的过程中遇到了什么问题，或者有相关图书出版计划，也请您发邮件告诉我们，以便我们更好地为您服务。

我们的联系方式：

地　　　址：北京海淀区双清路学研大厦 A 座 707

邮　　　编：100084

电　　　话：010－62770175－4604

资源下载：http://www.tup.com.cn

电子邮件：weijj@tup.tsinghua.edu.cn

QQ：883604(请写明您的单位和姓名)

用微信扫一扫右边的二维码，即可关注清华大学出版社公众号"书圈"。

资源下载、样书申请

书圈